国家级一流本科课程配套教材
荣获中国石油和化学工业优秀教材奖
普通高等教育"十三五"规划教材

化工原理

HUAGONG YUANLI

赵秀琴　主　编
王要令　副主编

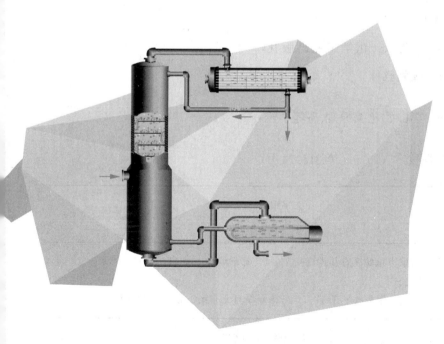

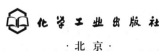

化学工业出版社

·北京·

本书适应教学改革，满足少学时教学需要，以培养"应用型"、"技术型"人才为目标。全书共七章，包括：流体流动、流体输送机械、沉降与过滤、传热、吸收、蒸馏、干燥。各章末附有习题，题型丰富，难易适中，并有相关答案供参考。

本教材可作为高等院校化学、化工、生物、制药、食品、环境、材料、石油、医药卫生等相关专业教学用书，还可以作为科技工作者、教师的参考书。

图书在版编目（CIP）数据

化工原理/赵秀琴主编．—北京：化学工业出版社，2016.2（2025.7重印）
普通高等教育"十三五"规划教材
ISBN 978-7-122-25951-6

Ⅰ.①化… Ⅱ.①赵… Ⅲ.①化工原理-高等学校-教材 Ⅳ.①TQ02

中国版本图书馆CIP数据核字（2015）第315974号

责任编辑：满悦芝 甘九林　　　　　　文字编辑：颜克俭
责任校对：宋　夏　　　　　　　　　　装帧设计：韩　飞

出版发行：化学工业出版社（北京市东城区青年湖南街13号　邮政编码100011）
印　　装：三河市航远印刷有限公司
787mm×1092mm　1/16　印张18　字数440千字　2025年7月北京第1版第11次印刷

购书咨询：010-64518888　　　　　　　售后服务：010-64518899
网　　址：http://www.cip.com.cn
凡购买本书，如有缺损质量问题，本社销售中心负责调换。

定　　价：38.00元　　　　　　　　　　　　　　　　　　　　　版权所有　违者必究

前言

化工原理作为工程学科的核心课程之一,是从基础理论课程过渡到工程专业课程的一个桥梁,化工相关生产岗位上运用频率最高、范围最广的能力和知识大多数集中在本课程中。目前教学时数缩减,急需适用于少学时、讲解内容精选实用,符合应用型、创新型人才培养的"双创"教材。

鉴于此,本教材在编写过程中结合教师多年的教学经验,结合企业相关技术要求对该课程内容进行整合,突出工程实践特色,追求"易教好学",适当淡化了一些理论性较深和适用性不强的内容,降低了难度,便于学生理解和掌握,真正体现"实用为主,够用为度,应用为本"的要求。

本教材以动量、热量和质量传递理论为主线,突出工程学科的特点,系统而简明地阐述了典型过程工程单元操作的基本原理、工艺计算、主要设备的结构特点及性能等。其主要特色包括以下几点。

(1) 编写体例新颖 借鉴大量优秀教材的写作思路和方法,书中设置案例分析、工程应用等多种新模块,启用"案例式"、"启发式"等教学模式设计,并配备大量实物图、示意图进行介绍,增强教材的可读性。

(2) 知识内容实用 深入企业调研,紧密结合企业需求,充分反映学科新理论、新技术、新工艺,体现最新教学改革成果,并将典型设备操作与维修技巧及技术介绍给学生,理论讲解简单实用,重视实践应用环节,强化实际操作训练,让学生学而有用、学而能用。

(3) 内容编排合理 以学生为本,充分考虑学生的认知过程,结合不同的工程实例深入浅出地进行讲解。案例分析、例题精讲注重启发性;课后习题丰富经典,难易适中,强调锻炼学生的思维能力和运用知识解决问题的能力;每章开篇设置学习指导介绍教学重难点及学习注意事项,正文后附上全面而经典的总结,便于学生自主学习和自我检测归纳,同时也方便教师有效开展教学,实现"教与学"的完美结合。

本书由赵秀琴任主编(并编写绪论、第一章、二章、六章、七章),参加编写的有王要令(第三章、五章)、王金(第四章)、宋刚(提供企业工程案例、设备操作维护材料),其中特别感谢武汉钢铁集团宋刚工程师为本教材提供企业相关工艺、设备操作技术和维护资料,参与完成校企合作教材编写;同时也感谢宋红、史竞艳、王刚等教师提供教学素材和宝贵建议,最后由赵秀琴完成全书的修订、统稿工作。

在编写本教材的过程中,参考了许多国内优秀的书籍和资料,在此谨向这些优秀作者表示衷心的感谢。

鉴于编者水平有限,书中不当之处在所难免,恳请读者在使用本书后提出宝贵意见和建议。

编 者

2015 年 12 月

目录

绪论ㅤㅤㅤㅤㅤㅤㅤㅤㅤㅤㅤㅤㅤㅤㅤㅤㅤㅤㅤㅤㅤㅤㅤㅤㅤㅤㅤㅤㅤㅤㅤㅤㅤㅤㅤㅤ1

一、化工原理课程的性质、内容及任务 ……………………………………………………… 1
二、化工单元操作常用的基本概念 ……………………………………………………… 2
三、单位制及单位换算 ……………………………………………………… 3
四、化工原理课程学习方法 ……………………………………………………… 4

第一章ㅤ流体流动ㅤㅤㅤㅤㅤㅤㅤㅤㅤㅤㅤㅤㅤㅤㅤㅤㅤㅤㅤㅤㅤㅤㅤㅤㅤㅤㅤㅤㅤㅤ5

第一节ㅤ流体静力学 ……………………………………………………… 6
ㅤ一、流体的有关物理量 ……………………………………………………… 6
ㅤ二、流体静力学基本方程式 ……………………………………………………… 8
ㅤ三、流体静力学方程式的应用 ……………………………………………………… 9
第二节ㅤ管内流体流动的基本方程式 ……………………………………………………… 12
ㅤ一、流量与流速 ……………………………………………………… 12
ㅤ二、稳态流动与非稳态流动 ……………………………………………………… 14
ㅤ三、连续性方程 ……………………………………………………… 14
ㅤ四、伯努利方程式 ……………………………………………………… 15
第三节ㅤ管内流体流动现象 ……………………………………………………… 19
ㅤ一、牛顿黏性定律与流体的黏度 ……………………………………………………… 19
ㅤ二、流体流动类型与雷诺数 ……………………………………………………… 21
ㅤ三、流体在圆管内的速度分布 ……………………………………………………… 23
第四节ㅤ管内流体流动的阻力计算 ……………………………………………………… 24
ㅤ一、流体在直管中流动的阻力损失 ……………………………………………………… 24
ㅤ二、层流时的摩擦系数 ……………………………………………………… 27
ㅤ三、湍流时的摩擦系数 ……………………………………………………… 27
ㅤ四、非圆形管的当量直径 ……………………………………………………… 28
ㅤ五、管路上的局部阻力损失 ……………………………………………………… 30
ㅤ六、管路系统中的总能量损失 ……………………………………………………… 31
第五节ㅤ流量的测定 ……………………………………………………… 33
ㅤ一、测速管 ……………………………………………………… 33
ㅤ二、孔板流量计 ……………………………………………………… 34
ㅤ三、文丘里（Venturi）流量计 ……………………………………………………… 34

四、转子流量计 ………………………………………………………………… 35
　小结 ……………………………………………………………………………… 35
　工程应用 ………………………………………………………………………… 36
　习题 ……………………………………………………………………………… 37
　本章符号说明 …………………………………………………………………… 42

第二章　流体输送机械　　　　　　　　　　　　　　　　　　　　　44

　第一节　离心泵 ………………………………………………………………… 45
　　一、离心泵的工作原理 ………………………………………………………… 45
　　二、离心泵的主要部件 ………………………………………………………… 46
　　三、离心泵的主要性能参数 …………………………………………………… 47
　　四、离心泵的特性曲线 ………………………………………………………… 49
　　五、离心泵的工作点与流量调节 ……………………………………………… 51
　　六、离心泵的汽蚀现象与安装高度 …………………………………………… 54
　　七、离心泵的类型与选用 ……………………………………………………… 56
　第二节　其他化工用泵 ………………………………………………………… 57
　　一、往复泵 ……………………………………………………………………… 57
　　二、齿轮泵 ……………………………………………………………………… 58
　　三、螺杆泵 ……………………………………………………………………… 59
　第三节　气体输送机械 ………………………………………………………… 59
　　一、离心通风机 ………………………………………………………………… 59
　　二、其他气体输送机械 ………………………………………………………… 60
　小结 ……………………………………………………………………………… 61
　工程应用 ………………………………………………………………………… 62
　习题 ……………………………………………………………………………… 63
　本章符号说明 …………………………………………………………………… 65

第三章　沉降与过滤　　　　　　　　　　　　　　　　　　　　　　66

　第一节　重力沉降 ……………………………………………………………… 67
　　一、球形颗粒的自由沉降 ……………………………………………………… 67
　　二、阻力系数 …………………………………………………………………… 68
　　三、沉降速度的计算 …………………………………………………………… 69
　　四、非球形颗粒的自由沉降速度 ……………………………………………… 70
　　五、影响沉降速度的因素 ……………………………………………………… 70
　　六、重力沉降设备 ……………………………………………………………… 71
　第二节　离心沉降 ……………………………………………………………… 73
　　一、离心分离因数与沉降速度 ………………………………………………… 73
　　二、离心分离设备 ……………………………………………………………… 74

第三节　过滤 …………………………………………………………………… 76
　　　一、过滤操作的基本概念 ………………………………………………… 77
　　　二、过滤基本方程 ………………………………………………………… 78
　　　三、恒压过滤 ……………………………………………………………… 80
　　　四、过滤设备 ……………………………………………………………… 82
　小结 ……………………………………………………………………………… 85
　工程应用 ………………………………………………………………………… 86
　习题 ……………………………………………………………………………… 87
　本章符号说明 …………………………………………………………………… 88

第四章　传热　90

　　第一节　概述 …………………………………………………………………… 91
　　　一、传热的基本方式 ……………………………………………………… 91
　　　二、间壁式换热器和传热速率方程 ……………………………………… 91
　　第二节　热传导 ………………………………………………………………… 92
　　　一、傅里叶定律 …………………………………………………………… 93
　　　二、热导率 ………………………………………………………………… 93
　　　三、平壁的稳态热传导 …………………………………………………… 94
　　　四、圆筒壁的稳态热传导 ………………………………………………… 96
　　第三节　对流传热 ……………………………………………………………… 98
　　　一、对流传热方程和对流传热系数 ……………………………………… 98
　　　二、对流传热系数 ………………………………………………………… 99
　　第四节　两流体间传热过程的计算 …………………………………………… 102
　　　一、传递热量的计算 ……………………………………………………… 102
　　　二、传热平均温差的计算 ………………………………………………… 103
　　　三、总传热系数 …………………………………………………………… 106
　　　四、壁温计算 ……………………………………………………………… 109
　　　五、传热计算示例 ………………………………………………………… 111
　　　六、传热过程的强化 ……………………………………………………… 113
　　第五节　热辐射 ………………………………………………………………… 114
　　　一、热辐射的基本概念 …………………………………………………… 114
　　　二、辐射-对流联合传热 ………………………………………………… 114
　　第六节　换热器 ………………………………………………………………… 115
　　　一、换热器的分类 ………………………………………………………… 115
　　　二、间壁式换热器 ………………………………………………………… 115
　　　三、列管式换热器的选型 ………………………………………………… 119
　　　四、系列标准换热器的选用步骤 ………………………………………… 120
　　　五、加热介质与冷却介质 ………………………………………………… 121
　小结 ……………………………………………………………………………… 121

工程应用 …………………………………………………………………………………… 123
习题 ………………………………………………………………………………………… 124
本章符号说明 ……………………………………………………………………………… 126

第五章　吸收　　128

第一节　概述 ……………………………………………………………………………… 129
　一、吸收操作的分类 …………………………………………………………………… 129
　二、吸收的应用 ………………………………………………………………………… 130
　三、吸收设备 …………………………………………………………………………… 130
　四、吸收剂的选择 ……………………………………………………………………… 130
第二节　吸收过程的气液相平衡 ………………………………………………………… 131
　一、气液相平衡与溶解度 ……………………………………………………………… 132
　二、亨利定律 …………………………………………………………………………… 132
　三、气液相平衡在吸收过程中的应用 ………………………………………………… 135
第三节　吸收过程的传质速率 …………………………………………………………… 137
　一、分子扩散和费克定律 ……………………………………………………………… 137
　二、两相间传质的双膜理论 …………………………………………………………… 138
　三、吸收速率方程 ……………………………………………………………………… 138
第四节　吸收塔的计算 …………………………………………………………………… 143
　一、物料衡算与操作线方程 …………………………………………………………… 144
　二、吸收剂的用量与最小液气比 ……………………………………………………… 144
　三、填料层高度的计算 ………………………………………………………………… 147
第五节　解吸 ……………………………………………………………………………… 152
　一、最小气-液比和载气流量的确定 …………………………………………………… 153
　二、传质单元数法计算解吸填料层高度 ……………………………………………… 153
第六节　填料塔 …………………………………………………………………………… 154
　一、填料 ………………………………………………………………………………… 154
　二、塔径的计算 ………………………………………………………………………… 157
　三、填料塔的内件 ……………………………………………………………………… 157
小结 ………………………………………………………………………………………… 159
工程应用 …………………………………………………………………………………… 160
习题 ………………………………………………………………………………………… 162
本章符号说明 ……………………………………………………………………………… 164

第六章　蒸馏　　166

第一节　双组分溶液的气液相平衡 ……………………………………………………… 167
　一、溶液的蒸气压与拉乌尔定律 ……………………………………………………… 167
　二、理想溶液气液相平衡 ……………………………………………………………… 168

  三、双组分非理想溶液的气液相图分析……………………………………………………171
  四、气液相平衡方程………………………………………………………………………172
 第二节 蒸馏和精馏原理………………………………………………………………………173
  一、简单蒸馏和平衡蒸馏…………………………………………………………………173
  二、精馏原理………………………………………………………………………………174
 第三节 双组分连续精馏的计算与分析………………………………………………………176
  一、全塔的物料衡算………………………………………………………………………176
  二、恒摩尔流假定…………………………………………………………………………178
  三、进料热状态参数 q……………………………………………………………………179
  四、操作线方程与 q 线方程………………………………………………………………180
  五、理论塔板数的求法……………………………………………………………………184
  六、回流比的影响及选择…………………………………………………………………187
  七、理论塔板简捷计算方法………………………………………………………………190
 第四节 特殊精馏………………………………………………………………………………191
  一、水蒸气蒸馏……………………………………………………………………………191
  二、恒沸精馏………………………………………………………………………………191
  三、萃取精馏………………………………………………………………………………192
 第五节 板式塔……………………………………………………………………………………192
  一、板式塔结构……………………………………………………………………………193
  二、塔内气、液两相的流动………………………………………………………………193
  三、塔板型式………………………………………………………………………………195
  四、塔板流型………………………………………………………………………………197
  五、塔径和塔高……………………………………………………………………………199
  六、溢流装置………………………………………………………………………………201
  七、塔板布置………………………………………………………………………………201
  八、筛孔及其排列…………………………………………………………………………202
  九、塔板效率………………………………………………………………………………202
小结…………………………………………………………………………………………………204
工程应用……………………………………………………………………………………………204
习题…………………………………………………………………………………………………205
本章符号说明………………………………………………………………………………………208

第七章 干燥 210

 第一节 概述……………………………………………………………………………………211
  一、湿物料的干燥方法……………………………………………………………………211
  二、对流干燥过程的传热与传质…………………………………………………………212
 第二节 湿空气的性质和湿度图……………………………………………………………213
  一、湿空气的性质…………………………………………………………………………213
  二、湿空气的湿度图及其应用……………………………………………………………218

  第三节 干燥过程的物料衡算和热量衡算……221
   一、物料衡算……221
   二、干燥过程的能量衡算……224
  第四节 干燥速率和干燥时间……226
   一、物料中的水分……226
   二、干燥速率及其影响因素……227
   三、恒定干燥条件下干燥时间的计算……230
  第五节 干燥设备……232
   一、干燥器的主要型式……233
   二、干燥器的选择……237
   三、干燥新技术……238
 小结……239
 工程应用……239
 习题……241
 本章符号说明……243

附录 245

 附录一 饱和水的物理性质……245
 附录二 某些有机液体的相对密度（液体密度与4℃时水的密度之比）……246
 附录三 某些液体的重要物理性质……247
 附录四 饱和水蒸气表（按温度排列）……249
 附录五 饱和水蒸气表（按压力排列）……250
 附录六 某些气体的重要物理性质……251
 附录七 液体饱和蒸气压 $p°$ 的 Antoine（安托因）常数……252
 附录八 水在不同温度下的黏度……253
 附录九 液体黏度共线图……254
 附录十 气体黏度共线图（101.325kPa）……256
 附录十一 固体材料的热导率……257
 附录十二 某些液体的热导率 $(\lambda)/[W/(m \cdot ℃)]$……258
 附录十三 气体热导率共线图……259
 附录十四 液体比热容共线图……261
 附录十五 气体比热容共线图（101.325kPa）……263
 附录十六 液体比汽化热共线图……265
 附录十七 管子规格……266
 附录十八 离心泵规格（摘录）……267
 附录十九 热交换器系列标准（摘录）……271
 附录二十 干空气的热物理性质（$p=1.01325×10^5$Pa）……273

参考文献 275

绪 论

学习指导

学习目的
　　了解课程性质，掌握学习内容，掌握化工单元操作过程中的基本规律。
学习要点
1. 重点掌握的内容
(1) 掌握化工生产过程中常用的化工单元操作及计算规律。
(2) 掌握单位制及单位换算方法。
2. 学习时应注意的问题
联系实际，分析课程本质，紧扣"三传"，类比思维学习。

一、化工原理课程的性质、内容及任务

　　化工原理课程是化工、生物、制药、食品、环境、石油、材料、医药卫生等专业重要的技术基础课。它是一门工程性、实用性非常强的学科，应用基础学科的有关原理研究化工生产过程中化工单元操作的基本原理、典型设备的结构、操作与故障分析处理，对各单元操作过程进行设计优化或操作优化。

　　图 0-1 为化工生产过程示意图。在物质的加工过程中，涉及原料的预处理、化学反应过程、粗产品后处理等。虽然这些化工过程复杂，但加工步骤总体分为两类：一类是化学反应过程，即化工过程的核心；另一类是物理加工过程，可以归纳为几种基本操作，如流体输送、搅拌、沉降、过滤、热交换、蒸发、结晶、吸收、蒸馏、萃取、吸附以及干燥等。如图 0-2 所示，在

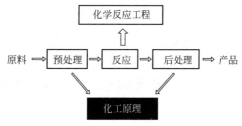

图 0-1　化工生产过程示意图

牛奶、尿素等生产过程中，都采用了干燥过程以除去固体中的水分等。同样在乙醇及石油等生产过程中，都采用蒸馏操作过程分离液体混合物；废水治理技术中常采用沉降、过滤、吸附、膜分离等过程，这些基本的操作过程称为**化工单元操作**。

　　由以上众多实际案例分析得出化工单元操作的特点如下。
　　① 都是物理加工过程，只改变物料状态和物理性质，不改变化学性质。
　　② 都是化工生产过程中的共有操作，只是不同的化工生产所包含的单元操作数目、名称及排列顺序不同。
　　③ 用于不同化工生产过程中的同一单元操作，其原理相同，设备通用。

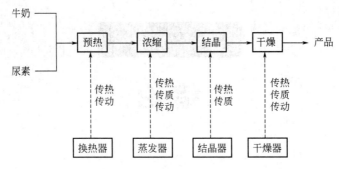

图 0-2　牛奶、尿素生产过程示意图

对于化工单元操作,可从不同角度加以分类,各种单元操作依据不同的物理化学原理,采用相应的设备,以达到各自的工艺目的。根据各单元操作所遵循的基本规律不同,将其划分为以下四种类型。

(1) 动量传递过程　流体流动时,其内部发生动量传递,如流体输送、搅拌、沉降、过滤、离心分离等。

(2) 热量传递过程　热量传递过程简称传热过程,包括加热、冷却、蒸发、冷凝等。

(3) 质量传递过程　质量传递过程简称传质过程,包括蒸馏、吸收、吸附、萃取等。

(4) 热、质同时传递过程　不仅有质量传递而且有热量传递,包括干燥、结晶、增湿、减湿等。

因此,动量传递、质量传递、热量传递(简称"三传")的基本原理是各单元操作的理论基础。每个单元操作的研究内容包括"过程"和"设备"两方面。

综上所述,化学工程＝化工原理＋反应工程＝"三传一反"

二、化工单元操作常用的基本概念

化工单元操作时,经常会用到物料衡算、能量衡算、传递速率等基本概念。这些概念贯串整个课程学习,此处简要说明,在以后章节学习中再详细应用。

1. 物料衡算

(1) 衡算依据　质量守恒定律。

对于图 0-3 所示,进入与离开某一操作过程的物料质量之差,等于该过程中累积的物料质量,即：

$$输入量－输出量＝累积量$$

对于连续操作的过程,若各物理量不随时间改变,处于稳定操作状态时,则过程中没有物料的累积,即：

$$输入量＝输出量$$

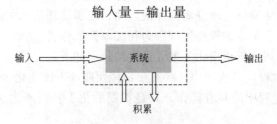

图 0-3　物料衡算示意图

（2）衡算方法步骤

① 画物料流程示意图，如图 0-4 所示，流向用箭头表示，标明数据与待求量。

② 确定衡算基准：一般以单位进料或出料量、时间或设备的单位体积等作为计算的基准。

③ 划定衡算范围，如图 0-3 虚线框所示，列衡算式，求解未知量。

【例 0-1】 如图 0-4 所示连续蒸发过程，已知将含水量为 40% 的 100kg 湿物料投入蒸发器中，得到含水量 20%（以上为质量分数）的产品，求产品的质量和去掉的水量。

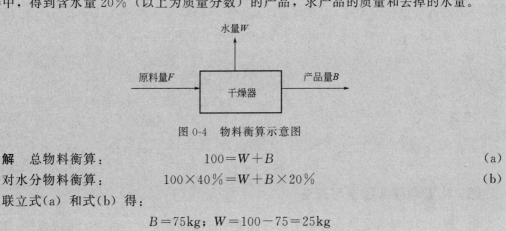

图 0-4 物料衡算示意图

解 总物料衡算： $100 = W + B$ （a）

对水分物料衡算： $100 \times 40\% = W + B \times 20\%$ （b）

联立式(a)和式(b)得：

$B = 75 \text{kg}; W = 100 - 75 = 25 \text{kg}$

2. 能量衡算

能量衡算依据是能量守恒定律，本课程所涉及的能量主要有机械能和热能。机械能衡算在第一章流体流动中讲解，热量衡算在传热、蒸馏、干燥等章节中结合具体单元操作说明。能量衡算的方法步骤同物料衡算的方法步骤。

3. 传递速率

传递速率是单位时间内传递过程的变化率。如传热过程的速率，是单位时间内传递的热量；传质过程的速率，是单位时间内传递的质量。

任何传递过程速率都与过程的推动力成正比，与过程的阻力成反比，这三者的相互关系类似于电学中的欧姆定律，即：

$$传递速率 = \frac{推动力}{阻力}$$

过程的推动力是指直接导致过程进行的动力。如流体流动过程的推动力是压力或位差，传热过程的推动力是冷热流体的温度差，吸收过程的推动力是浓度或分压差。过程的阻力因素很多，与过程的性质、操作条件都有关系，以后逐步学到。

过程的传递速率是决定设备结构、尺寸的重要因素，传递速率大时，设备尺寸可以小些，增大速率可通过增大推动力或减小阻力来实现。

三、单位制及单位换算

1998 年 2 月，美国国家航空航天局（NASA）发射探测火星气象的卫星失事。预定于 1999 年 9 月 23 日抵达火星，然而卫星没有进入预定的轨道。问题出在有些资料的计量单位没有把英制转换成公制，错误起自承包工程的公司。这个"小错误"造成的损失，仅卫星的造价就高达 1.25 亿美元。所以要高度重视单位及其换算。

1. 国际单位制（SI 制）

常用的基本单位有 7 个：长度，米，m；质量，千克，kg；时间，秒，s；热力学温度，开，K；电流，安，A；物质的量，摩尔，mol；发光强度，坎，cd。

2. 单位制换算

同一物理量若用不同的单位度量时，其数值需相应的改变，这种换算称为单位换算。

【例 0-2】 在 SI 制中，压力的单位为 Pa，即 N/m^2。已知 1 个标准大气压相当于 1.033 kgf/cm^2，试以 SI 制单位表示 1 个标准大气压的压力。

解 因为

$$\frac{9.81N}{1kgf}=1, \frac{10^4 cm^2}{1m^2}=1$$

所以

$$1atm=1.033\frac{kgf}{cm^2}=1.033\frac{kgf}{cm^2}\times\left(\frac{9.81N}{1kgf}\right)\times\left(\frac{10^4cm^2}{1m^2}\right)=1.01\times10^5\frac{N}{m^2}=1.01\times10^5 Pa$$

四、化工原理课程学习方法

化工原理课程学习要理论联系实际，过程原理和设备并重；做到"掌握规律、诊断过程、开发工艺、强化操作、创新设计"。

同时讲究以下学习方法。

① 课时少，内容多，加之辅以多媒体教学，每节课信息量较大，且第一次接触工程内容，学习有一定难度，所以最好要有预习，必须复习。

② 重视例题，掌握基本解题思路和计算方法，计算要准确。

③ 学会类比思维，把握本质，举一反三，融会贯通。

第一章

流 体 流 动

 **学习指导**

学习目的

掌握管内流体流动过程的基本原理和规律，运用原理和规律分析和计算流体流动过程中的相关问题。

学习要点

1. 重点掌握的内容
(1) 流体静力学方程的应用。
(2) 管内流体流动的连续性方程、伯努利方程的物理意义、适用条件及应用。
(3) 管路系统的摩擦阻力、局部阻力和总阻力的计算方法。

2. 学习时应注意的问题

应用流体静力学方程、伯努利方程解题时要绘图，正确选择衡算范围。

气体和液体物质无一定形状，具有流动性，统称为流体。化工生产中通常需要将流体通过管道输送到各个加工场所，使之进行后续的加工处理。因此，流体输送是化工生产中最基本的单元操作，也是其他单元操作的基础，在化工生产中应用最为广泛。

流体的体积如果不随压力和温度变化，称为不可压缩流体；若随压力及温度变化，则称为可压缩流体。一般液体可作为不可压缩流体处理；气体具有较大的压缩性，但当温度或压力变化很小时也可作为不可压缩流体处理。

流体流动的规律包括流体静力学和流体动力学两大部分，本章将结合化工过程的特点，对流体静力学原理和流体动力学规律进行讨论，并应用这些原理和规律分析和计算流体的输送问题。

 案例分析

以醋酐残液蒸馏工艺为例，介绍流体输送所用的管路和设备，其工艺流程图如图1-1所示。由此案例可知，醋酐残液从贮槽进入蒸馏釜蒸馏、冷凝器冷凝、受槽储备都是流体，整个生产过程就是一个流体流动和输送的过程。

在连续生产中，管道中的流体物料的输送就像人体内的血液在血管内不断流动。那么，对于如此大量的流体输送管路，设计起来必然会遇到：

① 流体输送管路机械能损失有多大？
② 管件及阀门如何配制？
③ 管路直径需多大？

④ 流量如何测量？

⑤ 完成工艺要求输送任务需要多大的外加能量？

要解决上诉问题，必须了解与流体有关的规律，这也就是本章的基本任务。

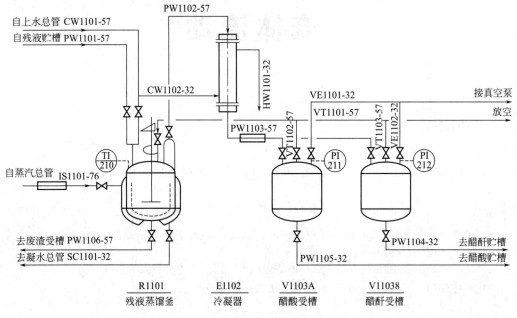

图 1-1　醋酐残液蒸馏工艺流程图

第一节　流体静力学

流体静力学是研究流体在外力作用下的平衡规律，也就是研究流体在外力作用下处于静止或相对静止的规律。流体的静止只不过是流体流动的一种特殊形式，两者既有区别又有联系。流体静力学的基本原理在化工中有广泛应用，可以测量压差、液位等。本节主要讨论流体静力学的基本原理及应用。

一、流体的有关物理量

（一）密度

单位体积流体的质量，称为密度，用符号 ρ 表示，其通式为：

$$\rho = \frac{m}{V} \tag{1-1}$$

式中　ρ——流体的密度，kg/m^3；

　　　m——流体的质量，kg；

　　　V——流体的体积，m^3。

纯液体的密度随压力变化很小（极高压力下除外），可忽略压力的影响。其密度随温度稍有变化，一般随温度升高而降低。例如：4℃时纯水的密度为 $1000kg/m^3$，20℃时为

998.2kg/m³。因密度不随压力和温度的变化而发生较大改变，所以工程上近似计算时，把液体当作不可压缩流体，即认为其密度为常数。

实际生产中常处理的为混合液体，若混合前后各组分体积不发生较大改变，则可近似计算混合以后液体的密度。为方便计算，设总质量为1kg，利用混合液的体积等于各组分单独存在时的体积之和求得混合以后液体的平均密度ρ_m，即：

$$\frac{1}{\rho_m} = \frac{x_{m1}}{\rho_1} + \frac{x_{m2}}{\rho_2} + \cdots + \frac{x_{mn}}{\rho_n} \tag{1-2}$$

式中　ρ_1、ρ_2、…、ρ_n——液体混合物中各纯组分的密度，kg/m³；

　　　x_{m1}、x_{m2}、…、x_{mn}——液体混合物中各组分的质量分数。

一般来说气体是可压缩的，称为可压缩流体。但是，在压力和温度变化率很小的情况下，也可将气体当作不可压缩流体来处理。

当气体的压力不太高，温度又不太低时，可近似按理想气体状态方程来计算密度。由

$$pV = \frac{m}{M} RT$$

得

$$\rho = \frac{m}{V} = \frac{pM}{RT} \tag{1-3}$$

式中　p——气体的绝对压强，kPa 或 kN/m²；

　　　M——气体的摩尔质量，kg/kmol；

　　　T——气体的绝对温度，K；

　　　R——气体常数，8.314kJ/(kmol·K)。

【例 1-1】 已知硫酸与水混合液中硫酸的质量分数为0.6，试求混合液在20℃的密度。

解　从附录查得20℃下硫酸的密度为1831kg/m³，水的密度为998kg/m³。

根据式(1-2)得：

$$\frac{1}{\rho_m} = \frac{0.6}{1831} + \frac{0.4}{998}$$

混合液密度　　　　　　　$\rho_m = 1373 \text{kg/m}^3$

（二）相对密度

相对密度是指某温度下被测液体的密度与4℃时水的密度之比值，用符号 d^T 表示。4℃时纯水的密度为1000kg/m³。

注意液体的相对密度没有单位，可由附表查得不同温度下的相对密度。若已知液体的相对密度，则可求得液体的密度，即 $\rho = 1000 d^T$。

（三）比体积

单位质量流体的体积，称为流体的比体积，用符号 ν 表示，单位为 m³/kg。

$$\nu = \frac{V}{m} = \frac{1}{\rho} \tag{1-4}$$

即流体的比体积为密度的倒数。

（四）压强

流体垂直作用于单位面积上的力称为流体的压强，工程上习惯称为压力。

在 SI 中，压强的单位是帕斯卡，以 Pa 表示。但习惯上还采用其他单位，它们之间的换算关系为：

$$1atm = 760mmHg = 10.33mH_2O = 1.0133 \times 10^5 Pa。$$

压强有不同的计量基准：绝对压强、表压和真空度。

流体的真实压强，称为**绝对压强**。当被测流体的绝对压强大于外界大气压强时，安装压力表来测量流体的压强，压力表上的读数称为**表压**；当设备或管路内真实压力小于外界大气压力时，则采用真空表，真空表上的读数称为**真空度**。

彼此之间的关系为：表压＝绝对压强－大气压强

真空度＝大气压强－绝对压强

由此可见真空度为负的表压值，简称负压。表压和真空度为相对压强，它们与大气压的关系如图 1-2 所示。

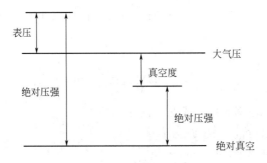

图 1-2 绝对压、表压和真空度的关系

为了避免不必要的错误，用表压或真空度表示压力数值时，必须在单位后面加括号注明，如 $p = 2 \times 10^3 Pa$（表压），$p = 2 \times 10^5 Pa$（真空度）。如果没注明则指绝对压强。

【例 1-2】 某真空蒸馏塔顶的真空表读数为 $0.9 \times 10^5 Pa$，设当地大气压为 1atm。试求绝对压强。

解 因为真空表读数为真空度，所以 $p_{真} = 0.9 \times 10^5 Pa$

又因为当地大气压为 1atm，即 $p_{大} = 1.01 \times 10^5 Pa$

根据真空度＝大气压强－绝对压强，知 $p_{绝} = p_{大} - p_{真} = 1.1 \times 10^4 Pa$

二、流体静力学基本方程式

流体静力学基本方程式是用于描述静止流体内部的压力沿着高度变化的数学表达式。对于不可压缩流体，密度不随压力变化，可用下述方法推导静力学基本方程。现从静止液体中任意划出一垂直液柱，如图 1-3 所示。

设液柱的横截面积为 A，液体密度为 ρ，液柱的上下底面与槽底面的垂直距离分别为 z_1 和 z_2，以 p_1 与 p_2 分别表示高度为 z_1 及 z_2 处的压力。

分析液柱受力如下：

(1) 上表面受向下的压力为 $p_1 A$

(2) 下表面受向上的压力为 $p_2 A$

(3) 重力 $G = mg = \rho V g = \rho A (z_1 - z_2) g$

液柱静止受力平衡，即向上的力等于向下的力：
$$p_2A = p_1A + \rho A(z_1 - z_2)g$$
消去 A 得：
$$p_2 = p_1 + \rho(z_1 - z_2)g \qquad (1-5)$$
如将液柱上表面取为液面，则 $p_1 = p_0$
$$p_2 = p_0 + \rho(z_1 - z_2)g \qquad (1-5a)$$
令 $z_1 - z_2 = h$
$$p_2 = p_0 + \rho g h \qquad (1-5b)$$
式(1-5)、式(1-5a)及式(1-5b)为流体静力学基本方程式。

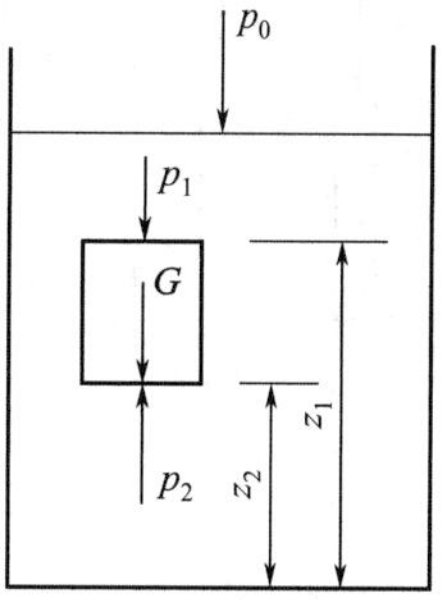

图 1-3 静止流体的力平衡

从流体静力学基本方程式可以得出如下结论。

① 当液面上方的压强 p_0 一定时，在静止液体内任一点压强 p 的大小，与液体本身的密度 ρ 和该点距液面的垂直高度 h 有关。

② 在静止的、连续的、同种流体内，处于同一水平面上各点的压力处处相等。压力相等的面称为**等压面**。解题基本要领是**正确确定等压面**。

③ 压强具有传递性：液面上方压力变化时，液体内部各点的压力也将发生相应的变化。

【例 1-3】 图 1-4 中开口的容器内盛有油和水，油层高度 $h_1 = 0.7\text{m}$，密度 $\rho_1 = 800\text{kg/m}^3$；水层高度 $h_2 = 0.6\text{m}$，密度 $\rho_2 = 1000\text{kg/m}^3$。

（1）判断下列两关系是否成立 $P_A = P_A'$，$P_B = P_B'$。
（2）计算玻璃管内水的高度 h。

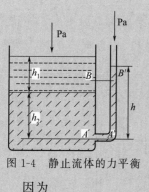

图 1-4 静止流体的力平衡

解 （1）判断题给的两关系是否成立

因为 A，A' 在静止的连通着的同一种液体的同一水平面上，所以 $P_A = P_A'$；因 B，B' 虽在同一水平面上，但不是连通着的同一种液体，即截面 $B—B'$ 不是等压面，故 $P_B = P_B'$ 不成立。

（2）计算水在玻璃管内的高度 h
$$P_A = P_a + \rho_{油}gh_1 + \rho_{水}gh_2$$
$$P_A' = P_a + \rho_{水}gh$$

因为 $P_A = P_A'$

代数得 $800 \times 0.7 + 1000 \times 0.6 = 1000 \times h \Rightarrow h = 1.16\text{m}$

三、流体静力学方程式的应用

流体静力学原理的应用很广泛，它是连通器和液柱压差计工作原理的基础，还用于容器内液柱的测量、液封装置等。

（一）压力差的测定

测量压强的仪表很多，现仅介绍以流体静力学基本方程式为依据的测压仪器，即液柱压差计。液柱压差计可测量流体中某点的压力，亦可测量两点之间的压力差。常见的液柱压差计有如下几种。

1. U 形管液柱压差计

U 形管液柱压差计（U-tube manometer）的结构如图 1-5 所示，它是在一根 U 形玻璃

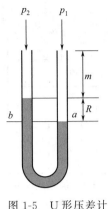

图 1-5　U 形压差计

管（称为 U 形管压差计）内装指示液。指示液必须与被测流体不互溶，不起化学作用，且其密度要大于被测流体的密度。指示液随被测液体的不同而不同。常用的指示液有汞、四氯化碳、水和液体石蜡等。将 U 形管的两端与管道中的两截面相连通，若作用于 U 形管两端的压力 p_1 和 p_2 不等（图中 $p_1 > p_2$），则指示液就在 U 形管两端出现高度差 R。利用 R 的数值，再根据静力学基本方程式，就可算出液体两点间的压力差。

在图 1-5 中，U 形管下部的液体是密度为 $\rho_{指}$ 的指示液，上部为被测流体，其密度为 ρ。图中 a、b 处在等压面上，两点的压力是相等的。通过这个关系，便可求出 $p_1 - p_2$ 的值。

从 U 形管右侧计算可得：$p_a = p_1 + \rho g(m+R)$

同理，从 U 形管的左侧计算可得：$p_b = p_2 + \rho g m + \rho_{指} g R$

因为：$\qquad p_a = p_b$

所以以上两式联立可得：$p_1 + \rho g(m+R) = p_2 + \rho g m + \rho_{指} g R$

整理得：$\qquad p_1 - p_2 = (\rho_{指} - \rho) g R \qquad (1-6)$

从式(1-6)用数学分析方法得：因为 $\rho_{指} > \rho$，即 $\rho_{指} - \rho > 0$，所以 $p_1 > p_2$。

测量气体时，由于气体的密度 ρ 比指示液的密度 $\rho_{指}$ 小得多，故 $\rho_{指} - \rho \approx \rho_{指}$

式(1-6)可简化为：$\qquad p_1 - p_2 = \rho_{指} g R \qquad (1-7)$

【例 1-4】 如图 1-6 所示，常温水在管道中流过。为测定 a、b 两点的压力差，安装一 U 形压差计，指示液为汞，已知压差计的读数为 0.1mHg。试计算 a、b 两点的压力差为多少？已知水与汞的密度分别为 1000kg/m³ 及 13600kg/m³。

解　取管道截面 a、b 处压强分别为 p_a 与 p_b。根据连续、静止的同一液体内同一水平面上各点压力相等的原理，则 $p_1' = p_1$ 此为等压面，也就是解题桥梁，分别与目标 a 和 b 点建立关系。

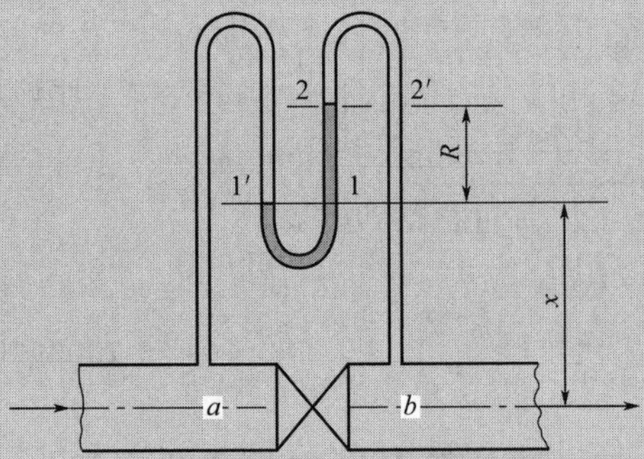

$$p_1' + \rho g x = p_a$$

又因为：$\qquad p_2' = p_2$

$$p_2 + \rho_{指} g R = p_1$$

$$p_2' + \rho g(R+x) = p_b$$

图 1-6　例 1-4 附图

联立以上方程得：$\qquad p_a - p_b = (\rho_{指} - \rho) g R$

代数得：$\qquad p_a - p_b = (13600 - 1000) \times 9.8 \times 0.1 = 12.35 \text{kPa}$

2. 斜管压差计

当被测量的流体压强或压差很小时，读数 R 则很小，为提高读数的精度，可将液柱压倾斜，如图 1-7 所示，此时斜管压差计的读数 R' 与 U 形管压差计的读数 R 的关系为：

$$R' = R/\sin\alpha \qquad (1-8)$$

式中，α 为倾斜角，其值越小，R' 值越大。

3. 微差压差计

若测得的压强差仍很小,为把读数 R 放大则可采用微差压差计(two-liquid manometer),其构造如图 1-8。

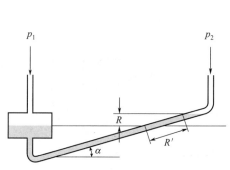

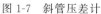

图 1-7 斜管压差计

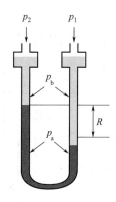

图 1-8 微差压差计

微差压差计是在管的上端设计有扩张室,扩张室有足够大的截面积,在 U 形管中放置两种密度不同、互不相容的指示液,当读数 R 变化时,两扩张室中液面不会有明显的变化。按静力学基本方程式可推出:

$$p_1 - p_2 = (\rho_a - \rho_b)gR \tag{1-9}$$

式中 ρ_a、ρ_b——分别表示重、轻两种指示液的密度,kg/m³。从以上方程可知,当 $(p_1 - p_2)$ 一定时,$(\rho_a - \rho_b)$ 越小,R 的读数越大。所以为方便读数尽量选密度接近的指示液。

(二) 液面测定

工厂中经常需要了解容器里液体的贮存量,或需要控制设备里液体的液面,因此要进行液位的测定。大多数液面测定方法是以静力学基本方程式为依据的。图 1-9 为用液柱压差计测量液面的示意图。

图中平衡器的小室中所装的液体与容器里的液体相同。平衡器里液面高度维持在容器液面容许到达的最大高度处。将一装有指示液的 U 形管压差计的两端分别与容器内的液体和平衡器内的液体连通。容器里的液面距离平衡器液面高度 h 可根据压差计的读数 R 求得。

即:

$$h = \frac{(\rho_{指} - \rho)}{\rho} R \tag{1-10}$$

因为平衡器液面稳定,容器液面越高,h 越小,读数 R 越小。当容器液面达到最大高度时,压差计的读数为零。若把 U 形管压差计换上一个能够变换和传递压差读数的传感器,这种测量装置便可以与自动控制系统连接起来。

(三) 液面测定

化工生产中为了控制设备内气体压力不超过规定数值,常采用安全水封装置,如图 1-10。液封作用:确保设备安全,当设备内压力超过规定值时,气体从液封管排出;防止气柜内气体泄漏。

液封高度 h：

$$h = \frac{P_\text{表}}{\rho_{H_2O} g}$$ (1-11)

通常为确保安全，实际插入深度要稍小于计算的液封高度。

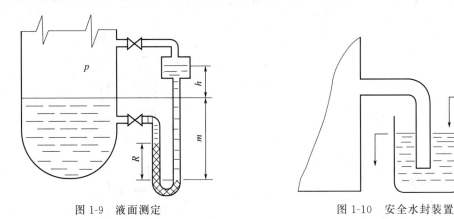

图 1-9 液面测定　　　　　图 1-10 安全水封装置

第二节　管内流体流动的基本方程式

在生产中，常要解决液体从低位送到高位，或从低压送到高压需要设备提供多大外加能量，以及流体流动过程中有关物理量（速度、压强等）如何变化等问题。本节就从质量守恒、机械能守恒两原理，推出反映流体流动规律的连续性方程和伯努利方程，从而解决以上问题。

一、流量与流速

（一）流量

单位时间内流体流经管道任一截面的体积，称为**体积流量**（volumetric flow rate）。用符号 q_V 表示，单位是 m^3/s。生产中常指的流量是指体积流量。

单位时间内流体流经管道任一截面的质量，称为**质量流量**（mass flow rate），以 q_m 表示，单位是 kg/s。

质量流量与体积流量之间的关系为：

$$q_m = \rho q_V$$ (1-12)

（二）流速

1. 平均流速

一般流速是指单位时间内液体质点在流动方向上所流经的距离。但实验表明，流体在管道内流动时，管内任一截面上各点的速度并不相等。因为流体具有黏性，管道横截面上流体质点速度沿半径变化。

管中心流速最大，越靠近管壁速度越小，在紧靠管壁处，由于液体质点黏附在管壁上，其速度为零，如图 1-11 所示。

工程上为方便起见，一般是以管道单位截面积所流过的体积流量值，来表示流体在管道

中的速度,此速度为**平均速度**,简称流速。以 u 表示,单位为 m/s。流量与流速的关系为:

$$u=\frac{q_V}{A} \qquad (1\text{-}13)$$

$$q_m=\rho q_V=\rho A u \qquad (1\text{-}14)$$

2. 质量流速

质量流速的定义是单位时间内流体流过管道单位截面积的质量,用 ω 表示,单位为 kg/(m²·s),表达式为:

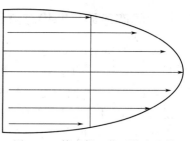

图 1-11 管内任一截面处流速的分布情况

$$\omega=\frac{q_m}{A} \qquad (1\text{-}15)$$

一般管道的截面为圆形,式(1-13)~式(1-15)中 A 表示圆管的面积,$A=\frac{\pi}{4}d^2$,其中 d 表示管径。

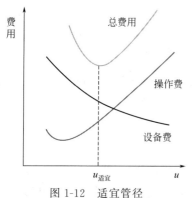

图 1-12 适宜管径

由此可初步确定管道直径:

$$d=\sqrt{\frac{4q_V}{\pi u}} \text{ 或 } d=\sqrt{\frac{4q_m}{\rho\pi u}} \qquad (1\text{-}16)$$

式(1-16)表明:若已知流量和管径,即可计算流速;或者已知流量、流速,即可确定管径;或者已知管径、流速,即可求得流量。

不过,流量一般由生产任务所决定,合理的流速应根据经济权衡来决定,如图 1-12 所示。$u\uparrow\rightarrow d\downarrow\rightarrow$ 设备费 $\downarrow$,$u\uparrow\rightarrow$ 流动阻力 $\uparrow\rightarrow$ 动力消耗 $\uparrow\rightarrow$ 操作费 $\uparrow$,最终总费用的最低点为最适宜流速。

一般液体的流速为 0.5~3m/s,气体的流速为 10~30m/s。

【**例 1-5**】 某食品厂混合液用泵输送,要求每小时输送混合液 90t,流速为 1.5m/s,20℃时此混合液体的相对密度为 1.06。试估算并选择管道的直径。

解 已知:

$$q_m=\frac{90\times 10^3}{3600}=25\text{kg/s}$$

由式(1-14)知:

$$q_V=\frac{q_m}{\rho}=\frac{25}{1060}=0.024\text{m}^3/\text{s}$$

由式(1-16)可估算管直径:$d=\sqrt{\frac{4q_V}{\pi u}}=\sqrt{\frac{4\times 0.024}{3.14\times 1.5}}=0.143\text{m}=143\text{mm}$

采用水、煤气管,由附录查得与管径 143mm 相近的管径,选择 ϕ165mm×5.50mm 的管径,
即

$$d=165-2\times 5.50=154\text{mm}$$

此时,混合液在此管道中流动的实际流速为:

$$u=\frac{4q_V}{\pi d^2}=\frac{4\times 0.024}{3.14\times 0.154^2}=1.29\text{m/s}$$

二、稳态流动与非稳态流动

如图 1-13 所示,水箱上部不断地有水注入,进水量总是大于排水量,多余的水从水箱上方溢流管溢出,以维持箱内水位恒定不变。若在流动系统中,任意取两个直径不相等的截面分析,虽然该两截面上的流速和压强不相等,但每一截面上的流速和压强却时时刻刻恒定并不随时间而变化,这种流动情况属于**稳态流动**(液面高度不变)。

若将图 1-13 中进水管的阀门关闭,箱内的水仍由排水管不断排出,由于箱内无水补充,则水位逐渐下降,各截面上水的流速与压强也随之而降低,此时各截面上的流速与压强不但随位置而变,还随时间而变,这种流动情况属于**非稳态流动**(液面高度随时改变)(图 1-14)。

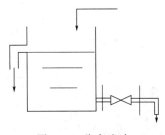

图 1-13 稳态流动

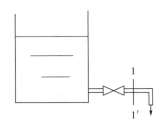

图 1-14 非稳态流动

在连续生产中,流体的流动情况大多为稳定流动,不稳定流动仅在某设备开始运转或停止运转时发生。故除非有特别指明外,本书所讨论的都为稳态流动。

三、连续性方程

设流体在图 1-15 所示的管道中作连续、稳态流动,完全充满管道,既无添加又无损失。流体从截面 1-1 流入,从截面 2-2 流出。根据**质量守恒定律**,输入量等于输出量,从截面 1-1 进入的流体质量流量 q_{m1} 应等于从截面 2-2 流出的流体质量流量 q_{m2}。

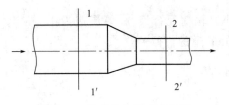

图 1-15 连续性方程式的推导

即
$$q_{m1} = q_{m2} \tag{1-17}$$

由式(1-14)知:
$$\rho_1 A_1 u_1 = \rho_2 A_2 u_2 \tag{1-18}$$

由式(1-18)知对于管道任一截面:
$$\rho A u = 常数 \tag{1-19}$$

式(1-19)即为流体**稳定流动**的**连续性方程**。

当流体为不可压缩流体时,ρ = 常数,即式(1-19)可简化为:

$$Au = 常数 \tag{1-20}$$

由式(1-20)可知,在连续稳定的不可压缩流体的流动中,流体流速与管道的截面积成反比。即管截面越大,管速越小。

通常管道截面为圆形,则截面积 $A = \frac{\pi}{4}d^2$,代入式(1-20)得:

$$\frac{u_1}{u_2} = \frac{d_2^2}{d_1^2} \tag{1-21}$$

式中,d_1、d_2 分别为管截面 1 和 2 的直径。式(1-21)说明不可压缩流体在圆形管路中的流速与管径的平方成反比。

【**例 1-6**】 设图 1-15 中大管管径是小管管径的 2 倍,已知大管管径为 10cm,流量为 8L/s,求各段水管内平均流速为若干?

解 大管流速根据式(1-13)知:

$$u_1 = \frac{q_V}{A} = \frac{8 \times 10^{-3}}{\frac{\pi}{4}(10 \times 10^{-2})^2} = 1.02 \text{m/s}$$

又根据式(1-21)知小管流速为:$u_2 = u_1 \left(\frac{d_1}{d_2}\right)^2 = 1.02 \times 2^2 = 4.08 \text{m/s}$

四、伯努利方程式

伯努利方程(Bernouli's equation)是管内流体流动**机械能衡算式**。

(一) 实际流体的伯努利方程式

1. 流动流体本身所具有的能量

在流体输送过程中,主要考虑各种形式机械能的转换。下面将介绍这些能量的意义和计算方法。

(1) 位能 相当于质量为 m 的流体自基准水平面升举到某高度 z 所做的功。

$$位能 = mgz$$

位能的单位 $[mgz] = \text{kg} \times (\text{m/s}^2) \times \text{m} = \text{N} \times \text{m} = \text{J}$

(2) 动能 质量为 m、流速为 u 的流体所具有的能量。

$$动能 = \frac{1}{2}mu^2$$

动能的单位 $\left[\frac{1}{2}mu^2\right] = \text{kg} \times (\text{m/s})^2 = \text{N} \times \text{m} = \text{J}$

(3) 静压能 静止流体内部任一处都有一定的静压强,流动着的流体内部任何位置也都有一定的静压强。如图 1-16 在流动流体的管壁处接两根玻璃支管,液体便会在玻璃管内上升,玻璃管内液体自动压上一定高度的现象便是流动流体在该截面处具有静压能的表现。

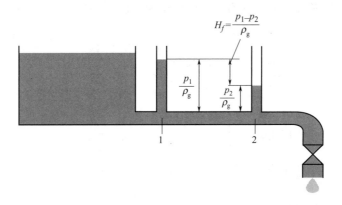

图 1-16 实际流体流动时压头损失

设质量为 m、体积为 V 的流体通过如图 1-16 所示的 1-1 截面时,压力 pA 把该流体推进此截面，所流经的距离为 V/A，则流体的静压能为：

$$静压能 = pA \times V/A = pV = pm/\rho$$

静压能的单位　　　　$[pV] = (N/m^2) \times m^3 = N \times m = J$

2. 流体在流动过程中的其他能量

流动系统中无热交换器，则不考虑流体吸热或放热。

(1) 损失机械能　实际流体具有黏性，在管道中流动时要做功以克服摩擦阻力，使得机械能有所消耗，消耗的机械能转化为热能散失而损失掉。在能量衡算中，此项能量视为输出能量。

单位质量（1kg）流体损失的机械能量称为**损失机械能**，用符号 $\sum h_f$ 表示，单位为 J/kg。

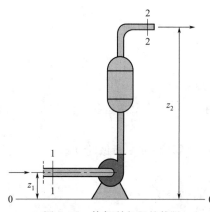

图 1-17　伯努利方程的推导

(2) 外加机械能　在流体输送过程中，往往需要将流体从低处输送到高处，从低压处输送到高压处，或需要消耗一定的能量来克服摩擦阻力。这就必须向输送系统添加输送机械，输送机械所提供的能量为**外加机械能**。

单位质量流体从输送机械获得的能量用符号 W_e 表示，单位为 J/kg。

3. 实际流体的伯努利方程式的推导

如图 1-17 所示，根据能量守恒定律，输入管路系统的能量等于从管路系统中输出的能量。流体通过截面 1-1 输入的总能量用下标 1 标明，经过截面 2-2 输出的总能量用下标 2 标明。则实际流体的机械能衡算式为：

$$mgz_1 + \frac{mu_1^2}{2} + \frac{mp_1}{\rho} + mW_e = mgz_2 + \frac{mu_2^2}{2} + \frac{mp_2}{\rho} + m\sum h_f \quad [J] \quad (1\text{-}22)$$

单位质量流体所具有的能量，即把式(1-22)每项除以 m 得到另一形式为：

$$gz_1 + \frac{u_1^2}{2} + \frac{p_1}{\rho} + W_e = gz_2 + \frac{u_2^2}{2} + \frac{p_2}{\rho} + \sum h_f \quad [J/kg] \quad (1\text{-}23)$$

单位重量流体所具有的能量称为压头。单位为 $[J/N] = [N \times m/N] = [m]$

即把式(1-22)每项除以 mg 得到另一形式为：

$$z_1 + \frac{u_1^2}{2g} + \frac{p_1}{\rho g} + H_e = z_2 + \frac{u_2^2}{2g} + \frac{p_2}{\rho g} + \sum H_f \quad [m] \quad (1\text{-}24)$$

式中　$H_e = W_e/g$——外加压头，[m]；

$\sum H_f = \sum h_f/g$——损失压头，[m]；

z_1，z_2——位压头，[m]；

$\dfrac{u_1^2}{2g}$，$\dfrac{u_2^2}{2g}$——动压头，[m]；

$\dfrac{p_1}{\rho g}$，$\dfrac{p_2}{\rho g}$——静压头，[m]。

式(1-22)~式(1-24)均为**实际流体的伯努利方程式**，习惯上也称为**伯努利方程**。

（二）理想流体的伯努利方程

没有黏性，流动中没有阻力（导致 $\sum h_f = 0$）的流体称为**理想流体**。这种流体实际上并不存在，但应用理想流体的概念可使流体流动的问题变得简单。对于理想流体流动而又没有外加机械能加入，式(1-22)～式(1-24) 便分别简化为：

$$mgz_1 + \frac{mu_1^2}{2} + \frac{mp_1}{\rho} = mgz_2 + \frac{mu_2^2}{2} + \frac{mp_2}{\rho} \tag{1-25}$$

$$gz_1 + \frac{u_1^2}{2} + \frac{p_1}{\rho} = gz_2 + \frac{u_2^2}{2} + \frac{p_2}{\rho} \tag{1-26}$$

$$z_1 + \frac{u_1^2}{2g} + \frac{p_1}{\rho g} = z_2 + \frac{u_2^2}{2g} + \frac{p_2}{\rho g} \tag{1-27}$$

式(1-25)～式(1-27) 称为无外功加入时**理想流体的伯努利方程**。

（三）伯努利方程的讨论

① 式(1-22)～式(1-27) 均适用于**不可压缩流体**，即密度 ρ 是常数。但当所取系统两界面间的绝对压强变化小于原来压强的 20%（即 $\frac{p_1 - p_2}{p_1} < 20\%$）时，可压缩流体仍可用这些式子。

② 式(1-25) 表示理想流体在管道内做稳定流动而又没有外功加入时，任一截面上单位质量流体所具有的位能、动能、静压能之和为一常数，称为**总机械能**。其中每一种形式的机械能可相互转化。例如，某理想流体在图 1-15 水平管中（$z_1 = z_2$，即位能不变）稳态流动，从截面 1-1 流过 2-2 时，截面缩小则流速增加。因总机械能为常数，静压能就要相应降低，即一部分静压能转变为动能。

③ 式(1-22) 中 W_e 为输送设备对单位质量流体所做的有效功，是决定流体输送设备的重要数据，单位时间输送设备所做的有效功称为有效功率，用符号 Ne 表示，即：

$$Ne = q_m W_e \tag{1-28}$$

式中　q_m——流体的质量流量；

　　　Ne——流体的有效功率，kg/s，J/s 或 W。

④ 如果系统里的流体是静止的，则 $u = 0$；没有运动，自然没有阻力，即 $\sum h_f = 0$；由于流体保持静止状态，也就不需要外功加入，即 $W_e = 0$，于是式(1-23) 变成：

$$gz_1 + \frac{p_1}{\rho} = gz_2 + \frac{p_2}{\rho}$$

进一步整理为：
$$p_1 - p_2 = \rho g(z_2 - z_1)$$

上式便是流体静力学方程。由此可见，伯努利方程除表示流体的流动规律外，还表示流体静止状态的规律，而流体的静止状态只不过是流动状态的一种特殊形式。

（四）伯努利方程的应用

【例 1-7】 试证明图 1-16 中压头损失 $\sum H_f = \frac{p_1 - p_2}{\rho g}$。

解　在图 1-16 中的 1 截面与 2 截面间列伯努利方程得：

$$z_1 + \frac{u_1^2}{2g} + \frac{p_1}{\rho g} + H_e = z_2 + \frac{u_2^2}{2g} + \frac{p_2}{\rho g} + \sum H_f$$

因为两截面处在同一水平面，所以 $z_1 = z_2$；且管径相等，据 $\frac{u_1}{u_2} = \frac{d_2^2}{d_1^2}$ 知，$u_1 = u_2$；又因为无外加压头加入，所以 $H_e = 0$。

把上式条件代入伯努利方程整理得 $\sum H_f = \frac{p_1 - p_2}{\rho g}$。

【例 1-8】 用泵将贮槽中的混合液输送到高位槽，如图 1-18 所示。已知离心泵的进口管尺寸为 $\phi 89mm \times 3.5mm$，出口管尺寸为 $\phi 76mm \times 3mm$。混合液在进口管的流速为 1.5m/s，贮槽中的液面距高位槽入口处的垂直距离为 7m，混合液经管路系统的能量损失为 40J/kg，高位槽内压力为（表压）20kp，混合液的相对密度 d^T 为 1.1，试计算所需的外加机械能。

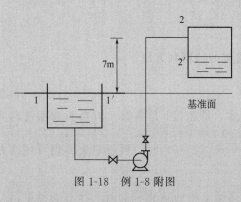

图 1-18 例 1-8 附图

解 取贮槽的液面为 1-1 截面，高位槽入口处为 2-2 截面，在两截面间列伯努利方程，即：

$$gz_1 + \frac{u_1^2}{2} + \frac{p_1}{\rho} + W_e = gz_2 + \frac{u_2^2}{2} + \frac{p_2}{\rho} + \sum h_f$$

整理得：

$$W_e = g(z_2 - z_1) + \frac{p_2 - p_1}{\rho} + \frac{u_2^2 - u_1^2}{2} + \sum h_f$$

选 1-1 截面为基准面，则 $z_1 = 0$，$z_2 = 7m$；

又因为 1-1 截面处贮槽的液面直径 d_1 远远大于 2-2 截面处泵出口管直径 d_2，根据方程 $\frac{u_1}{u_2} = \frac{d_2^2}{d_1^2} \approx 0 \Rightarrow u_1 \approx 0$；

同样在泵的进出口列方程 $\frac{u_{\text{进}}}{u_2} = \frac{d_2^2}{d_{\text{进}}^2} \Rightarrow \frac{1.5}{u_2} = \frac{[(76 - 2 \times 3) \times 10^{-3}]^2}{[(89 - 2 \times 3.5) \times 10^{-3}]^2} \Rightarrow u_2 = 2.06 m/s$；

已知 $p_{2(\text{表})} = 20kPa$，又因为 1-1 截面处的液面与大气相通，绝对压强等于大气压，所以 $p_{1(\text{表})} = 0kPa$。

把上面已知值代入所列的伯努利方程，则输送混合液所需的外加机械能 W_e 为：

$$W_e = 7 \times 9.81 + \frac{(20 - 0) \times 10^3}{1100} + \frac{2.06^2 - 0^2}{2} + 40 = 129 J/kg$$

从本题可知，应用伯努利方程时应注意以下几点。

(1) 作图　根据题意画出流动系统的示意图，指明流体流动的方向。

(2) 选取截面　两截面都应与流动方向相垂直，并且两截面之间的流体必须连续、稳定流动,且充满整个衡算系统。所求的未知量应在截面上或在两截面之间,且截面上的 z、u、p 等物理量,除所需求得的未知量外,都应该是已知的或能通过其他关系计算出来的。**两截面上的** z、u、p 与**两截面间**的 $\sum h_f$ 都应与所选截面相互对应一致。截面代号应按照流体流动方向依次标注。

(3)确定基准面　通常将基准水平面定在已选出的较低的截面上,则其 $z=0$,另一截面的 z 值便为两截面间的垂直高度值。

(4)压力表示方法要一致　伯努利方程式中的压力 p_1 和 p_2 必须同时使用表压或绝对压,用下标标注清楚。

【例 1-9】 如图 1-19 所示,有一高位槽输水系统,管径为 $\phi 57\text{mm} \times 3.5\text{mm}$。已知水在管路中流动的机械能损失为 $\sum h_f = 4.5u^2/2$。试求水的流量为多少?

解　取水槽液面为截面 1-1′,水管出口为截面 2-2′,并以截面 2-2′为基准面,列出截面 1-1′与截面 2-2′间的伯努利方程式:

$$gz_1 + \frac{u_1^2}{2} + \frac{p_1}{\rho} + W_e = gz_2 + \frac{u_2^2}{2} + \frac{p_2}{\rho} + \sum h_f$$

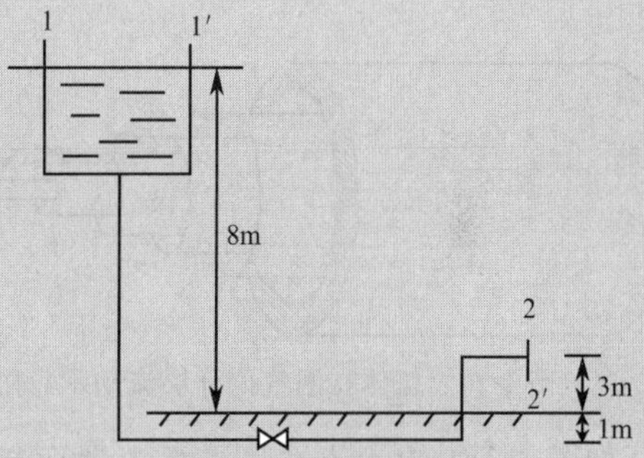

已知 $z_2=0$,$z_1=5$;$p_{1(\text{表})} = p_{2(\text{表})} = 0$
(因为 1-1′、2-2′截面都与大气相通)

$W_e = 0$(无输送设备),$\sum h_f = 4.5u^2/2$ J/kg;

$d = 0.05$ mm,$u_1 = 0$,$u_2 = ?$

将上述数据代入伯努利方程式得:

$$9.81 \times 5 = \frac{u_2^2}{2} + \frac{4.5u_2^2}{2}$$

$$u_2 = \sqrt{9.81 \times 5 \times 2/5.5} = 4.2 \text{(m/s)}$$

每小时水的流量为:

$$q_V = u_2 \frac{\pi}{4} d^2 = 4.2 \times 0.785 \times 0.05^2 \times 3600 = 29.7 \text{ (m}^3\text{/h)}$$

图 1-19　例 1-9 附图

第三节　管内流体流动现象

由前述可知,实际流体流动过程中需要克服一定的摩擦阻力作用而消耗一部分能量。摩擦阻力主要来源于流体与固体壁面间的相对运动,其次就是流体内部分子间的相互作用及其内摩擦力的影响等。本节将讨论产生机械能损失的原因及管内速度分布等内容,以便为下一节讨论流动阻力的计算打下基础。

一、牛顿黏性定律与流体的黏度

(一)牛顿黏性定律及流体的黏度

为了更好地说明流体流动时产生的阻力,以水在管内流动为例。管内任一截面上各点的速度并不相同，中心处的速度最大，越靠近管壁速度越小，在管壁处黏附在管壁上，其速度为零。其他流体在管内流动时也有类似的规律。因此，流体在圆管内流动时，实际上是被分割成无数极薄的圆筒层，一层套着一层，称为流体层，每一层上各质点的流速相等。而各层以不同的速度向前运动，如图1-20所示。

由于各层速度不同，层与层之间发生了相对运动。速度快的流体层对相邻的速度较慢的流体层产生了一个向前推动的力；同时，速度慢的流体层对速度快的流体层也作用一个大小相等、方向相反的力，从而阻碍较快流体层向前运动。这种运动着的流体内部相邻两流体层间的相互作用力，称为流体的内摩擦力。**流体流动时的内摩擦力是产生流动阻力的根本原因。**流体流动时必须克服内摩擦力而做功，从而流体的一部分机械能转变为热而损失掉。

流体流动时产生内摩擦力的这种特性，称为黏性。黏性的大小是决定流体流动快慢的重要参数。从桶底的管中把一桶油放完比把一桶水放完所需要的时间多，原因是油的黏性比水的黏性大，导致流动时的内摩擦力大，即阻力大，从而流速小。

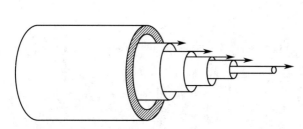 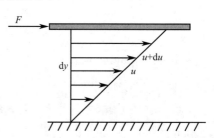

图1-20 流体在圆管内分层流动示意图　　图1-21 平板间液体速度变化

如图1-21，有上下两块平行放置而相距很近的平板，两板间充满着静止的液体。将下板固定，对上板施加一恒定的外力，使上板以较小的速度做平行于下板的等速直线运动，则板间的液体也随之移动。紧靠上层平板的液体，具有与平板相同的速度；而紧靠下层板面的液体，也因附着于板面而静止不动；在两层平板之间液体中形成上大下小的流速分布。此两平板间的液体可看成为许多平行于平板且彼此之间存在着相对运动的流体层。需要指出的是，流体在圆管内流动时，u 和 y 的关系并不像图1-21中 u 和 y 那样呈直线关系，而是曲线关系。流体层与层之间存在着速度差，我们把垂直距离为 dy 处的速度变化 du 叫做**速度梯度**，即 $\dfrac{du}{dy}$。

实验证明，对于一定的液体，内摩擦力 F 与两流体层的速度差 du 成正比，与两层之间的垂直高度 dy 成反比（即与速度梯度 $\dfrac{du}{dy}$ 成正比）；与两层之间的接触面积 A 成正比，同时与流体的黏性大小成正比，则：

$$F = \mu A \frac{du}{dy} \tag{1-29}$$

内摩擦力 F 与作用面平行。单位面积上的内摩擦力称为内摩擦应力或剪应力，以 τ 表示。于是式(1-29)可写成：

$$\tau = \frac{F}{A} = \mu \frac{du}{dy} \tag{1-30}$$

式(1-30)所反映的关系称为**牛顿黏性定律**，说明了黏性产生的剪应力与速度梯度成正比。根据管内的速度分布图（图1-11），管壁处速度梯度最大，故该处的剪应力最大；管中心速度梯度为零，剪应力亦为零。

式中，μ 为比例系数，称为黏性系数，用来衡量黏性大小的物理量，简称**黏度**。在相同的流动情况下，流体的黏度越大，产生的内摩擦力越大，则流体的阻力越大，即流体的损失能量也越大。注意分析静止流体的规律时就不用考虑黏度这个因素。

黏度是流体物理性质之一，其值由实验测定。本书附录列出了常见流体的黏度，可供查用。一般液体的黏度随温度升高而减小，气体的黏度则随温度升高而增大。压强变化时，液体的黏度基本不变；气体的黏度随压强增加而增加得很少，在一般工程计算中可以忽略，只有在极高或极低的压强下，才需考虑压强对气体黏度的影响。

在国际单位制（SI 制）中，有：

$$[\mu] = \left[\frac{F \times dy}{A \times du}\right] = \frac{N \times m}{m^2 \times m/s} = Pa \cdot s$$

另外黏度单位还常用 cP（厘泊）表示。$1cP = 10^{-3} Pa \cdot s$。

用以上方法表示的黏度称为动力黏度或绝对黏度。此外，流体的黏性还可用黏度 μ 与密度 ρ 的比值表示。此比值称为运动黏度，用 γ 表示，即：

$$\gamma = \frac{\mu}{\rho} \tag{1-31}$$

运动黏度在国际单位制中的单位为 m^2/s。

（二）牛顿型流体和非牛顿型流体

若流体在流动中形成的剪应力与速度梯度的关系完全符合牛顿黏性定律，就称这类流体为**牛顿型流体（Newtonian fluid）**，如气体、大多数低摩尔质量液体就属于这一类流体。但工业中还有多种流体，如泥浆、某些高分子溶液、悬浮液等；还有血液及日常用的牙膏等都不服从牛顿黏性定律，这类流体称为**非牛顿型流体（non-Newtonian fluid）**。对于非牛顿型液体流动的研究，属于流变学（rheology）的范畴，这里不进行讨论。

二、流体流动类型与雷诺数

（一）雷诺实验与流体流动类型

前面所提到的流体可视为分层流动的形态，仅在流速较小时才出现，流速增大或其他条件改变时可发生另一种与此完全不同的流动形态。这是 1883 年由雷诺（Reynolds）首先提出来的。为了直接观察流体流动时内部质点的流动情况及各种因素对流动状况的影响，可通过图 1-22 所示的雷诺实验装置进行观察。水箱内装有溢流装置以维持水位恒定。箱的底部接一段直径相同的水平玻璃管，管出口处有阀门调节流量。水箱上方装有带颜色液体的小瓶，有色液体可经过细管注入玻璃管内。在水流经玻璃管过程中，同时把有色液体送到玻璃管入口以后的管中心位置上。

从有色液体的流动情况可以观察到管内水流中质点的运动情况。流速小时，管中心的有色液体在管内沿轴线方向成一直线，平稳地流过整根玻璃管，与旁侧的水不相混合，如图 1-22(a) 所示。此实验现象表明，水的质点在管内都是沿着与管轴平行的方向做直线运动。因此，充满整个管的流体就如一层一层的同心圆筒在平行地流动，这种流动状态称为**层流或滞流**。当开大阀门使水流速逐渐增大到一定数值时，呈直线流动的有色细流便开始出现波动而成波浪形，并且不规则地波动；速度再增大，细线的波动加剧，并形成旋涡而向四周散开，最后可使全管内水的颜色均匀一致，如图1-22(b)所示。表明流体质点除了沿着管道向前流动外，各质点的运动速度在大小和方向上都随时发生变化，于是质点间彼此碰撞并互相混合，这种流动状态称为**湍流或紊流**。上述实验表明流体在管路中的流动状态可分为两种截然不同的类型，即层流和湍流。

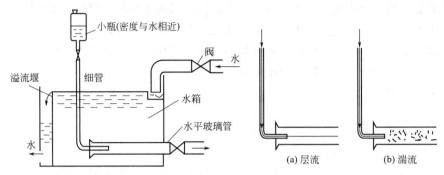

图1-22 雷诺实验装置

在流体流动、传热及传质过程等工程计算中，往往必须先确定流型再按不同的规律进行计算。因流型不同，流动阻力所遵循的规律亦不同。层流时，流动阻力来自流体本身所具有的黏性而引起的内摩擦。对牛顿型流体，内摩擦应力的大小服从牛顿黏性定律。而湍流时，流动阻力除来自于流体的黏性而引起的内摩擦外，还由于流体内部充满了大大小小的旋涡，流体质点的不规则迁移、脉动和碰撞，使得流体质点间的动量交换非常剧烈，产生了附加阻力。这种阻力又称为湍流切应力，简称为湍流应力。所以湍流中的总摩擦应力等于黏性摩擦应力与湍流应力之和。总的摩擦应力就不服从牛顿黏性定律。

（二）雷诺数

若在直径不同的管内用不同的流体进行试验，可以发现，除了流速 u 外，管径 d、流体密度 ρ 和流体的黏度 μ 对流动状况也有影响，流动形态由这几个因素同时决定。

雷诺通过进一步分析研究，把上述影响因素组合成数群 $\dfrac{du\rho}{\mu}$ 的形式，可根据其值的大小来判断流体流动是属于层流还是湍流。其中 $\dfrac{du\rho}{\mu}$ 称为雷诺数或雷诺准数，用符号 Re 表示。单位为：

$$[Re]=\left[\frac{du\rho}{\mu}\right]=\frac{\mathrm{m}\cdot\dfrac{\mathrm{m}}{\mathrm{s}}\cdot\dfrac{\mathrm{kg}}{\mathrm{m}^3}}{\mathrm{Pa}\cdot\mathrm{s}}=\frac{\mathrm{kg}}{\mathrm{s}^2\cdot\mathrm{m}\cdot\mathrm{Pa}}=\frac{\mathrm{N}}{\mathrm{m}^2\cdot\mathrm{Pa}}=\frac{\mathrm{Pa}}{\mathrm{Pa}}=1$$

上述结果表明，雷诺数是一个没有单位、无量纲的纯数。在计算 Re 时，每一项都采用国际单位制。根据大量的实验得知 $Re\leqslant 2000$ 时，流动类型为层流；当 $Re\geqslant 4000$ 时，流动类型为湍流；而在 $2000<Re<4000$ 范围内，流动类型不稳定，可能是层流，也可能是湍流，或是两者交替出现，为外界条件所左右。例如外界的轻微振动或管道方向的改变都会产生湍流。这一范围称为过渡区。根据 Re 的数值将流动划为三个区：层流区、过渡区及湍流区，但只有两种流型。

【例1-10】 20℃的水在内径为50mm的管内流动，流速为2m/s，试判断管内流体流动的型态。

解 从本书附录中查得水在20℃时$\rho=998.2kg/m^3$,$\mu=1.005\times10^{-3}Pa\cdot s$;由题知$d=0.05m$,$u=2m/s$,则

$$Re=\frac{du\rho}{\mu}=\frac{0.05\times2\times998.2}{1.005\times10^{-3}}=9.93\times10^4$$

$Re>4000$,水在管中的流动类型为湍流。

三、流体在圆管内的速度分布

流体在圆管内的速度分布是指流体流动时,管截面上质点的轴向速度沿半径的变化。速度在管道截面上的分布规律因流型而异。

(一) 流体在圆管中层流时的速度分布

理论分析和实验都已证明层流流动时的速度按抛物线的规律分布。如图1-23(a)管中心的流速最大,向管壁的方向逐渐减少,靠管壁的流速为零。平均速度u为最大速度u_{max}的一半,即$u=u_{max}/2$。

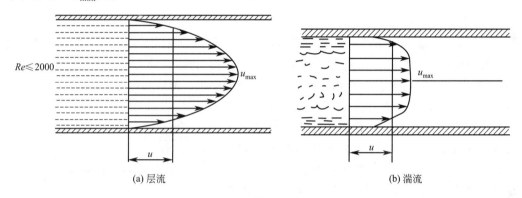

图1-23 圆管内速度分布

需要强调的是,图1-23(a)中所示的图形并不是一进入管内就形成,而是经过一段距离后发展起来的。如图1-23(a)流体在流入管口之前速度分布均匀。在进入管口之后,则紧挨管壁的一层非常薄的流体层,因附着在管壁上,其速度突然降为零。流体在继续往里流动的过程中,靠近管壁的各层流体,由于黏性的作用,逐渐滞缓下来。又因为各截面上的流量为一定值,管中心处各点的速度必然增大。当液体流过一定距离后,管中心的速度等于平均速度的两倍时,层流速度分布的抛物线规律才算完全形成。

(二) 流体在圆管中湍流时的速度分布

湍流时,管内流体质点的运动虽然很不规则,但从整体上看,流体在整个截面上的平均速度仍是固定的,由于湍流大部分流体质点相互碰撞,某一截面上速度分布曲线也与抛物线相似,但顶端较平坦。速度分布曲线如图1-23(b)所示。这是因为流体质点的强烈分离与混合,使截面上靠管中心部分各点速度彼此扯平,速度分布比较均匀,所以速度分布曲线不再是严格的抛物线。实验证明,当Re值越大时,曲线顶部的区域就越广阔平坦。但由于流体黏性的存在,接近管壁处流体的速度骤然下降,曲线较陡,在紧靠管壁一层的流体速度为零。平均速度u为最大速度u_{max}的0.82倍,即$u=0.82u_{max}$。

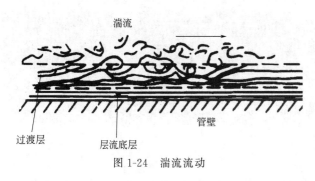

图 1-24 湍流流动

既然湍流时邻近管壁处的速度很小，管壁处速度为零，则靠紧管壁的流体仍做层流流动，这一流体薄层称为**层流底层或层流内层**，如图 1-24 所示。从层流底层往管中心推移，速度逐渐增大，出现了既不是层流流动也不是完全湍流流动的区域。这区域称为缓冲层或过渡层。再往中心才是湍流主体部分。层流底层的厚度随 Re 值的增加而减小。层流底层的存在，对传热与传质过程都有重大影响，这将在后面相应章节讨论。

第四节　管内流体流动的阻力计算

在第二节应用伯努利方程式时，对能量损失（或称阻力损失）Σh_f 一项，一般都给出了具体的数值但并没有解释如何得出结果。本节则重点介绍流体在管道中流动时能量损失（阻力损失）Σh_f 的计算。上节内容分析了流体流动中阻力损失的内部原因，本节从管道中阻力损失的外因分析，阻力损失可分为直管阻力损失和局部阻力损失两种。直管阻力损失是流体流经一定管径的直管时，由于流体内摩擦而产生的阻力损失。局部阻力损失主要是由于流体流经管路中的管件（如弯头、三通等）、阀门及管截面的突然扩大、突然缩小、管入口、管出口等局部地方时，其损失主要是涡流所造成的形体阻力损失。如图 1-25 所示部位。

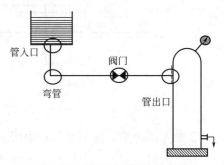

图 1-25　局部阻力部位示意图

伯努利方程式中的 Σh_f 项是指所研究管路系统的总能量损失（或称阻力损失），它既包括系统中各段直管阻力损失 h_f，也包括系统中各种局部阻力损失 h_f'，即：

$$\Sigma h_f = h_f + h_f' \tag{1-32}$$

一、流体在直管中流动的阻力损失

流体在直管中的流动阻力损失因流型不同而采用不同的工程处理方法。对于层流，通过牛顿黏性定律可用解析方法求解管截面上的速度分布及流动阻力损失；而对于湍流，需借助类比方法来求得。以下分别进行讨论。

计算圆形直管阻力损失的通式如下。

1. 压力降——阻力损失的直观表现

实际流体在流动过程中因克服内摩擦而消耗机械能，故衡算式(1-22)中要加入损失项，才能使输入与输出平衡。流体通过水平的等径直管时产生的压力降,是这种阻力损失的直观表现。如图1-26所示,在1、2两截面间列机械能衡算式,$z_1=z_2$;$u_1=u_2$;$W_e=0$,代入式(1-23),把其中总摩擦阻力损失$\sum h_f$用直管摩擦阻力损失h_f替代,即:

$$gz_1+\frac{u_1^2}{2}+\frac{p_1}{\rho}+W_e=gz_2+\frac{u_2^2}{2}+\frac{p_2}{\rho}+h_f$$

可得:

$$\frac{p_1}{\rho}=\frac{p_2}{\rho}+h_f$$

故

$$\Delta p=p_1-p_2=\rho h_f \tag{1-33}$$

令

$$\Delta p_f=\rho h_f \tag{1-34}$$

式中Δp_f的单位为:

$$[\Delta p_f]=[\rho h_f]=(kg/m^3)(J/kg)=J/m^3=(Nm)/m^3=N/m^2=Pa$$

由于Δp_f的单位可简化为压强的单位,故称Δp_f为流动阻力引起的**压强降**(亦称为压力损失),压强降Δp_f表示$1m^3$流体在流动系统中仅仅是由于流动阻力所消耗的能量。应指出,Δp_f是一个符号,此处Δ并不代表数学中的增量。而两截面间的压强差Δp中Δ表示增量。另外需要强调的是,压强降Δp_f与伯努利方程式中两截面间的压强差Δp是两个截然不同的概念,一般情况下Δp_f与Δp在数值上不相等,只有在图1-26中1和2两截面间,即在直径相同且又无外功加入的水平管内流动时,才能得出两截面间的压强差与压强降在绝对数值上相等[由式(1-34)处式子的推导可知]。但在有外功加入的实际流体的伯努利方程中,同样把其中总摩擦阻力损失$\sum h_f$用直管摩擦阻力损失h_f替代,即:

$$gz_1+\frac{u_1^2}{2}+\frac{p_1}{\rho}+W_e=gz_2+\frac{u_2^2}{2}+\frac{p_2}{\rho}+h_f$$

可知

$$\Delta p=p_1-p_2=\rho g(z_2-z_1)+\rho\frac{u_2^2-u_1^2}{2}-\rho W_e+\rho h_f$$

上式说明,由于流动阻力而引起的压强降Δp_f($\Delta p_f=\rho h_f$)并不是两截面间的压强差Δp。

2. 范宁公式与摩擦系数

为了建立直管摩擦阻力损失的算式,可以先从受力分析入手。

如图1-26中一直径为d,长度为l的水平直管,流体以速度u流过此管。对于整个管内的流体柱,有总压力P_1垂直作用于1-1′截面,总压力P_2垂直作用于2-2′截面,内摩擦力F则作用于圆柱形流体四周的表面。在稳定流动条件下,三力达于平衡,故有:

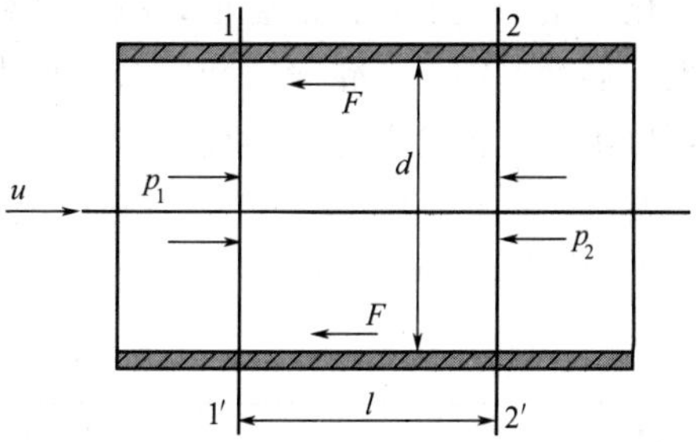

$$P_1-P_2-F=0$$

又因为 $P_1-P_2=p_1\dfrac{\pi d^2}{4}-p_2\dfrac{\pi d^2}{4}=(p_1-p_2)\dfrac{\pi d^2}{4}$

$$F=\tau A=\tau\pi dl$$

图1-26 直管内流体流动时压力与内摩擦力的平衡

同时此为无外功加入的水平等径直管,所以从式(1-33)中知:

$$p_1-p_2=\rho h_f$$

以上四式整理化简得：

$$h_f = \frac{4l}{\rho d}\tau \tag{1-35}$$

式(1-35)就是流体在圆形直管内流动时能量损失与剪应力之间的关系式。为了使此式便于应用，将式(1-35)进一步变换，以消去式中的剪应力 τ。由实验得知，流体只有在流动情况下才产生阻力。在流体物理性质、管径与管长相同情况下，流速增大，能量损失也随之增加，可见流动阻力与流速有关。由于单位质量流体所具有的动能 $u^2/2$ 与 h_f 的单位相同，都为 J/kg，因此经常把能量损失 h_f 表示为动能 $u^2/2$ 的函数。于是式(1-35)改写为：

$$h_f = \frac{4\tau}{\rho} \times \frac{2}{u^2} \times \frac{l}{d} \times \frac{u^2}{2}$$

令

$$\lambda = \frac{8\tau}{\rho u^2}$$

则：

$$h_f = \lambda \frac{l}{d} \times \frac{u^2}{2} \tag{1-36}$$

进一步知：

$$\Delta p_f = \rho h_f = \lambda \frac{l}{d} \times \frac{\rho u^2}{2} \tag{1-37}$$

$$H_f = h_f/g = \lambda \frac{l}{d} \times \frac{u^2}{2g} \tag{1-38}$$

式(1-36)及式(1-38)都称为**范宁（Fanning）公式**，是计算圆形直管阻力所引起能量损失的通式，适用于不可压缩流体的稳定流动。式中的 λ 与管壁作用于流体柱四周表面的剪应力成正比，称为**摩擦系数**，由式(1-36)可以推算出 λ 是无量纲的。

推出式(1-36)、式(1-38)时并没有对流型提出要求，故范宁公式对层流和湍流都适用。只是推出范宁公式时，曾令 $\lambda = \frac{8\tau}{\rho u^2}$，其中的剪应力 τ 所遵循的规律因流型而异，因此 λ 值也随流型而变。所以，对层流和湍流的摩擦系数 λ 要分别讨论。

3. 管壁粗糙度对摩擦系数的影响

管壁粗糙度对 λ 的影响程度也与流型有关。

化工生产上所铺设的管道，按其材料的性质和加工情况大致可分为光滑管与粗糙管。通常把玻璃管、铜管、铅管、塑料管等称为光滑管；把钢管和铸铁管等称为粗糙管。管壁粗糙度可用绝对粗糙度与相对粗糙度来表示。**绝对粗糙度**是指管壁粗糙面凸出部分的平均高度，以 ε 表示。表1-1列出某些工业管道的绝对粗糙度数值。在选取管壁的绝对粗糙度 ε 值时，必须考虑到流体对管壁的腐蚀性，流体中的固体杂质是否会黏附在壁面上以及使用情况等因素。

表 1-1 某些工业管道绝对粗糙度

项目	管道类别	绝对粗糙度 ε/mm	项目	管道类别	绝对粗糙度 ε/mm
金属管	无缝黄铜管、铜管及铝管	0.01~0.05	非金属管	干净玻璃管	0.0015~0.01
	新的无缝铜管或镀锌铁管	0.1~0.2		橡皮软管	0.01~0.03
	新的铸铁管	0.3		木管道	0.25~1.25
	具有轻度腐蚀的无缝钢管	0.2~0.3		陶土排水管	0.45~6.0
	具有显著腐蚀的无缝钢管	0.5 以上		很好整平的水泥管	0.33
	旧的铸铁管	0.85 以上		石棉水泥管	0.03~0.8

相对粗糙度是指绝对粗糙度与管道直径的比值，即 ε/d。管壁粗糙度对摩擦系数 λ 的影响程度与管径的大小有关，如对于绝对粗糙度相同的管道，直径不同，对 λ 的影响就不同，对直径小的影响较大。所以在流动阻力的计算中不但要考虑绝对粗糙度的大小，还要考虑相对粗糙度的大小。

二、层流时的摩擦系数

流体层流流动时，管壁上凹凸不平的地方都被有规则的流体层所覆盖，而流动速度又比较缓慢，流体质点对管壁凸出部分不会有碰撞作用。所以，在层流时，摩擦系数 λ 与管壁粗糙度 ε 无关，影响层流摩擦系数 λ 的因素只是雷诺数 Re。层流时 λ 与 Re 的关系推导如下，由哈根-泊谡叶（Hagon-Poiseuille）公式：

$$\Delta p_f = \frac{32l\mu u}{d^2} \tag{1-39}$$

与式(1-37)对比，便知：

$$\lambda = \frac{64}{du}\frac{\mu}{\rho} = \frac{64}{\frac{du\rho}{\mu}} = \frac{64}{Re} \tag{1-40}$$

式(1-40)即为流体在圆管内做层流流动时 λ 与 Re 的关系式。将此式在对数坐标上进行标绘可得一直线，如图 1-28 所示。

三、湍流时的摩擦系数

当流体做湍流流动时，靠管壁处总是存在着一层层流底层，如果层流底层的厚度大于壁面的绝对粗糙度，即 $\delta_L > \varepsilon$，如图 1-27(a) 所示，则层流底层就相当于把管壁凹凸不平的地方铺平，使得流体如同流过光滑管壁。此时管壁粗糙度对摩擦系数的影响与层流相近。

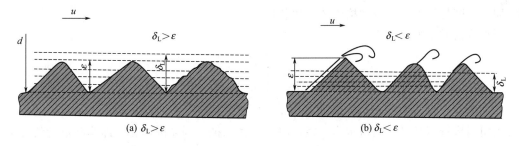

图 1-27　流体流过粗糙管壁的情况

随着 Re 的增加，层流底层的厚度逐渐变薄，当 $\delta_L < \varepsilon$ 时，如图 1-27(b) 所示，壁面有一部分较高的凸出点穿过层流底层，伸入湍流区内阻挡流体的流动，与流体质点发生碰撞产生旋涡，使湍动加剧，此时壁面粗糙度对摩擦系数的影响便成为重要因素。由此可知湍流时摩擦系数可表示为雷诺数和相对粗糙度的函数，即：

$$\lambda = \phi'\left(Re, \frac{\varepsilon}{d}\right) \tag{1-41}$$

Re 值越大，层流底层越薄，当层流底层极薄时，处于完全湍流，λ 只与 ε/d 有关，与 Re 无关。

湍流计算λ的关系式很多，但都比较复杂，不方便应用。在工程计算中，一般将实验数据进行综合整理，以 ε/d 为参数，标绘 Re 与λ关系，如图 1-28 所示。为了使用方便，将其实验结果与层流时的 $\lambda=64/Re$ 一起绘在图上。这样，便可根据 Re 或同时根据 Re 和 ε/d 来查层流或湍流时的λ值。

图 1-28 依雷诺数的范围分为四个不同的区域。

（1）层流区（$Re\leqslant2000$） $\lambda=64/Re$，$\ln\lambda$ 与 $\ln Re$ 为直线关系，而与 ε/d 无关。

（2）过渡区（$2000<Re<4000$） 流动类型不稳定，为安全起见，按湍流计算λ。

（3）湍流区 $Re\geqslant4000$ 及虚线以下的区域。这个区的特点是摩擦系数λ与 Re 及相对粗糙度 ε/d 都有关，当 ε/d 一定时，λ随 Re 的增大而减小，Re 值增至某一数值后λ值下降缓慢；当 Re 值一定时，λ随 ε/d 的增加而增大。

（4）完全湍流区 图中虚线以上的区域。在此区域内，对于一定的 ε/d 值，λ与 Re 的关系趋近于水平线，可看作λ与 Re 无关，而为定值。Re 一定时，λ值随 ε/d 增大而增大。在完全湍流区，由于λ与 Re 无关，从式 $h_f=\lambda\dfrac{l}{d}\times\dfrac{u^2}{2}$ 可知，流体在直管流动的摩擦阻力损失 h_f 与流速 u 的平方成正比。此区域又称为阻力平方区。

四、非圆形管的当量直径

前面介绍的都是流体在圆管内的流动。在化工生产中，还会遇到非圆形管道或设备。例如有些气体管道是方形的，有时流体也会在两根成同心圆的套管之间的环形通道内流过。当流体在非圆形管流过时，计算 Re、ε/d 及阻力损失 $\sum h_f$ 或 Δp_f 等式中的 d 则需用与圆形管直径 d 相当的"直径"来代替，即当量直径 d_e。为此，引进了水力半径 r_H 的概念。其定义是：

$$r_H=\dfrac{\text{流通截面积}A}{\text{润湿周边长度}\Pi}$$

润湿周边长度是指管壁与流体接触的周边长度。

圆形管道的水力半径为：

$$r_H=\dfrac{\dfrac{\pi}{4}d^2}{\pi d}=\dfrac{d}{4}$$

即
$$d=4r_H$$

此式表明圆形管直径等于四倍水力半径，将这个概念推广到非圆形管。即非圆形管的当量直径 d_e 等于四倍的水力半径，即：

$$d_e=4r_H=4\dfrac{A}{\Pi} \tag{1-42}$$

但计算非圆形管内流体的流速 u 时，$u=\dfrac{q_V}{A}$ 应使用真实的截面积 A 计算，不能用 d_e 计算截面积，即 $A\neq\dfrac{\pi}{4}d_e^2$。

对于套管的环隙，当外管的内径为 d_2，内管的外径为 d_1，则：

$$d_e=4\dfrac{\pi(d_2^2-d_1^2)/4}{\pi(d_1+d_2)}=d_2-d_1$$

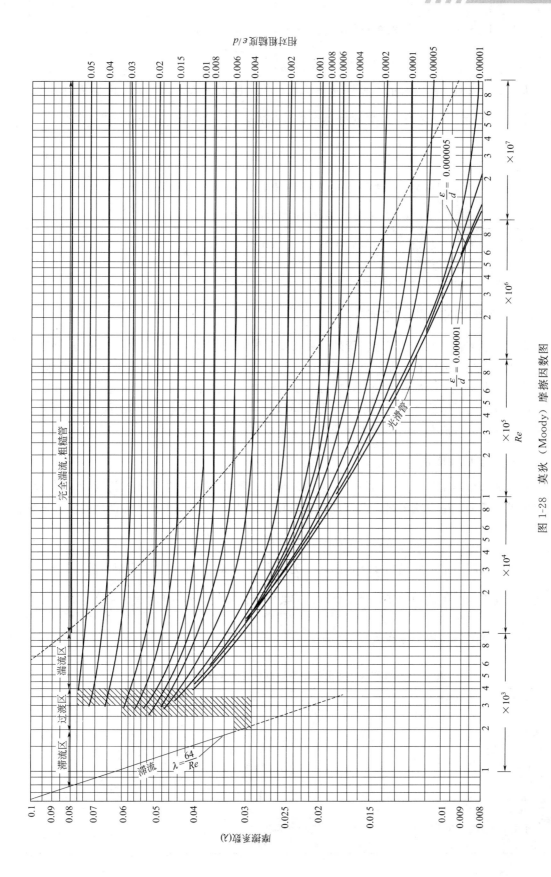

图 1-28 莫狄（Moody）摩擦因数图

对于边长分别为 a 与 b 的矩形管：

$$d_e = \frac{4ab}{2(a+b)} = \frac{2ab}{a+b}$$

研究结果表明，采用当量直径计算湍流情况下的阻力损失比较可靠，而层流时不够可靠。除了把 d 换成 d_e 之外，还需对摩擦系数计算式 $\lambda = \frac{64}{Re}$ 的 64 进行校正，改为：

$$\lambda = \frac{C}{Re} \tag{1-43}$$

式中 C 为无量纲系数，一些非圆形管的 C 值见表 1-2。

表 1-2　某些非圆形管的常数 C 值

非圆形管的截面形状	正方形	等边三角形	环形	长方形 长：宽=2：1	长方形 长：宽=4：1
常数 C	57	53	96	62	73

五、管路上的局部阻力损失

流体在输送管路上除了流经直管外，还要经过管路的进口、出口、弯头、阀门、突然扩大、突然缩小等局部位置。即使流体开始在直管中为层流流动，但当流体流过这些局部位置时，其流速大小和方向都发生变化，也容易变为湍流，会产生涡流，使摩擦阻力损失显著增大。这种由阀门、管件及突然缩小或扩大等局部位置所产生的流体摩擦阻力损失称为局部阻力损失。其计算方法有当量长度法和局部阻力系数法。

（一）当量长度法

此法是将流体流过管件或阀门所产生的局部摩擦阻力损失折合成流过长度为 l_e 的直管的摩擦阻力损失。l_e 称为管件、阀门的当量长度。由式(1-44)用来计算局部摩擦阻力损失。

$$h'_f = \lambda \frac{l_e}{d} \times \frac{u^2}{2} \tag{1-44}$$

由于局部阻力形成的机理复杂，因此，无论是 l_e 还是 ξ（下面将要介绍的阻力系数）都由实验来确定。为了使用方便，表 1-3 列出了某些管件和阀门的 $\frac{l_e}{d}$ 和 ξ 值，所以在应用式(1-44)时，通常把 $\frac{l_e}{d}$ 当成整体在表 1-3 查出。

表 1-3　管件和阀件的局部阻力系数与当量长度值（用于湍流）

名称	阻力系数 ξ	当量长度与管径之比 l_e/d	名称	阻力系数 ξ	当量长度与管径之比 l_e/d
弯头，45°	0.35	17	闸阀		
弯头，90°	0.75	35	全开	0.17	9
三通	1	50	半开	4.5	225
回弯头	1.5	75	截止阀		
管接头	0.04	2	全开	6.0	300
活接头	0.04	2	半开	9.5	475
止逆阀			角阀		
球式	70	3500	全开	2	100
摇板式	2	100	水表	7	350

（二）局部阻力系数法

局部摩擦阻力损失通常与流体的动能成正比，即：

$$h'_f = \xi \frac{u^2}{2} \tag{1-45}$$

式中，ξ 称为局部阻力系数，某些管件和阀门的 ξ 列在表 1-3 中，另外，流体还有图 1-29 所示的两种流动情况，其 ξ 值可分别用下列两式计算。

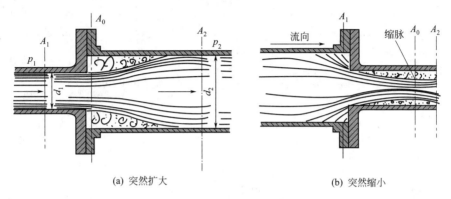

(a) 突然扩大　　　　　　　　　(b) 突然缩小

图 1-29　突然扩大和突然缩小

突然扩大时：

$$\xi = \left(1 - \frac{A_1}{A_2}\right)^2 \tag{1-46}$$

突然缩小时：

$$\xi = 0.5 \left(1 - \frac{A_2}{A_1}\right)^2 \tag{1-47}$$

在计算突然扩大或突然缩小的局部摩擦损失时，式(1-45)中的流速 u 为小管中的流速。由式(1-46)可知，当 $A_1 = A_2$ 时，$\xi = 0$，即对等直径的直管无此项局部阻力损失。

当流体自管路流入具有较大截面的容器或由管路直接排放到大气中时，即突然扩大，因式(1-46)中 $A_1/A_2 \approx 0$，可知 $\xi = 1$，故说明动能完全消耗，用于局部阻力损失。

当流体从容器进入管的入口，这是从很大截面突然缩小到很小的截面，即 $A_2/A_1 \approx 0$，由式(1-47)可知，$\xi = 0.5$。

六、管路系统中的总能量损失

管路系统中的总能量损失常称为总阻力损失，是管路上全部直管阻力与所有管件、阀门、突然缩小或扩大等局部阻力之和。对于流体流经直径 d 不变的管路（即管中流速 u 为定值）时，总摩擦阻力损失计算式为：

$$\sum h_f = \left[\lambda \left(\frac{l + \sum l_e}{d}\right) + \sum \xi\right] \frac{u^2}{2} \tag{1-48}$$

由式(1-48)推出损失压头的公式：

$$\sum H_f = \left[\lambda \left(\frac{l + \sum l_e}{d}\right) + \sum \xi\right] \frac{u^2}{2g} \tag{1-49}$$

式中，$\sum l_e$、$\sum \xi$ 分别为等直径管路中各当量长度、各局部阻力系数的总和。

【例 1-11】 如图 1-30 所示，用泵将敞口贮液池中 20℃ 的水经由 $\phi 108\text{mm} \times 4\text{mm}$ 的钢管送至塔顶，塔内压力为 $6.866 \times 10^3 \text{Pa}$（表压）。管子总长为 80m，其中泵的吸入段管长

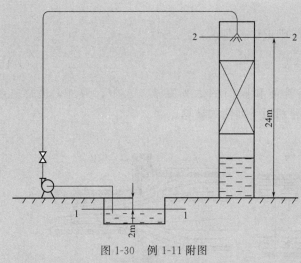

图1-30 例1-11附图

为10m，装有一个吸滤网和底阀，还有一个90°弯头。泵的排出管路中装有一个闸门阀（全开）和两个90°弯头，喷嘴阻力为 9.810×10^3Pa。当管路中的体积流量 $q_V=50\text{m}^3/\text{h}$ 时，试求泵的有效功率及其轴功率，设泵的效率 $\eta=0.65$。

解 以1-1为基准面，在水池液面1-1与喷嘴处2-2截面间列实际流体流动的伯努利方程：

$$z_1+\frac{u_1^2}{2g}+\frac{p_1}{\rho g}+H_e=z_2+\frac{u_2^2}{2g}+\frac{p_2}{\rho g}+\sum H_f$$

式中，$z_1=0\text{m}$，$z_2=26\text{m}$；$p_1=0$（表压），$p_2=6.866\times 10^3$Pa（表压）；$u_1\approx 0$

$$u_2=\frac{50/3600}{\frac{\pi}{4}\times 0.1^2}=1.768\text{m/s};$$

查附录，得20℃水的密度 $\rho=998.2\text{kg/m}^3$。

将以上各项数值代入伯努利方程式中，并将其化简为：

$$H_e=26.86+\sum H_f \tag{a}$$

求管路上的总压头损失 $\sum H_f$

直管总长 $l=80\text{m}$；3个90°弯头：$l_e=3\times 35d=3\times 35\times 0.1=10.5\text{m}$；1个闸门阀全开：$l_e=9d=9\times 0.1=0.9\text{m}$；吸滤网和底阀：$\xi=7$；水池中水进入管路时，突然缩小 $\xi=0.5$；喷嘴阻力 $\Delta p_c=9.81\times 10^3$Pa，将以上各项数值代入 $\sum H_f$，得：

$$\sum H_f=\left[\lambda\left(\frac{l+\sum l_e}{d}\right)+\sum \xi\right]\frac{u^2}{2g}+\frac{\Delta p_c}{\rho g} \tag{b}$$

$$=\left[\lambda\frac{80+(10.5+0.9)}{0.1}+(7+0.5)\right]\frac{1.768^2}{2\times 9.81}+\frac{9810}{998.2\times 9.81}$$

求摩擦系数 λ

查附录，20℃水的黏度，$\mu=1.005\times 10^{-3}$Pa·s，故：

$$Re=\frac{du_2\rho}{\mu}=\frac{0.1\times 1.768\times 998.2}{1.005\times 10^{-3}}=1.756\times 10^5$$

查表1-1，按轻度腐蚀的钢管计，$\varepsilon=0.2\text{mm}$，相对粗糙度 $\frac{\varepsilon}{d}=\frac{0.2}{100}=0.002$，查图1-28，得 $\lambda=0.0246$，将其代入式(b)，得：

$$\sum H_f=\left(0.0246\frac{91.4}{0.1}+7.5\right)\times\frac{1.768^2}{2\times 9.81}+1.002=5.779\text{m}$$

将其代入式(a)，得 $H=26.86+5.779=32.639\text{m}$

求泵的有效功率 N_e 和轴功率 N 分别为：

$$N_e = q_m W_e = \rho q_V H_e g = 998.2 \times \frac{50}{3600} \times 32.639 \times 9.81 = 4.44 \text{kW}$$

$$N = \frac{N_e}{\eta} = \frac{4.44}{0.65} = 6.83 \text{kW}$$

第五节 流量的测定

流体的流量是化工生产过程中的重要参数之一，为了控制生产过程能定态进行，就必须经常了解操作条件，如压强、流量等，并加以调节和控制。进行科学实验时，也往往需要准确测定流体的流量。测量流量的仪表是多种多样的，下面仅介绍几种根据流体流动时各种机械能相互转换关系而设计的流速计和流量计。

一、测速管

测速管又称毕托（Pitot）管，如图 1-31 所示。它由两根弯成直角的同心套管所组成，外管的管口是封闭的，在外管前端壁面四周开有若干测压小孔，为了减小误差，测速管的前端经常做成半球形以减少涡流。测量时，测速管可以放在管截面的任一位置上，并使其管口正对着管道中流体的流动方向，外管与内管的末端分别与液柱压差计的两臂相连接。

如图 1-31 所示，测速管的内管测得的为管口所在位置的局部流体动能 $u_A^2/2$ 与静压能 p/ρ，合称冲压能 p_C/ρ，即：

$$\frac{p_C}{\rho} = \frac{p}{\rho} + \frac{u_A^2}{2}$$

测速管的外管前端面四周的测压孔口与管道中流体的流动方向相平行，故测得的只有流体的静压能 p/ρ。

压差计的读数反映测量点处内管的冲压能与外管的静压能之差，即：

$$\frac{p_C}{\rho} - \frac{p}{\rho} = \left(\frac{p}{\rho} + \frac{u_A^2}{2}\right) - \frac{p}{\rho} = \frac{u_A^2}{2}$$

其中 $(p_C - p)$ 的差值由流体静力学方程计算得：

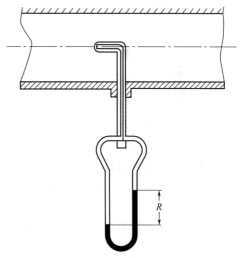

图 1-31 毕托管示意图

$$p_C - p = (\rho_{指} - \rho)gR$$

以上两式联立得流体在测量点处的局部流速 u_A 为：

$$u_A = \sqrt{\frac{2(\rho_{指} - \rho)gR}{\rho}} \tag{1-50}$$

若测得的流体为气体，因 $\rho_{指} \gg \rho$，式(1-50) 可简化为：

$$u_A = \sqrt{\frac{2\rho_{指} gR}{\rho}} \tag{1-51}$$

应当提出的是测速管测量的是点速度。利用测速管可测定速度分布,但不能测平均速度;且读数较小,常需配用微差压差计。当流体中含有固体杂质时,会将测压孔堵塞,故不宜采用测速管。测速管的优点是对流体的阻力较小,适用于测量大直径管路中的气体流速。

二、孔板流量计

在管道里插入一片与管轴垂直并通常带有圆孔的金属板,孔的中心位于管道的中心线上,如图 1-32 所示。这样构成的装置,称为孔板流量计。孔板称为节流元件。

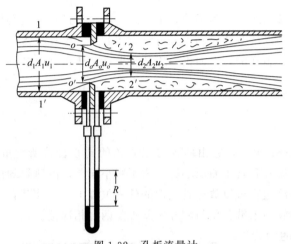

图 1-32 孔板流量计

当流体流过小孔以后,由于惯性作用,流动截面并不立即扩大到与管截面相等,而是继续收缩一定距离后才逐渐扩大到整个管截面。流动截面最小处(如图中截面 2-2′)称为缩脉。流体在缩脉处的流速最高,即动能最大,而相应的静压强就最低。因此,当流体以一定的流量流经小孔时,就产生一定的压强差,流量越大,所产生的压强差也就越大。所以利用测量压强差的方法来计算流体流量。通常压差由孔板前后测压口所连接的压差计测得,则:

$$q_V = u_o A_o = C_o A_o \sqrt{\frac{2(\rho_{指}-\rho)gR}{\rho}} \tag{1-52}$$

式中 u_o——流体在孔口处的流速,m/s;

A_o——孔口截面积,m²;

R——压差计读数,m;

C_o——孔流系数(与孔径和管径的比值以及管路中的 Re 有关,无量纲,由实验测定,设计合理的孔板流量计的孔流系数为 0.6~0.7);

$\rho_{指}$——U 形压差计中指示液密度,kg/m³;

ρ——流体密度,kg/m³。

孔板流量计的优点是构造简单,制造安装方便。缺点是流体流经孔板时阻力较大,从而损失能量较大。

三、文丘里(Venturi)流量计

为了减少流体流经节流元件时的能量损失,可以用一段渐缩、渐扩管代替孔板,这样构成的流量计称为文丘里流量计或文氏流量计,如图 1-33 所示。

文丘里流量计上游的测压口(截面 d 处)距管径开始收缩处的距离至少应为二分之一

管径，下游测压口设在最小流通截面处（称为文氏喉）。由于有渐缩段和渐扩段，流体在其内的流速改变平缓，涡流较少，喉管处增加的动能可于其后渐扩的过程中大部分转化成静压能，所以能量损失就比孔板大大减少。

文丘里流量计的流量计算式与孔板流量计相类似，即：

$$q_V = C_V A_o \sqrt{\frac{2(p_a - p_o)}{\rho}} \tag{1-53}$$

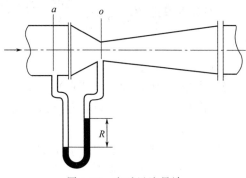

图 1-33　文丘里流量计

式中　C_V——流量系数，无量纲，其值可由实验测定或从仪表手册中查得；

p_a、p_o——分别为截面 a 与截面 o 间的压强，单位为 Pa，两者差值大小由压差计读数 R 来确定；

A_o——喉管的截面积，m²；

ρ——被测流体的密度，kg/m³。

文丘里流量计优点是能量损失小，但各部分尺寸要求严格，需要精细加工，所以造价也就比较高。

四、转子流量计

如图 1-34 所示，转子流量计是由一根截面积逐渐缩小的锥形玻璃管和一个能上下移动的转子构成。其中转子由金属或其他材质制成，能旋转自如。被测流体从玻璃罐底部进入，从顶部流出。

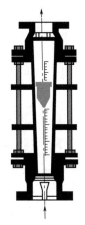

图 1-34　转子流量计

当流体自下而上流过垂直的锥形管式，转子受到垂直向上的推动力和垂直向下的净重力。其中推动力为转子上下端的压力差，净重力为转子的重力与流体对转子的浮力的差值。当推动力与净重力相等时，流体受力平衡，则停留在一定位置。在玻璃管外表面上刻有读数，根据转子的停留位置即可读出被测流体的流量。

转子流量计优点是读取计量方便，能量损失小，测量范围宽，可用于腐蚀性流体的测量。转子流量计缺点是不能经受高温高压且在安装和使用时易破碎。

孔板、文丘里流量计与转子流量计的主要区别在于：前面两种的节流口面积不变，流体流经节流口所产生的压强差随流量不同而变化，因此可通过测量计的压差计读数来反映流量的大小，这类流量计统称为差压流量计；后者是使流体流经节流口所产生的压强差保持恒定，而节流口的面积随流量而变化，由此变动的截面积来反映流量的大小，即根据转子所处位置的高低来读取流量，故此类流量计又称为截面流量计。

小　　结

本章以伯努利方程为主线，把相关的重要内容有机地联系起来。

伯努利方程式 $W_e = g\Delta z + \dfrac{\Delta u^2}{2} + \dfrac{\Delta p}{\rho} + \sum h_f$ 共五项，每项相关的计算或处理原则总结如下：

(1) 位能 gz，J/kg

① 两截面选取的原则（四点）；

② 基准面的选择——以相对较低的截面为基准面，其高度 $z=0$。

(2) 动能 $u^2/2$，J/kg

① u 的定义式 $u = q_V/A = q_m/\rho A$；

② 两截面面积相差很大时，较大截面上的 $u \approx 0$；

③ 圆管内连续定态流动时，$u_2 = u_1 \left(\dfrac{d_1}{d_2}\right)^2$；

④ 某截面上 u 可由伯努利方程式求算（其余参数已知）。

(3) 静压能 p/ρ，J/kg

① 若截面与大气相通，$p_{绝} = p_{大}$，或者 $p_{表} = 0$；

② 伯努利方程两边压强表示方法要一致，同时为绝对压或表压；

③ 流体静力学基本方程式求压强，$p = p_a + \rho g h$。

(4) 总摩擦损失 $\sum h_f = h_{f直} + h_{f局}$，J/kg

① 静止流体或理想流体 $\sum h_f = 0$；

② 直管阻力 $h_{f直} = \lambda \dfrac{l}{d} \times \dfrac{u^2}{2}$

其中 $\lambda \begin{cases} Re \leqslant 2000, \lambda = 64/Re \\ Re \geqslant 4000 \begin{cases} 湍流\ \lambda = f(Re, \varepsilon/d)，查图 \\ 完全湍流\ \lambda 只与 \varepsilon/d 有关 \end{cases} \end{cases}$

③ 局部阻力 $h_{f局} = \zeta \dfrac{u^2}{2}$ 或者 $h_{f局} = \lambda \dfrac{l_e}{d} \dfrac{u^2}{2}$

其中，局部阻力系数 ζ（进口为 0.5，出口为 1）。

④ 非圆形管当量直径 $d_e = 4 \dfrac{流通的截面面积}{润湿的周边长}$

(5) 外加能量 W_e，J/kg

① 不含输送机械的流动系统 $W_e = 0$；

② 由 W_e 和流体流量，求所需有效功率，$N_e = W_e q_m = W_e \rho q_v$；

③ 轴功率与效率

轴功率 $N = N_e/\eta = W_e q_m/\eta = H e g \rho q_V/\eta$；

效率 $\eta = \dfrac{N_e}{N}$。

 **工程应用**

管路的布置与安装原则

工业上在管路布置和安装时，要从安装、检修、操作方便安全、费用、设备布置、建筑结构、美观等多方面进行综合考虑。因此，管路布置和安装应遵守一定的原则。

（1）管路的安装　管路的安装应保证横平竖直，各种管线应平行铺设，便于共用管架；尽量走直线，少拐弯，少交叉，以节省管材，减少阻力，同时做到整齐美观。平行管路的排列应考虑管路之间的相互影响，一般要求是热管路在上，冷管路在下；高压管路在上，低压管路在下；无腐蚀的在上，有腐蚀的在下；不经常检修的管路靠内，需要经常检修的管路靠外。

为了减少基建费用，便于安装、检修以及操作安全，除下水道、上水总管和煤气总管外，管道铺设应尽可能采用明线。

（2）管件和阀门的排列　为了便于安装和检修，并列管路上的管件和阀门应互相错开。所有管线，特别是输送腐蚀性流体的管路，在穿越通道时，不得装设各种管件、阀门等可拆卸连接，防止因滴漏而造成对人体的伤害。

（3）管与墙的安装距离　尽可能沿厂房墙壁安装，管与管之间和管与墙壁之间的距离能容纳或接管或法兰以便于维修为宜。

（4）管路的安装高度　管道架空通过人行道时，最低离地面不得小于 2m；通过公路时不得小于 4.5m；管道与铁路铁轨的净距离不得小于 6m。若埋管其深度应在冰冻线以下。

（5）管路的防静电措施　输送易燃易爆物料（如醇类、醚内、液体烃等）时的管路应接地，因为此类物料流动时常有静电产生而使管路成为带电体。蒸汽输送管路，每隔一段距离，应设置冷凝水排除器。

（6）管路的热补偿　由于热胀冷缩的作用，管路可能变形甚至破裂。通常在 335K 以上工作时，应安装伸缩器解决冷热变形的补偿问题。

（7）管路的涂色　为了方便操作者区别各种类型的管路，工业上管外经常涂上不同的颜色。水管为绿色，氨管为黄色，蒸汽管为红色。

（8）特殊管路的安装　聚氯乙烯管应避开热的管路，氧气管应在安装前脱油。

习题

一、填空题

1. 无论层流或湍流，在管道任意界面流体质点的速度沿管径而变，管壁处速度为_____，管中心处速度为_____。层流时，圆管截面的平均速度为最大速度的_____倍。

2. 流体在水平管内流动，体积流量一定时，有效截面扩大，则流速_____，动压头_____，静压头_____。

3. 流体在管内做层流流动，若仅增大管径，则摩擦系数变_____。

4. 苯（密度为 880kg/m³，黏度为 $6.5×10^{-4}$ Pa·s）流经内径为 20mm 的圆形直管时，其平均流速为 0.06m/s，雷诺数 Re 为_____，流动形态为_____，摩擦系数 λ 为_____。

二、选择题

1. 下列单位符号中属于 SI 基本单位的单位符号为_____。
A. m　　　　　　　B. ℃　　　　　　　C. h　　　　　　　D. N

2. 自来水通过一段横截面积 A 不同的管路做稳定流动时，其流速 u _____。
A. 不改变
B. 随 A 而改变，A 越大，u 越大
C. 随 A 而改变，A 越大，u 越小
D. 无法判断

3. 对于边长分别为 30cm 和 20cm 的矩形管道，其当量直径为_____。
A. 12cm　　　　　B. 24cm　　　　　C. 25cm　　　　　D. 50cm

4. 流体在确定的管路系统内做连续的稳定流动时，通过质量衡算可得到_____。
   A. 流体静力学基本方程 B. 连续性方程   C. 伯努利方程   D. 泊谡叶方程

5. 装在某设备进口处的真空表读数为 50kPa，出口压力表的读数为 100kPa，此设备进出口之间的绝对压强差为_____。
   A. 100kPa   B. 50kPa   C. 75kPa   D. 150kP

6. 一水平放置的变径管，在 1、2 处接一 U 形压差计，流体由小管流向粗管，则 U 形压差计读数 R 的大小反映了_____。
   A. A、B 两截面间的压差值
   B. A、B 两截面间的动能变化
   C. 突然扩大阻力损失
   D. A、B 两截面间的流动阻力损失

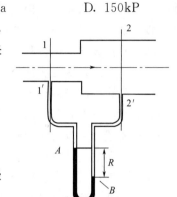

7. 一定流量的水在圆形直管内呈层流流动，若将管内径增加一倍，产生的流动阻力将为原来的_____。
   A. 1/2   B. 1/4   C. 1/8   D. 1/16

三、计算题

流体的压力

1-1 某设备进、出口的表压分别为 −12kPa 和 157kPa，当地大气压力为 101.3kPa。试求此设备的进、出口的绝对压力及进、出的压力差各为多少帕？

〔答案：$\Delta P = 169 \text{kPa}$〕

流体静力学

1-2 如习题 1-2 附图所示，有一端封闭的管子，装入若干水后，倒插入常温水槽中，管中水柱较水槽液面高出 2m，当地大气压力为 101.2kPa。试求：(1) 管子上端空间的绝对压力；(2) 管子上端空间的表压；(3) 管子上端空间的真空度；(4) 若将水换成四氯化碳，管中四氯化碳液柱较槽的液面高出多少米？

〔答案：(1) $P_{绝} = 81580\text{Pa}$ (2) $P_{表} = -19620\text{Pa}$ (3) $P_{真} = 19620\text{Pa}$ (4) $h = 1.25\text{m}$〕

1-3 如习题 1-3 附图所示，容器内贮有密度为 1250kg/m^3 的液体，液面高度为 3.2m。容器侧壁上有两根测压管线，距容器底的高度分别为 2m 及 1m，容器上部空间的压力（表压）为 29.4kPa。试求：(1) 压差计读数（指示液密度为 1400kg/m^3）；(2) A、B 两个弹簧压力表的读数。

〔答案：$P_A = 5.64 \times 10^4 \text{Pa}$，$P_B = 4.41 \times 10^4 \text{Pa}$〕

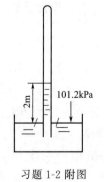

习题 1-2 附图

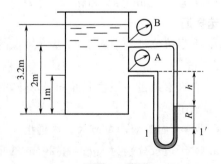

习题 1-3 附图

1-4 为了排除煤气管中的少量积水,用如习题 1-4 附图所示水封设备,使水由煤气管路上的垂直管排出。已知煤气压力为 10kPa(表压),试计算水封管插入液面下的深度 h 最小应为若干米。

[答案:$h=1.02\text{m}$]

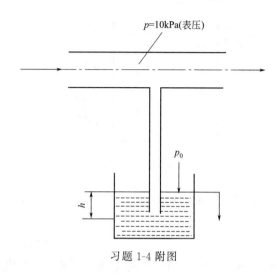

习题 1-4 附图

流量与流速

1-5 有密度为 1800kg/m³ 的液体,在内径为 60mm 的管中输送到某处。若其流速为 0.8m/s,试求该液体的体积流量(m³/h)、质量流量(kg/s)与质量流速[kg/(m²·s)]。

[答案:$q_V=8.14\text{m}^3/\text{h}$, $q_m=4.07\text{kg/s}$, $\omega=1440\text{kg/(m}^2\cdot\text{s)}$]

连续性方程与伯努利方程

1-6 常温的水在如习题 1-6 附图所示的管路中流动。在截面 1 处的流速为 0.5m/s,管内径为 200mm,截面 2 处的管内径为 100mm。由于水的压力,截面 1 处产生 1m 高的水柱。试计算在截面 1 与 2 之间所产生的水柱高度差 h 为多少(忽略从 1 到 2 处的压头损失)?

[答案:$h=191\text{mm}$]

1-7 在习题 1-7 附图所示的水平管路中,水的流量为 2.5L/s。已知管内径 $d_1=5\text{cm}$, $d_2=2.5\text{cm}$,液柱高度 $h_1=1\text{m}$。若忽略压头损失,试计算收缩截面 2 处的静压头。

[答案:$h_2=-0.218\text{m}$]

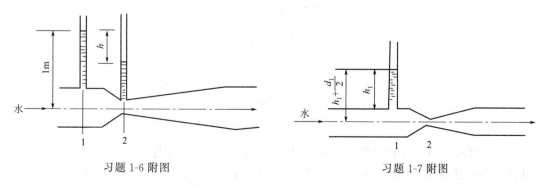

习题 1-6 附图   习题 1-7 附图

1-8 如习题 1-8 附图所示的常温下操作的水槽,下面的出水管直径为 $\phi57\text{mm}\times 3.5\text{mm}$。当出水阀全关闭时,压力表读数为 30.4kPa。而阀门开启后,压力表读数降至

20.3kPa。设压力表之前管路中的压头损失为 0.5m 水柱，试求水的流量为多少 m³/h?

[答案：$q_V = 22.8 \text{m}^3/\text{h}$]

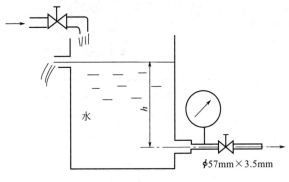

习题 1-8 附图

雷诺数与流体流动类型

1-9　25℃的水在内径为 50mm 的直管中流动，流速为 2m/s。试求雷诺数，并判断其流动类型。

[答案：$Re = 1.12 \times 10^5$，湍流]

1-10　20℃的水在 ϕ219mm×6mm 的直管内流动。试求：(1) 管中水的流量由小变大，当达到多少 m³/s 时，能保证开始转为稳定湍流；(2) 若管内改为运动黏度为 0.14cm²/s 的某种液体，为保持层流流动，管中最大平均流速应为多少？

[答案：(1) $q_V = 6.54 \times 10^{-4} \text{m}^3/\text{h}$，(2) $u = 0.135 \text{m/s}$]

管内流体流动的摩擦阻力损失

1-11　如习题 1-11 附图所示，用 U 形管液柱压差计测量等直径管路从截面 A 到截面 B 的摩擦损失$\sum h_f$。若流体密度为 ρ，指示液密度为 ρ_0，压差计读数为 R。试推导出用读数 R 计算摩擦损失$\sum h_f$ 的计算式。

$$\left[答案：\sum h_f = \frac{R(\rho_0 - \rho)g}{\rho}\right]$$

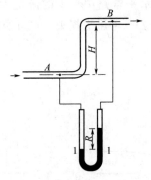

习题 1-11 附图

1-12　试求下列换热器的管间隙空间的当量直径：(1) 如习题 1-12 附图 (a) 所示，套管式换热器外管为 ϕ219mm×9mm，内管为 ϕ114mm×4mm；(2) 如习题 1-12 附图 (b) 所示，列管式换热器外壳内径为 500mm，列管为 ϕ25mm×2mm 的管子 174 根。

[答案：(1) $d_e = 0.087\text{m}$；(2) $d_e = 0.0291\text{m}$]

1-13 用泵将贮槽中密度为1200kg/m³的溶液送到蒸发器内,如习题1-13附图贮槽内液面维持恒定,其上方压强为101.325×10³Pa,蒸发器上部的蒸发室内操作压力为26670Pa(真空度),蒸发器进料口高于贮槽内液面15m,进料量为20m³/h,溶液流经全部管路的能量损失为120J/kg,管路直径为60mm。求泵的有效功率(kW)。

[答案:$N_e=1.65$kW]

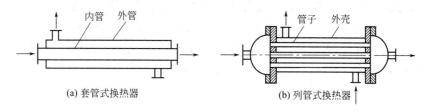

习题1-12附图

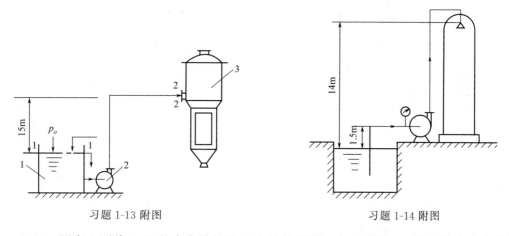

习题1-13附图　　　　　　　　习题1-14附图

1-14 用离心泵将20℃的水自贮槽送至水洗塔顶部,如习题1-14附图槽内水位维持恒定。各部分相对位置如本题附图所示。管路的直径均为 $\phi76$mm×3.5mm,在操作条件下,泵入口处真空表的读数为2.47×10⁴Pa;水流经吸入管与排出管(不包括喷头)的能量损失可分别按$\sum h_{f1}=2u^2$与$\sum h_{f2}=10u^2$计算,由于管径不变,故式中u为吸入或排出管的平均流速(m/s)。排水管与喷头连接处的压力为9.81×10⁴Pa(表压)。试求泵的有效功率。

[答案:$N_e=2.131$kW]

1-15 把内径为20mm、长度为2m的塑料管(光滑管),弯成倒U形,作为虹吸管使用。如习题1-15附图所示,当管内充满液体,一端插入液槽中,另一端就会使槽中的液体自动流出。液体密度为1000kg/m³,黏度为1mPa·s。为保持稳态流动,使槽内液面恒定。要想使输液量为1.7m³/h,虹吸管出口端距槽内液面的距离h需要多少米?

[答案:$h=0.617$m]

1-16 如习题1-16附图所示,有黏度为1.7mPa·s、密度为765kg/m³的液体,从高位槽经直径为$\phi114$mm×4mm的钢管流入表压为0.16MPa的密闭低位槽中。液体在钢管中的流速为1m/s,钢管的相对粗糙度$\varepsilon/d=0002$,管路上的阀门当量长度$l_e=50d$。两液槽的液面保持不变,试求两槽液面的垂直距离H。

[答案:$H=23.9$m]

1-17 如习题1-17附图所示,用离心泵从河边的吸水站将20℃的河水送至水塔。水塔进水口到河水水面的垂直高度为34.5m。管路为$\phi 114mm \times 4mm$的钢管，管长1800m，包括全部管路长度及管件的当量长度。若泵的流量为$30m^3/h$，试求水从泵获得的外加机械能为多少？钢管的相对粗糙度$\dfrac{\varepsilon}{d}=0.002$。

[答案：$W=530J/kg$]

1-18 如习题1-18附图所示，料液自高位槽流入精馏塔。塔内压强为$1.96 \times 10^4 Pa$（表压），输送管道为$\phi 36mm \times 2mm$无缝钢管，管长8m。管路中装有90°标准弯头两个，180°回弯头一个，球心阀（全开）一个。为使料液以$3m^3/h$的流量流入塔中，问高位槽应安置多高？（即位差Z应为多少米）。料液在操作温度下的物性：密度$\rho=861kg/m^3$；黏度$\mu=0.643 \times 10^{-3} Pa \cdot s$。

[答案：$z=3.46m$]

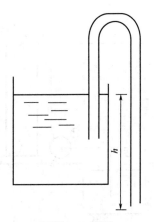

习题1-15附图

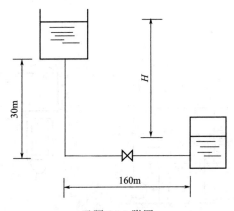

习题1-16附图

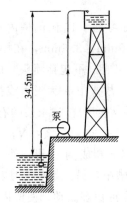

习题1-17附图

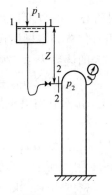

习题1-18附图

本章符号说明

符号	意义	计量单位
A	面积	m^2
d	管径	m
d_e	当量直径	m
d_o	孔径	m

g		自由落体加速度	m/s²
u		流速	m/s
W_e		外加能量	J/kg
z		高度，位压头	m
H_e		外加压头或泵的扬程（压头）	m
H_f		压头损失（单位重量流体的机械能损失）	m
h_f		能量损失（单位质量流体的机械能损失）	J/s
l		管长	m
l_e		局部阻力的当量长度	m
M		摩尔质量	kg/kmol
m		质量	kg
p		流体压力（压强）	Pa
q_m		质量流量	kg/s
q_V		体积流量	m³/s
R		摩尔气体常数	kJ/(kmol·K)
Re		雷诺数	
T		热力学温度	K
t		温度	℃

希文

ν		比体积	m³/kg
ε		绝对粗糙度	m
ξ		局部阻力系数	
λ		摩擦系数	
μ		黏度	Pa·s
Π		润湿周边长度	m
ρ		密度	kg/m³
η		效率	

第二章

流体输送机械

 学习指导

学习目的

掌握化工中常用流体输送机械的基本结构、工作原理和操作特性,能够根据生产工艺要求和流体特性,合理地选择和正确地操作流体输送机械。

学习要点

1. 重点掌握的内容

(1) 离心泵的基本结构、工作原理、性能参数与特性曲线。

(2) 离心泵的气缚、汽蚀现象。

(3) 离心泵的安装、工作点、操作调节及选型。

2. 学习时应注意的问题

离心泵的安装高度只牵涉到吸入管路。

气体和液体不同,气体具有可压缩性,因此气体输送机械与液体输送机械不尽相同。通常,将输送液体的机械称为泵;将输送气体的机械称为风机或压缩机。

本章主要介绍化工中常用的流体输送机械的基本结构、工作原理和特性,以便能够依据流体流动的有关原理正确地选择和使用流体输送机械。

 案例分析

若将某池子热水送至高的凉水塔,倘若外界不提供机械能,水能自动由低处向高处流吗?

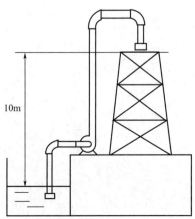

分析：不能，在化工生产中，常常需要将流体从低处输送到高处，或从低压送至高压。为此需要对流体加入机械能，流体输送机械就是向流体做功以提高流体机械能的装置，流体通过流体输送机械后即可获得能量，以用于克服液体输送过程中的阻力、提高位能以及静压能、提高流速等。

同时需要思考以下问题。

① 计算在一定管路中完成工艺要求输送任务所需的能量，及其应外加多少能量。这是选择输送机械的基础数据。

② 选择什么样的输送机械？除需考虑能提供足够的能量而又不会过大（即效率高）外，还要根据物料的性质采用合适的类型。

要解决上述问题，就需要根据输送任务，正确地选择输送机械的类型和规格，决定输送机械在管路中的位置，计算所消耗的功率和运行管理，使输送机械能在高效率下可靠地运行。

第一节　离　心　泵

离心泵在化工生产中应用最为广泛，约占化工用泵的 80%～90%。这是因为离心泵具有结构简单，操作容易，便于调节和自控；流量均匀，效率较高；流量和压头的适用范围较广；适用于输送腐蚀性或含有悬浮物的液体等优点。

一、离心泵的工作原理

离心泵的种类很多，但工作原理相同，构造大同小异。其主要工作部件是旋转叶轮和固定的泵壳（如图 2-1 所示），实物图如图 2-2 所示。离心泵在启动前需先向壳内灌满被输送的液体。启动后叶轮由电动机驱动做高速旋转运动，迫使叶片间的液体也随之做旋转运动，同时因离心力的作用，使液体由叶轮中心向外缘做径向运动。液体在流经叶轮的运动过程中获得能量，并以很高的速度（可达 15～25m/s）离开叶轮外缘进入蜗形泵壳。在泵壳内，由于流道的逐渐扩大而使液体减速，使部分动能转化为静压能。从而液体具有较高的压强，最后沿切向流入压出管道。

在液体受迫由叶轮中心流向外缘的同时，在叶轮中心处形成一定的真空状态。泵的吸入管路一端与叶轮中心处相通，另一端则浸没在输送的液体内，在液面压力（常为大气压）与泵内压力（负压）的压差作用下，液体经吸入管路进入泵内，只要叶轮的转动不停，离心泵便不断地吸入和排出液体。由此可见离心泵主要是依靠高速旋转的叶轮所产生的离心力来输送液体，故名离心泵。

离心泵若在启动前未充满液体，则泵内存在空气，由于空气密度很小，所产生的离心力小，使吸入口处所形成的真空不足以将液体吸入泵内，虽启动离心泵，但不能输送液体，这种现象就称为"气缚"。所以离心泵启动前必须向壳体内灌满液体。离心泵装置中在吸入管底部安装有带滤网的底阀。底阀为止逆阀，防止启动前灌入的液体从泵内倒流。滤网防止固体物质进入泵内。靠近泵出口处的压出管道上装有调节阀，供开工、停工和调节流量时使用。

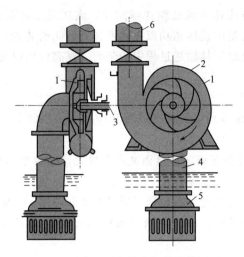

图 2-1 离心泵的构造与装置简图　　　　图 2-2 离心泵、电动机实物图

1—叶轮；2—泵壳；3—泵轴；4—吸入管；5—底阀；6—压出管

二、离心泵的主要部件

离心泵的两个主要部件是叶轮和泵壳。

（一）叶轮

叶轮是离心泵的重要部件，叶轮的作用是将电动机的机械能直接传给液体，使液体获得能量，从而静压能和动能均有所提高。

叶轮通常由 6～12 片的后弯叶片组成。按其机械结构可分为闭式、半闭式和开式三种叶轮，如图 2-3 所示。

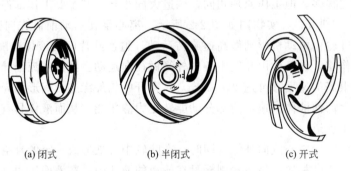

(a) 闭式　　　　(b) 半闭式　　　　(c) 开式

图 2-3 叶轮的类型

1. 闭式叶轮

叶片两侧带有前、后盖板的称为闭式叶轮，它适用于输送清洁液体，一般离心泵多采用这种叶轮。

2. 开式叶轮

没有前、后盖板，仅由叶片和轮毂组成的称为开式叶轮。制造简单，清洗方便。

3. 半闭式叶轮

只有后盖板的称为半闭式叶轮。开式和半闭式叶轮由于流道不易堵塞，适用于输送含有固体颗粒的液体悬浮液。但是由于没有盖板，液体在叶片间流动时易产生倒流，故这类泵的效率较低。

闭式或半闭式叶轮在工作时，离开叶轮的一部分高压液体可漏入叶轮与泵壳之间的两侧空腔中，因叶轮前侧液体吸入口处为低压，故液体作用于叶轮前、后两侧的压力不等，便产生了指向叶轮吸入口侧的轴向推力。该力使叶轮向吸入口侧窜动，引起叶轮和泵壳接触处的磨损，严重时造成泵的振动，破坏泵的正常工作。为了平衡轴向推力，最简单的方法是在叶轮后盖板上钻一些小孔（图 2-4 中的 1）。这些小孔称为平衡孔。它的作用是使后盖板与泵壳之间空腔中的一部分高压液体漏到前侧的低压区，以减少叶轮两侧的压力差，从而平衡了部分轴向推力，但同时也会降低泵的效率。

按其吸液方式不同叶轮可分为单吸和双吸两种，如图 2-4 所示。单吸式叶轮的结构简单，液体只能从叶轮一侧被吸入。双吸式叶轮可同时从叶轮两侧对称地吸入液体。显然，双吸式叶轮不仅具有较大的吸液能力，而且可基本上消除轴向推力。

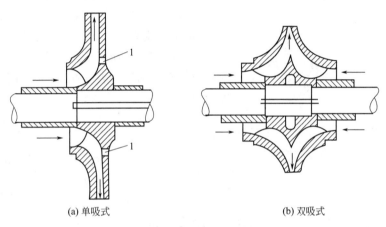

(a) 单吸式　　　　(b) 双吸式

图 2-4　吸液方式

（二）泵壳

离心泵的泵壳多制成蜗壳形，故又称为蜗壳。其截面积逐渐扩大，如图 2-5 所示。叶轮在泵壳内沿着蜗形通道逐渐扩大的方向旋转。由于通道逐渐扩大，以高速度从叶轮四周甩出的液体进入通道后，可逐渐降低流速，减少能量损失，从而使部分动能有效地转化为静压能。泵壳不仅能收集和导出液体，同时又是一个能量转换装置。

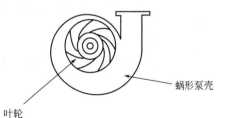

图 2-5　泵壳与叶轮

此外，由于泵轴转动而泵壳固定不动，泵轴穿过泵壳处必定会有间隙。为防止泵内高压液体沿间隙漏出，或外界空气以相反方向进入泵内，必须设置轴封装置。普通离心泵所采用的轴封装置是填料密封，即将泵轴穿过泵壳的环隙作成密封圈，于其中填入软填料（例如浸油或涂石墨的石棉绳），以将泵壳内、外隔开，而泵轴仍能自由转动。

三、离心泵的主要性能参数

要正确地选择和使用离心泵，就必须了解泵的性能和它们之间的相互关系。离心泵的主

要性能参数有流量 q_V、扬程 H_e、轴功率 N、效率 η 等。泵一般在一定的转速下操作,其流量 q_V 可以调节,而 H_e、N、η 等则随流量改变。铭牌上所列的数字是指泵在最高效率下的性能。

(一) 流量

离心泵的流量是指离心泵在单位时间内排送到管路系统的液体体积,一般用 q_V 表示,常用单位为 L/s 或 m³/h。离心泵的流量与泵的结构、尺寸(主要为叶轮直径和宽度)及转速等有关。应予指出,离心泵总是和特定的管路相联系的,因此离心泵的实际流量还与管路特性有关。

(二) 扬程

离心泵的扬程(又称压头),是指离心泵对单位重量(1N)的液体所能提供的有效能量,一般用 H_e 表示,其单位为 J/N=m。离心泵的扬程与泵的结构(如叶片的弯曲情况、叶轮直径等)、转速及流量有关。离心泵的扬程 H_e 一般由实验测定。如图 2-6 所示,在泵的进、出口管路处分别安装真空表和压力表。在 b、c 截面间列伯努利方程,得:

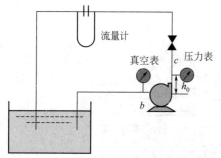

图 2-6 测定离心泵性能参数的装置

$$z_b + \frac{u_b^2}{2g} + \frac{p_V}{\rho g} + H_e = z_c + \frac{u_c^2}{2g} + \frac{p_M}{\rho g} + \sum H_f$$

或 $\quad H_e = (z_c - z_b) + \dfrac{p_M - p_V}{\rho g} + \dfrac{u_c^2 - u_b^2}{2g} + \sum H_f$

(2-1)

式中　$(z_c - z_b)$——压力表与真空表间垂直距离,m;

p_M——压力表读数(表压),Pa;

p_V——真空表读数(负表压值),Pa;

u_b、u_c——吸入管、排出管中液体流速,m/s;

$\sum H_f$——两截面间管路中的压头损失,m。

由于两截面之间管路很短,其压头损失可忽略不计。又因为两截面间的动压头差 $\dfrac{u_c^2 - u_b^2}{2g}$ 很小,通常也可不计。则式(2-1)可写为:

$$H_e = (z_c - z_b) + \frac{p_M - p_V}{\rho g}$$

(2-2)

(三) 功率与效率

离心泵在输送液体过程中,当外界能量通过叶轮传给液体时,不可避免地会有能量损失,即由电动机提供给泵轴的能量不能全部被液体所获得。根据泵的压头 H_e 和流量 q_V 算出的功率是泵所输出的有效功率,以 N_e 表示($N_e = \rho q_V H_e g$)。实际测得的轴功率 N 大于有效功率 N_e。这是由于通过泵轴所输入的功率有部分在泵内被损耗。泵的效率 η 即反映泵对外加能量的利用程度。泵内的机械能损耗可分为以下三种。

(1) 容积损失　容积损失是指泵的液体泄漏所造成的损失。

(2) 机械损失 由泵轴与轴承之间、泵轴与填料函之间以及叶轮盖板外表面与液体之间产生摩擦而引起的能量损失称为机械损失。

(3) 水力损失 黏性液体流经叶轮通道和蜗壳时产生的摩擦阻力以及在泵局部处因流速和方向改变引起的环流和冲击而产生的局部阻力，统称为水力损失。水力损失与泵的结构、流量及液体的性质等有关。

应予指出，离心泵在一定转速下运转时，容积损失和机械损失可近似地视为与流量无关，但水力损失则随流量变化而改变。

综合以上各种因素的影响可得离心泵的总效率 η。小型水泵的效率一般为 50%～70%，大型泵可高达 90%。油泵、耐腐蚀泵的效率比水泵低，杂质泵的效率更低。

离心泵的轴功率可直接利用效率 η 计算：

$$N=\frac{N_e}{\eta}=\frac{q_V \rho H_e g}{\eta} \tag{2-3}$$

式中 N——泵的轴功率，W；

H_e——泵的压头（扬程），m；

q_V——泵的流量，m³/s；

ρ——液体密度，kg/m³；

η——效率。

出厂的新泵一般都配备电动机，若已有一台泵需配备电动机，可按使用时的最大流量用式(2-3)算出轴功率，取其 1.1 倍以上作为选配电动机的功率（电动机的额定功率有其系列）。

【例 2-1】 用水（密度为 981kg/m³）对一离心泵的性能进行测定，在某一次实验中测得：流量 10m³/h，泵出口的压力表读数 0.17MPa，泵入口的真空表读数 21.3kPa，轴功率 1.07kW。真空表与压力表两侧压截面的垂直距离为 0.5m。试计算泵的压头与功率。

解 略去两侧截面之间的管路阻力和动压头之差，应用式(2-2)得压头：

$$H_e=(z_c-z_b)+\frac{p_M-p_V}{\rho g}$$

压强表示方法要一致：

$$H_e=0.5+[17-(-2.13)]\times 10^4/(981\times 10)=20.0\text{m}$$

$$\eta=q_V \rho H_e g/N=(10/3600)\times 981\times 20.0\times 10/1070=0.509$$

即效率为 50.9%。

四、离心泵的特性曲线

(一) 离心泵特性曲线

离心泵特性曲线的实验测定可在如图 2-7 所示的装置中进行。实验中要测定的数据通常为：泵进口处压强 p_1，出口处压强 p_2，流量 q_V 和轴功率 N。实验步骤如下。

测定开始时，先将出口阀关闭。然后逐渐开启阀门，改变其流量，测得一系列的流量 q_V，及其相应的压头（或扬程）H_e 和轴功率 N。将 H_e-q_V、N-q_V 及 ηq_V 曲线绘制在同一张坐标纸上，即为一定型式离心泵在一定转数下的特性曲线。特性曲线或工作性能曲线通常由泵制造厂实测，并列于泵样本中。如图 2-7 表示 4B20 型离心泵在转速 $n=2900$r/min 下用

20℃清水测得的特性曲线。

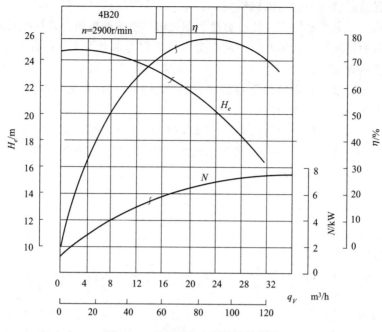

图 2-7　4B20 型离心泵的特性曲线

各种型号的离心泵各有以下的共同点。

① H_e-q_V 曲线表示泵的压头 H_e 在较大流量范围内是随流量增大而减小。

② N-q_V 曲线表示泵的轴功率 N，一般随流量增大而增大。

③ η-q_V 曲线表示泵的效率，开始 η 随 q_V 增大而增大，达到最大值后，又随 q_V 的增大而下降。曲线上最高效率点，称为泵的工况设计点。最高效率点对应的 q_V、H_e 及 N 值称为最佳工况参数。一般高效区为不低于最高效率的 92% 的范围。

（二）离心泵的转速对特性曲线的影响

离心泵的特性曲线是在一定转速下测定的，当转速由 n_1 改变为 n_2 时，与流量、压头及功率的近似关系为：

$$\frac{q_{V2}}{q_{V1}}=\frac{n_2}{n_1} \quad \frac{H_{e2}}{H_{e1}}=\frac{n_2^2}{n_1^2}, \quad \frac{N_2}{N_1}=\frac{n_2^3}{n_1^3} \tag{2-4}$$

当转速变化小于 20% 时，可认为效率不变，用式(2-4)计算误差不大。

（三）液体物理性质的影响

1. 密度的影响

离心泵的流量 q_V 等于叶轮周边出口截面积 A 与液体在周边的径向速度 u 之乘积，这些因素不受液体密度 ρ 影响，所以对同一种液体的密度变化，泵的流量 q_V 不会改变。离心力与物质的质量成正比，液体密度为单位体积液体的质量，所以液体离心力与液体密度成正比。液体在泵内在离心力作用下从低压 p_1 变为高压 p_2 而排出，所以（p_2-p_1）与液体密度 ρ 成正比。因为（p_2-p_1）与 ρg 分别与密度 ρ 成正比，所以 $\dfrac{p_2-p_1}{\rho g}$ 与密度 ρ 无关。因

泵的扬程 $H \propto \dfrac{p_2-p_1}{\rho g}$，所以扬程 H 与液体密度 ρ 无关。对于泵的轴功率 N 随液体密度 ρ 的变化关系，由式(2-3) 知 $N=\dfrac{q_V \rho H_e g}{\eta}$，故轴功率 N 随液体密度 ρ 增大而增大。

2. 黏度的影响

所输送的液体黏度越大，泵内能量损失越多，泵的压头、流量都要减小，效率下降，而轴功率则要增大。即泵的特性曲线会发生变化，黏度越大，其变化越明显。产生变化的原因有以下几点。

① 因为液体黏度增大，叶轮内液体流速降低，使流量减小。

② 因为液体黏度增大，液体流经泵内时的流动摩擦损失增大，使扬程减小。

③ 因液体黏度增大，叶轮前、后盖板与液体之间的摩擦而引起能量损失增大，使所需要的轴功率增大。

由于上述原因，使泵效率下降。

五、离心泵的工作点与流量调节

当离心泵安装在特定的管路系统中工作时，实际的工作压头和流量不仅与离心泵本身的性能有关，还与管路的特性有关，即在输送液体的过程中，泵和管路是互相制约的。所以，在讨论泵的工作情况前，应先了解与之相联系的管路状况。

（一）管路特性曲线与泵的工作点

在图 2-8 所示的输送系统中，若贮槽与高位槽的液面均保持恒定，液体流过管路系统时要求泵提供的压头，可由图中所示的截面 1-1″ 与 2-2″ 间列伯努利方程式求得，即：

$$H=\Delta z+\dfrac{\Delta p}{\rho g}+\dfrac{\Delta u^2}{2g}+\sum H_f \quad (2\text{-}5)$$

对特定的管路系统，$\Delta z+\dfrac{\Delta p}{\rho g}$ 为固定值，与管路中的液体流量 q_V 无关。

令 $\qquad H_0=\Delta z+\dfrac{\Delta p}{\rho g} \qquad (2\text{-}6)$

因贮槽与高位槽的截面都很大，该处流速与管路的相比可以忽略不计，则 $\dfrac{\Delta u^2}{2g}\approx 0$。

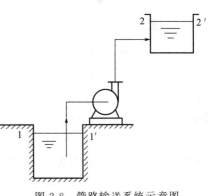

图 2-8 管路输送系统示意图

式(2-5) 可简化为：$H=H_0+\sum H_f \quad (2\text{-}7)$

式中压头损失为：$\qquad \sum H_f=\left[\lambda\left(\dfrac{l+\sum l_e}{d}\right)+\sum \xi\right]\dfrac{u^2}{2g}$

将 $u=\dfrac{q_V}{\dfrac{\pi}{4}d^2}$ 代入上式得

$$\sum H_f=\dfrac{8}{\pi^2 g}\left[\lambda\left(\dfrac{l+\sum l_e}{d^5}\right)+\dfrac{\sum \xi}{d^4}\right]q_V^2 \qquad (2\text{-}8)$$

对于一定的管路，上式等号右边各量中除了 λ 和 q_V 外均为定值，且 λ 也是 q_V 的函数，则可得：
$$k=\frac{8}{\pi^2 g}\left[\lambda\left(\frac{l+\sum l_e}{d^5}\right)+\frac{\sum \xi}{d^4}\right]$$

则式(2-8)可改为：
$$\sum H_f = k q_V^2$$

代入式(2-7)，得：
$$H = H_0 + k q_V^2 \tag{2-9}$$

式(2-9)即为**管路特性方程**。

由式(2-9)可看出，在特定的管路中输送液体时，管路所需的压头 H 随液体流量 q_V 的平方而变。若将此关系标在相应的坐标图上，即得如图 2-9 所示的 H-q_V 曲线。这条曲线称为**管路特性曲线**，表示在特定管路系统中，于固定操作条件下，流体流经该管路时所需的压头与流量的关系。此线的形状由管路布局与操作条件来确定，而与泵的性能无关。

输送液体是靠泵和管路系统共同完成的。若将离心泵的特性曲线 H_e-q_V 与其所在管路的特性曲线 H-q_V 绘于同一坐标图上，如图 2-9 所示。两线交点称为泵在该管路上的**工作点**。该点所对应的流量和压头既能满足管路系统的要求，又是离心泵所能提供的，即 $H = H_e$。换言之，对所选定的离心泵，以一定转速在此特定管路系统运转时，只能在这一点工作。

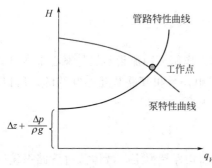

图 2-9 管路特性曲线与泵的工作点

（二）离心泵的流量调节

离心泵在指定的管路上工作时，由于生产任务发生变化，出现泵的工作流量与生产要求不相适应；或已选好的离心泵在特定的管路中运转时，所提供的流量不一定符合输送任务的要求。对于这两种情况，都需要对泵进行流量调节，实质上是改变泵的工作点。由于泵的工作点为泵的特性和管路特性所决定，因此改变两种特性曲线之一均可达到调节流量的目的。

1. 改变阀门的开度

改变离心泵出口管路上调节阀门的开度，即可改变管路特性曲线。例如，当阀门关小时，管路的局部阻力加大，管路特性曲线变陡，如图 2-10 所示。工作点左上移动，流量逐渐减小。当阀门开大时，管路局部阻力减小，管路特性曲线变得平坦，管路特性曲线往下移，流量将增大。

采用阀门来调节流量快速简便，且流量可以连续变化，适合化工连续生产的特点，因此应用十分广泛。其缺点是，当阀门关小时，因流动阻力加大需要额外多消耗一部分能量，且在调节幅度较大时离心泵往往在低效区工作，因此经济性差。

2. 改变泵的转速

改变泵的转速，实质上是维持管路特性曲线不变，而改变泵的特性曲线。如图 2-11 所示，泵原来的转速为 n，工作点为 M，若将泵的转速减少到 n_2，泵的特性曲线 H_e-q_V 向下移，工作点由 M 变至 M_2，流量和压头都相应减少；若将泵的转速升高，H_e-q_V 曲线便向上移，流量和压头都相应提高。

由式
$$\frac{q_{V2}}{q_{V1}}=\frac{n_2}{n_1},\frac{H_{e2}}{H_{e1}}=\frac{n_2^2}{n_1^2},\frac{N_2}{N_1}=\frac{n_2^3}{n_1^3}$$

可知，流量随转速下降而减小，动力消耗也相应降低，因此从能量消耗来看是比较合理的。但是，改变泵的转速需要变速装置或价格昂贵的变速原动机，且难以做到流量连续调节，因此至今化工生产中较少采用。

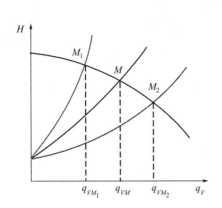

图 2-10　改变阀门开度调节流量示意图

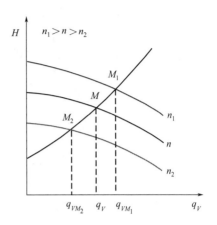

图 2-11　改变叶轮转速调节流量示意图

3. 离心泵的并联和串联操作

在实际生产中，当单台离心泵不能满足输送任务要求时，可采用离心泵的并联或串联操作。设将两台型号相同的离心泵并联操作，各自的吸入管路相同，则两泵的流量和压头必各自相同，且具有相同的管路特性曲线。在同一压头下，两台并联泵的流量 $q_{V并}$ 等于其中一台泵流量 $q'_{V单}$ 的 2 倍。于是，依据单台泵特性曲线 I 上的一系列坐标点，保持其纵坐标（H）不变、使横坐标（q_V）加倍，由此得到的一系列对应的坐标点即可绘得两台泵并联操作的合成特性曲线 II，如图 2-12 所示。并联泵的操作流量和压头可由合成特性曲线与管路特性曲线的交点来决定。由图可见，由于流量增大使管路流动阻力增加，因此两台泵并联后的总流量 $q_{V并}$ 必低于原单台泵流量 $q_{V单}$ 的 2 倍。

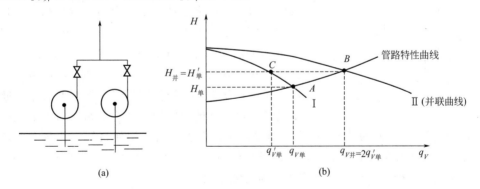

图 2-12　泵的并联操作

假若将两台型号相同的泵串联操作，则每台泵的压头和流量也是各自相同的，因此在同一流量下，两台串联泵的压头 $H_串$ 为单台泵 $H'_单$ 的 2 倍。于是，依据单台泵特性曲线 I 上一系列坐标点，保持其横坐标（q_V）不变、使纵坐标（H）加倍，由此得到的一系列对应坐标点即可绘出两台串联泵的合成特性曲线 II，如图 2-13 所示。

同样，串联泵的工作点也由管路特性曲线与泵的合成特性曲线的交点来决定。由图可见，两台泵串联操作的总压头 $H_串$ 必低于单台泵压头 $H_单$ 的 2 倍。

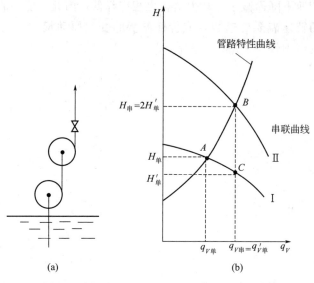

图 2-13 泵的串联操作

多台泵串联操作，相当于一台多级泵。多级泵的结构紧凑，安装维修也很方便，因而应选用多级泵代替多台串联泵使用。

六、离心泵的汽蚀现象与安装高度

（一）离心泵的汽蚀现象

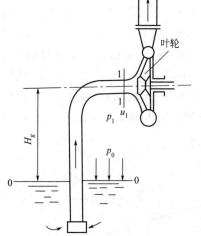

图 2-14 离心泵吸液示意图

由离心泵的工作原理可知，离心泵叶轮中心（叶片入口）附近为低压区，这一区域的压强与泵的吸上高度密切相关。如图 2-14 所示，当贮液池上方压强一定时，泵吸入口附近压强越低，则吸上高度就越高。但是吸入口的低压是不能无限制的，这是因为当叶片入口附近的最低压强等于或小于输送温度下液体的饱和蒸气压时，液体将在该处汽化并产生气泡，它随同液体从低压区流向高压区；气泡在高压作用下迅速破裂而凝结，此时周围的液体以很高的速度冲向气泡原来所占据的空间，在冲击点处产生很大的冲击压力，且冲击频率很高；由于冲击作用使泵体引起震动并产生噪声，且叶轮和泵壳局部处在极大冲击力的反复作用下，使材料表面疲劳，从开始点蚀到形成裂缝，叶轮或泵壳受到破坏，这种现象称为**汽蚀现象**。

汽蚀发生时，由于产生大量的气泡，占据了液体流道的部分空间，使泵的流量、压头及效率下降。汽蚀严重时，泵不能正常操作。因此，为了使离心泵能正常运转，应避免产生汽蚀现象，这就要求叶片入口附近的最低压强必须高于输送温度下液体的饱和蒸气压。应予指出，在实际操作中，不易确定泵内最低压强的位置，而往往以实测泵入口处的最低压强为准。

（二）离心泵的允许吸上高度

离心泵的允许吸上高度又称为允许安装高度，是指泵的吸入口与贮槽液面间可允许达到的最大垂直距离，以 H_g 表示。显然，为了避免汽蚀现象，泵的安装高度必须受到限制。在图 2-14 中假设离心泵在可允许的安装高度下操作，在贮槽液面 0-0′ 与泵入口处 1-1′ 两截面间列伯努利方程式，可得：

$$H_g = \frac{p_0 - p_1}{\rho g} - \frac{u_1^2}{2g} - H_{f,0-1} \qquad (2\text{-}10)$$

式中　H_g——泵的允许安装高度，m；

$H_{f,0-1}$——液体流经吸入管路的压头损失，m；

p_1——泵入口处可允许的最小压强，Pa；

p_0——贮槽液面上方的绝对压强，Pa。

若贮槽上方与大气相通，则 p_0 即为大气压强。

由上式可知，为了提高泵的允许安装高度，应该尽量减小 $u_1^2/2g$ 和 $H_{f,0-1}$ 的值。为了减小 $u_1^2/2g$，在同一流量下应选用直径稍大的吸入管路；为了减小 $H_{f,0-1}$，应尽量减少阻力元件如弯头、截止阀等，吸入管路也尽可能短。注意，工厂在泵出厂时给出的 H_g 是在介质为清水、20℃、大气压为 9.8×10^4 Pa（10mH_2O 柱）时的值。

（三）汽蚀余量

汽蚀余量 Δh 是指离心泵入口处，液体的静压头 $p_1/\rho g$ 与动压头 $u_1^2/2g$ 之和大于液体在操作温度下的饱和蒸气压头 $p_V/\rho g$ 的某一最小指定值，即：

$$\Delta h = \left(\frac{p_1}{\rho g} + \frac{u_1^2}{2g} \right) - \frac{p_V}{\rho g} \qquad (2\text{-}11)$$

以上式(2-10)和式(2-11)两式联立，可得出汽蚀余量与允许安装高度之间的关系：

$$H_{g_{max}} = \frac{p_0}{\rho g} - \frac{p_V}{\rho g} - \Delta h - H_{f,0-1} \qquad (2\text{-}12)$$

式中　$H_{g_{max}}$——泵的最大允许安装高度，m；

p_V——输送液体在工作温度下的饱和蒸气压强，Pa。

通常为安全起见，离心泵的**实际安装高度应比最大允许吸上高度低 0.5～1m**。

【例 2-2】 型号为 IS65-40-200 的离心泵，转速为 2900r/min，流量为 25m³/h，扬程为 50m，允许汽蚀余量为 2m，此泵用于将敞口水池中 50℃ 的水送出，已知吸入管路的总阻力损失为 2mH_2O，当地大气压为 100kPa，求此泵的允许安装高度为多少？

解　由附录查得 50℃ 的水的饱和蒸气压为 12.31kPa，水的密度为 998.1kg/m³，由式(2-12)

可得

$$\begin{aligned} H_{g_{max}} &= \frac{p_0}{\rho g} - \frac{p_V}{\rho g} - \Delta h - H_{f,0-1} \\ &= \frac{100 \times 10^3 - 12.31 \times 10^3}{998.1 \times 10} - 2 - 2 \\ &= 4.79 \text{ (m)} \end{aligned}$$

故泵的实际安装高度不应超过距液面高 4.79m。

七、离心泵的类型与选用

（一）离心泵的类型

由于化工生产中被输送液体的性质、压强和流量等差异很大，为了适应各种不同的要求，离心泵的类型也是多种多样的。按泵所输送液体的性质分为水泵、耐腐蚀泵、油泵和杂质泵等；按叶轮吸入方式分为单吸泵和双吸泵；按叶轮数目又分为单级泵和多级泵。各种类型的离心泵按照其结构特点各成一个系列，并以一个或几个汉语拼音字母作为系列代号。在每一系列中，由于有各种规格，因而附以不同的字母和数字予以区别。以下对化工厂常用离心泵的类型作简要说明。

1. 水泵（IS 型、D 型、S 型）

凡是输送清水以及物理、化学性质类似于水的清洁液体，都可以选用水泵。泵体和泵盖都是用铸铁制成。现分别说明其型号代号：IS——国际标准单级单吸清水离心泵；D——多级泵；S——单级双吸泵。

其中应用最为广泛的是 IS 型离心泵。

例如：IS65-40-200 泵，其中

IS——国际标准单级单吸清水离心泵；

65——吸入口直径，mm；

40——排出口直径，mm；

200——叶轮尺寸，mm。

若输送液体的流量较大而所需的压头并不高时，则可采用双吸泵，即 S 型。

2. 耐腐蚀泵（F 型）

当输送酸、碱等腐蚀性液体时应采用耐腐蚀泵，该泵主要特点是与液体接触的泵部件用耐腐蚀材料制成。各种材料制造的耐腐蚀泵在结构上基本相同，因此都用 F 作为它的系列代号。在 F 后面再加一个字母表示材料代号，以示区别。例如：B——铬镍合金钢；H——灰口铸铁；M——铬镍钼钛合金钢。

例如 50FM25 泵，即吸入口直径为 50mm；F 为耐腐蚀泵；M 指所用材料为铬镍钼钛合金钢，25 指最高效率时的扬程（m）。

耐腐蚀泵的另一个特点是密封要求高。由于填料本身被腐蚀的问题很难彻底解决，所以 F 型泵多采用机械密封装置。F 型泵全系列的扬程范围为 15～105m，流量范围为 2～400m^3/h。

3. 油泵（Y 型）

输送石油产品的泵称为油泵。油品的特点之一是易燃易爆，因此要求油泵必须有良好的密封性能。

4. 杂质泵（P 型）

输送悬浮液及稠厚的浆液等常用杂质泵。可细分为污水泵 PW、砂泵 PS、泥浆泵 PN 等。对这类泵的要求是：不易被杂质堵塞、耐磨、容易拆洗，所以它的特点是叶轮流道宽、叶片数目少、常采用半闭式或开式叶轮。有些泵壳内还衬以耐磨的铸钢护板。

（二）离心泵的选用

通常可按下列原则进行。

(1) 根据被输送液体的性质和操作条件，初步确定泵的系列及生产厂。

① 根据输送介质决定选用清水泵、油泵、耐腐蚀泵、屏蔽泵等；

② 根据现场安装条件决定选用卧式泵、立式泵等；

③ 根据流量大小选用单吸泵、双吸泵等；

④ 根据扬程大小选单级泵、多级泵、高压泵等。

(2) 根据具体流量和压头的要求确定泵的可用型号。

在化工生产中，输送的液体流量和压头往往是变动的。

① 采用操作中可能出现的最大流量作为所选泵的额定流量，如缺少最大流量值时，常取正常流量的 1.1～1.15 倍作为额定流量。

② 取所需扬程的 1.05～1.1 倍作为所选泵的额定扬程。

如果没有适合的型号，则应选定泵的压头和流量都稍大的型号；若有几种型号的泵同时可用时，则应选择综合指标高者为最终的选择。综合指标主要为：效率（高者为优）、汽蚀余量（小者为优）、重量（轻者为优）、价格（低者为优）。

【例 2-3】 用泵将密度为 1800kg/m^3 的酸性液体，自常压贮槽输送到表压为 196.2kPa 的设备，要求流量为 $13\text{m}^3/\text{h}$，升扬高度为 6m，全部压头损失为 5m。试选用适合的离心泵型号。

解 输送酸性液体，宜选用耐腐蚀离心泵，其材质可用灰口铁。先依据管路条件确定所需的外加压头。

已知 $z_2-z_1=6\text{m}$；$p_2-p_1=196200\text{Pa}$；贮槽及设备液面 $u_2 \approx u_1 \approx 0$；$H_f=5\text{m}$。

列伯努利方程得：

$$H = (z_2-z_1) + \frac{p_2-p_1}{\rho g} + \frac{u_2^2-u_1^2}{2g} + H_f$$

$$= 6 + \frac{196200}{1800 \times 9.81} + 5$$

$$= 22.1 \text{ (m)}$$

根据要求输送的流量为 $13\text{m}^3/\text{h}$，外加压头为 22.1m。查附录中 F 型泵的性能表，50F25 符合要求，该泵全型号为 50F25。其主要性能如下：

流量	$14.4\text{m}^3/\text{h}$	轴功率	1.89kW
扬程	25m	允许汽蚀余量	4m
效率	52%		

第二节　其他化工用泵

一、往复泵

往复泵是一种容积式泵，应用比较广泛。它依靠活塞的往复运动并依次开启吸入阀和排出阀，从而吸入和排出液体。

图2-15为往复泵装置简图。泵的主要部件有泵缸、活塞、活塞杆、吸入阀和排出阀。往复泵由电动机驱动，通过减速箱和曲柄连杆机构与活塞杆相连接而使活塞做往复运动。吸入阀和排出阀都是单向阀。泵缸内活塞与阀门间的空间叫做工作室。

当活塞自左向右移动时，工作室的容积增大，形成低压，便能将贮液池内的物体经吸入阀吸入泵缸内。在吸液体时排出阀因受排出管内液体压力作用而关闭。当活塞移到右端点时，工作室的容积最大，吸入的液体量也最多。此后，活塞便改为由右向左移动，泵缸内液体受到挤压而使其压强增大，致使吸入阀关闭而推开排出阀将液体排出。活塞移到左端点后排液完毕，完成了一个工作循环。此后活塞又向右移动，开始另一个工作循环。

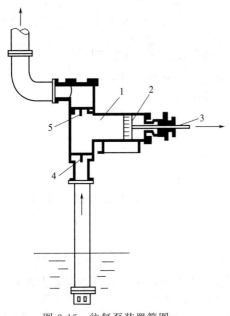

图2-15 往复泵装置简图
1—泵缸；2—活塞；3—活塞杆；
4—吸入阀；5—排出阀

由上可知，往复泵就是靠活塞在泵缸内左右两端点间做往复运动而吸入和压出液体。活塞左端点到右端点（或反之）的距离叫做冲程或位移。活塞往复一次，只吸入和排出液体各一次的泵，称为单动泵。单动泵的送液是不连续的。若在活塞两侧的泵体内都装有吸入阀和排出阀，则无论活塞向哪一侧运动，吸液和排液都同时进行，这类往复泵称为双动泵，如图2-16所示。

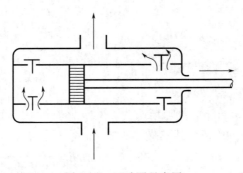

图2-16 双动泵示意图

由往复泵的工作原理可知，往复泵内的低压是靠工作室的扩张造成的，所以在泵启动前无需向泵内灌满液体，即往复泵具有自吸能力。但是，与离心泵相同，往复泵的吸入高度也有一定的限制，这是由于往复泵也是借外界与泵内的压强差而吸入液体的，故吸上高度也随泵安装地区的大气压强、输送液体的性质及温度而变。

二、齿轮泵

图2-17为齿轮泵的结构示意图。泵壳内有两个齿轮，一个是靠电动机带动旋转，称为主动轮，另一个是靠与主动轮相啮合而转动，称为从动轮。两齿轮与泵体间形成吸入和排出

两个空间。当齿轮按图中所示的箭头方向转动时，吸入空间内两轮的齿互相拨开，形成了低压而将液体吸入，然后分为两路沿泵内壁被齿轮嵌住，并随齿轮转动而达到排出空间。排出空间内两轮的齿互相合拢，于是形成高压而将液体排出。

三、螺杆泵

螺杆泵主要由泵壳和一根或两根以上的螺杆构成。图 2-18 所示的双螺杆泵实际上与齿轮泵十分相似，它利用两根相互啮合的螺杆来排送液体。当所需的压强较高时，可采用较长的螺杆。

螺杆泵压头高、效率高、噪声低，适于在高压下输送黏稠性液体。旋转泵也是正位移泵，若单位时间内旋转速度恒定，则排液能力也固定。

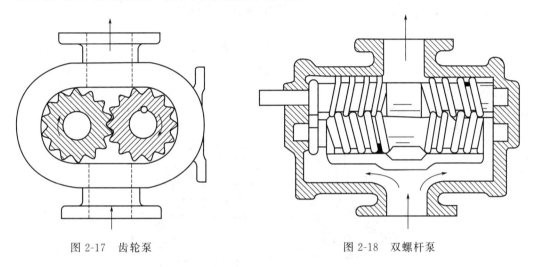

图 2-17　齿轮泵　　　　　　　　　图 2-18　双螺杆泵

第三节　气体输送机械

气体输送与压缩两者是不可分割的。如果主要是为了输送，那么克服阻力就需要通风机或鼓风机，以提高气体的压力，不过，所需的压力都不高。如果主要为了压缩，则所需压力很高，一般就应用压缩机。

一、离心通风机

离心通风机的主要性能参数有流量（风量）、压头（风压）、轴功率和效率。由于气体通过风机的压强变化较小，可视为不可压缩，所以离心泵基本方程也可用来分析离心通风机的性能。

1. 风量

风量是单位时间内从风机出口排出的气体体积，并以风机进口处气体的状态计，以 q_V 表示，单位为 m^3/h。

离心通风机的风量取决于风机的结构、尺寸和转速。

2. 风压

离心泵的压头是以单位质量流体所受能量为基准，压头的单位是 m。对于通风机，如果也以此为基准，则压头的数值很大（1mm 水柱约等于 1m 空气柱），使用不便。因此习惯上将通风机的压头表示为单位体积气体所获得的能量，其单位为 $J/m^3 = N/m^2 = Pa$，与压强单位相同。所以风机的压头又称风压。

离心通风机（图 2-19）的风压目前还不能用理论方法精确计算，而是由实验测定。

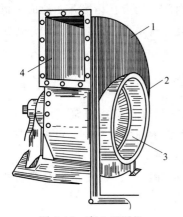

图 2-19 离心通风机
1—机壳；2—叶轮；
3—吸入口；4—排出口

二、其他气体输送机械

（一）离心式鼓风机

离心鼓风机又称透平鼓风机，其主要构造和工作原理与离心通风机类似，但由于单级鼓风机不可能产生很高的风压（出口表压力一般不超过 $5.07 \times 10^4 Pa$）。故压头较高的离心鼓风机都是多级的。图 2-20 所示为一台五级离心鼓风机。

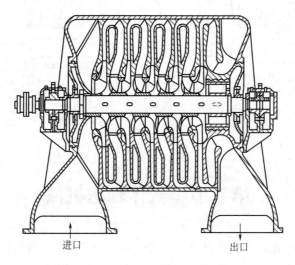

进口　　　　　　　　出口

图 2-20 五级离心鼓风机示意图

（二）罗茨鼓风机

罗茨鼓风机的工作原理与齿轮相似，如图 2-21 所示，机壳内有两个特殊形状的转子，常为腰形或三星形，两转子之间、转子与机壳之间缝隙很小，使转子能自由转动而无过多的泄漏。两转子的旋转方向相反，可使气体从机壳一侧吸入，而从另一侧排出。如改变转子的旋转方向时，则吸入口与排出口互换。

罗茨鼓风机属于正位移型，其风量与转速成正比，而与出口压力无关，罗茨鼓风机的风量范围为 $2 \sim 500 m^3/min$，出口表压力在 $80 \times 10^3 Pa$ 以内，但在表压力为 $40 \times 10^3 Pa$ 附近效率较高。出口压力太高，泄漏量增加，效率降低。

罗茨鼓风机的出口应安装气体稳压罐与安全阀，流量采用旁路调节。出口阀不能完全关闭。操作温度不超过 85℃，否则引起转子受热膨胀，发生碰撞。

(三) 往复式压缩机

往复压缩机的操作原理和往复泵很相似,然而,往复压缩机处理的是可压缩的气体,它的工作过程自然与往复泵不同,因气体进出压缩机的过程完全是一个热力学过程。现以图2-22 示意的单缸单作用往复压缩机为例加以说明。

当活塞位于汽缸的最右端时汽缸内气体的体积为 V_1、压力为 p_1,其状况为点 1 所示。当活塞由点 1 向左推进时,位于汽缸左端的两个活门(吸入活门 S 和排出活门 D)都是关闭的,故气体体积缩小而压力上升。直至压力升到 p_2,排出活门 D 才被顶开。在此之前,气体处于压缩阶段,气体的状态变化过程如曲线 1-2 所示。压缩阶段结束时的气体状况为点 2。系压缩循环过程。

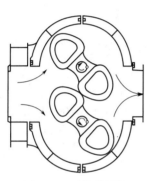

图 2-21 罗茨鼓风机

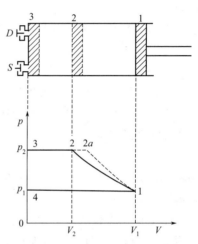

图 2-22 理想压缩的 p-V 图

当气体压力达到 p_2 时,排出活门开启,气体从缸内排出,直至活塞移至最左端,气体完全被排净,汽缸内气体体积降为零,这时气体的状况以纵坐标轴上的点 3 表示。这一阶段称为压出阶段,气体的变化过程以水平线 2-3 表示。

当活塞从汽缸最左端向右移动时,缸内的压力立刻下降到 p_1,气体状况达到点 4。此时,排出活门关闭,吸入活门打开,压力为 p_1 的气体被吸入缸内。在整个吸气过程中,压力 p_1 维持不变,直至活塞移至最右端(图中点 1)。该阶段称为气体吸入阶段,缸内气体状态沿水平线 4-1 而变,完成了一个工作循环。

综上所述,如图 2-22 所示的往复压缩机的工作循环是由压缩过程、恒压下的排气和吸气过程所组成,且假定了活塞与汽缸左端之间不存在空隙,可将气体完全排净,故称为无余。

小　　结

1. 离心泵的工作原理:依靠惯性离心力而连续吸液和排液;无自吸力——灌泵——吸入管单向阀。

2. 基本结构:着眼于提高液体的静压能。

叶轮——供能装置;

蜗壳——集液及转能装置;

轴封——填料及端面密封。

3. 性能参数

① 流量；

② 扬程；

③ 效率；

④ 有效功率 $N_e = W_e \times q_m$，轴功率 $N = N_e/\eta$。

4. 安装

$$H_{g\max} = \frac{p_0}{\rho g} - \frac{p_V}{\rho g} - \Delta h - H_{f,0-1}$$

通常为安全起见，离心泵实际安装高度应比允许吸上高度低 0.5～1m。

5. 操作

① 启动前应灌泵（无自吸力，防气缚）；

② 启动时关闭出口阀（降低启动功率），停泵时也应先关闭出口阀；

③ 流量调节。

a. 改变管路特性曲线——调节泵的出口阀开度；

b. 改变泵的特性曲线——调泵的转速（需增加变速装置）；更换泵的叶轮（季节性流量调节）；泵的并联和串联。

6. 分类

根据用途分清水泵（IS、D）、油泵（Y型）、耐腐蚀泵（F型）、杂质泵（P型）。

7. 选型

① 根据工作介质和操作条件选类型；

② 根据 q_V 和 H_e 选型号，列出泵 q_V 的性能参数。

工程应用

离心泵的安装、操作和维护

1. 离心泵的安装

(1) 应尽量将泵安装在靠近水源、干燥明亮的场所，以便于检修。

(2) 应有坚实的基础，以避免震动。通常用混凝土地基，地脚螺栓连接。

(3) 泵轴与电机轴应严格保持水平，以确保运转正常，提高寿命。

(4) 应当尽量缩短吸入管路的长度和减少其中的管件，泵吸入管的直径通常均大于或等于泵入口直径，以减小吸入管路的阻力。

(5) 在吸入管径大于泵的吸入口径时，变径连接处要避免存气，以免发生气缚现象。

2. 离心泵的开、停车操作

(1) 离心泵启动前的安全检查与准备工作

① 确认泵座、护罩牢固；

② 手动盘车，转动灵活，无摩擦声；

③ 确认槽内液位正常，打开泵的入口阀；

④ 对泵进行排气处理，确认压力表根部阀打开，打开泵的冲洗、密封水。

(2) 开车操作

① 通知电气操作人员送电，启动泵，观察泵的转向无误；

② 待泵出口压力升压后,缓慢打开泵的出口阀,调整压力达到设计指标;
③ 运行5min,待泵无异常现象方准离开,记录开泵。

(3) 停车操作
① 关闭泵出口阀,按下停泵按钮,关闭泵入口阀;
② 排净泵内液体,关闭导淋阀,关闭密封水上水阀;
③ 在寒冷地区,短时停车要采取保温措施,长期停车必须排净泵内及冷却系统内的液体,以免冻结胀坏系统。

(4) 倒泵操作
按开泵步骤开启备用泵,泵运行正常后,缓慢打开备用泵出口阀,同时缓慢关闭运行泵的出口阀,应注意两人密切协调配合,防止流量大幅波动,待运行泵出口阀全关后,备用泵一切指标正常,按下运行泵的停车按钮,关闭运行泵的进口阀,排净泵内液体,交付检修或备用。

(5) 紧急停车操作无论何种类型的泵,有下列情况之一时,必须紧急停车;
① 泵内发生严重异常声响;
② 泵突然发生剧烈震动;
③ 泵流量下降;
④ 轴承温度突然上升,超过规定值;
⑤ 电流超过额定值持续不降。

3. 离心泵的维护
(1) 检查泵进口阀前的过滤器的滤网是否破损,如有破损应及时更换,以免焊渣等颗粒进入泵体,定时清洗滤网。
(2) 泵壳及叶轮进行解体、清洗重新组装。调整好叶轮和泵壳间隙。叶轮有损坏及腐蚀情况的应分析原因并及时进行处理。
(3) 清洗轴封、轴套系统,更换润滑油,以保持良好的润滑状态。
(4) 及时更换填料密封的填料,并调节至合适的松紧度。采用机械密封的应及时更换环和密封液。
(5) 检查电机,长期停车后,再开工前应将电动机进行干燥处理。
(6) 在任何情况下都要避免泵内无液体的干转现象,以避免干摩擦,造成零部件损坏。

习题

一、填空题

1. 离心泵启动前未充满液体,会发生_____现象;离心泵安装高度超过允许安装高度时,离心泵会发生_____现象。
2. 离心泵的特性曲线有_____、_____、_____三条。
3. 为避免发生汽蚀现象,实际安装高度应_____ $H_{g\max}$。(括号内填高于或低于)
4. 离心泵的工作点是_____和_____的交点。

二、选择题

1. 泵的特性曲线和管路特性曲线的交点称为离心泵的_____。
   A. 等效率　　　　B. 设计工况点　　　C. 工作点　　　　D. 额定流量

2. 离心泵的设计工况点是指泵在_____时的性能。
   A. 流量最大　　　　B. 效率最高　　　　C. 压头最大　　　　D. 有效功率最大

3. 离心泵通电启动时电机在转动，但出口管没有水流出，这时应首先采取的措施是_____。
   A. 改变电动机的转动方向　　　　　　B. 改变泵的安装高度
   C. 往泵中和吸入管内注水　　　　　　D. 检查管道是否堵塞

4. 离心泵最常见的调节流量的方法是_____。
   A. 改变吸入管路中阀门开度　　　　　B. 改变压出管路中阀门开度
   C. 车削离心泵的叶轮　　　　　　　　D. 安置回流支路，回流至泵内

5. 某管路要求输水量 $q_V = 45\text{m}^3/\text{s}$，压头 $H = 18\text{m}$。下列四个型号的离心泵，宜选用_____。
   A. $q_V = 50\text{m}^3/\text{s}$　　$H = 20\text{m}$　　　　B. $q_V = 30\text{m}^3/\text{s}$　　$H = 30\text{m}$
   C. $q_V = 60\text{m}^3/\text{s}$　　$H = 18\text{m}$　　　　D. $q_V = 60\text{m}^3/\text{s}$　　$H = 29\text{m}$

6. 离心泵的轴功率 N 与流量 q_V 的关系为_____。
   A. q_V 增大，N 增大
   B. q_V 增大，N 减小
   C. q_V 增大，N 先增大后减小

7. 离心泵的扬程是_____。
   A. 实际升扬高度　　　　　　　　　　B. 液体出泵和进泵的压差液柱高
   C. 单位重量液体通过泵所获得的机械能

8. 离心泵启动前要_____。
   A. 开出口阀，开进口阀　　　　　　　B. 关出口阀，开进口阀
   C. 开出口阀，关进口阀　　　　　　　D. 关出口阀，关进口阀

三、计算题

离心泵特性

2-1 某离心泵用 15℃ 的水进行性能实验，水的体积流量为 $540\text{m}^3/\text{h}$，泵出口压力表读数为 350kPa，泵入口真空表读数为 30kPa。若压力表与真空表测压截面间的垂直距离为 350mm，吸入管与压出管内径分别为 350mm 及 310mm，试求泵的扬程。

[答案：$H = 39.3\text{m}$]

管路特性曲线、工作点

2-2 用离心泵将水由敞口低位槽送往密闭高位槽，高位槽中的气相表压为 98.1kPa，两槽液位相差 4m 且维持恒定。已知输送管路为 $\phi 45\text{mm} \times 2.5\text{mm}$，在泵出口阀门全开的情况下，整个输送系统的总长为 20m（包括所有局部阻力的当量长度），设流动进入阻力平方区，摩擦系数为 0.02。在输送范围内该离心泵的特性方程为 $H = 28 - 6 \times 10^5 q_V^2$（$q_V$ 的单位为 m^3/s，H 的单位为 m）。水的密度可取为 1000kg/m^3。试求：离心泵的工作点。

[答案：$q_V = 3.89 \times 10^{-3}\text{m}^3/\text{s}$，$H = 18.92\text{m}$]

离心泵的安装高度

2-3 用型号为 IS65-50-125 的离心泵，将敞口水槽中的水送出，吸入管路的压头损失为 4m，当地环境大气的绝对压力为 98kPa。试求：水温 20℃ 时泵的安装高度。

[答案：$H_g \leqslant 3.78\text{m}$]

2-4 用离心泵将密闭容器中的有机液体送出，容器内液面上方的绝对压强为 85kPa。

在操作温度下液体的密度为 850kg/m³，饱和蒸气压为 72.12kPa。吸入管路的压头损失为 1.5m，所选泵的允许汽蚀余量为 3.0m。现拟将泵安装在液面以下 2.5m 处，问该泵能否正常操作？
　　　　　　　　　　　　　　　　　　　　　　　　　　　　　　[答案：此泵安装不当]

离心泵的选用

2-5　用离心泵从江中取水送入贮水池内，池中水面高出江面 20m，管路长度（包括局部阻力的当量长度）为 45m。水温为 20℃，管壁相对粗糙度 $\dfrac{\varepsilon}{d}=0.001$。要求输水量为 20～25m³/h。(1) 试选择适当管径；(2) 试选择一台离心泵。

[答案：选公称直径 65mm 的低压流体输送用焊接钢管，管径为 $\phi75.5\text{mm}\times3.75\text{mm}$，选用离心泵 IS65-50-160]

本章符号说明

符号	意义	计量单位
H_g	泵的安装高度	m
Δh	汽蚀余量	m
N	轴功率	W
N_e	有效功率	W
η	效率	
n	转速	r/min
p_V	饱和蒸气压	Pa

第三章

沉降与过滤

学习指导

学习目的

通过本章学习能够掌握流体与固体颗粒之间的流动规律,并利用这些规律实现非均相物系分离(包括沉降分离和过滤分离)。掌握过程的基本原理、过程和典型设备的计算及分离设备的选型。

学习要点

1. 重点掌握的内容

(1) 沉降分离(包括重力沉降和离心沉降)的原理、过程计算和降尘室的设计、旋风分离器的选型。

(2) 过滤操作的原理、过滤基本方程式推导的思路、恒压过滤的计算、过滤常数的测定。

2. 学习时应注意的问题

学习过程中要能够将流体力学的基本原理用于处理颗粒相对于流体运动和流体通过颗粒床层流动等复杂工程问题,即注意学习对复杂的工程问题进行简化处理的思路和方法。

自然界的大多数物质为混合物。混合物分为两类:均相混合物和非均相混合物。若物系内各处组成均匀且不存在相界面,则称为均相混合物,譬如溶液、空气。均相混合物组分的分离常采用传质分离方法。而由不同物理性质(如尺寸、密度)的分散物质(分散相)和连续介质(连续相)所组成的物系称为非均相物系或非均相混合物,譬如气体与固体颗粒构成的含尘气体、液滴与气体构成的含雾气体、固体颗粒混合物、固体颗粒与液体构成的悬浮液、不互溶液体构成的乳浊液等。显然,非均相物系中存在相界面,且界面两侧物料的性质不同。实际生产中常常会遇到需要分离非均相混合物的例子,譬如分离烟道气中的煤渣、分离水中的固体杂质、分离熬中药时药水中的药渣等。非均相混合物的分离方法很多,较常用的是采用机械分离的方法,即利用非均相混合物中两相的物理性质的差异,使两相之间发生相对运动而使其分离。譬如:气体中所含的灰尘可以利用重力、离心沉降分离;悬浮液可以通过过滤分离;大小不同的颗粒可以用筛分分离等。

通过非均相混合物的分离可以实现:

① 回收有价值的分散物质;

② 净化分散介质;

③ 环境保护和安全生产。

机械分离方法包括沉降和过滤两种操作,而沉降又分为重力沉降和离心沉降。本章重点讨论沉降及过滤操作的分离原理及典型设备。

 **案例分析**

以洗煤厂煤泥水处理为例,介绍沉降过滤式离心机的基本结构、原理及应用。如图 3-1 所示为 LWZ1400×2000A 型离心机,电动机通过 V 形胶带带动转鼓 5 旋转,转鼓带动差速器 1,差速器输出轴带动螺旋 6 旋转,螺旋与转鼓旋转方向相同,但转速不同,即存在转速差。煤泥水经入料管 10 给入螺旋给料腔后,再经过给料口进入转鼓内腔,在离心力的作用下,形成环状沉降区,煤颗粒迅速沉淀在转鼓内壁上,水携带细微颗粒从溢流口排出,即为离心液。借助螺旋与转鼓的转速差,沉淀在转鼓内壁上的煤颗粒被螺旋输送到转鼓的过滤段,水与少量煤泥经筛网缝隙排出,即为滤液。物料再次脱水后由转鼓排料口排出,即为脱水产物。

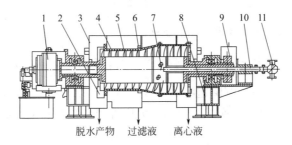

图 3-1　LWZ1400×2000A 型离心机结构图

1—差速器；2—刮刀体；3—机壳；4—筛网；5—转鼓；6—螺旋；
7—出料口；8—机架；9—V 形胶带；10—入料管；11—三通蝶阀

那么在沉降过滤式离心机脱水过程中的沉降指的是什么？受哪些因素的影响？沉降速度又是如何计算？都有哪些典型的沉降设备呢？后来沉淀在转鼓内壁上的煤颗粒被螺旋输送到转鼓的过滤段,排出滤液。那么滤液指的是什么？如何通过过滤得到的？过滤原理是什么？都有哪些过滤方式？过滤速率如何计算？过滤时间与滤液的量有什么关系？对应的设备又有哪些呢？带着这些问题,我们一起走进"沉降与过滤",一探明白!

第一节　重力沉降

依据重力作用而发生的沉降过程称为重力沉降。重力沉降一般用于气、固混合物的分离和混悬液的分离,它是利用分散相和连续相之间的密度差异而使颗粒沉降分离的操作过程。

一、球形颗粒的自由沉降

将表面光滑的球形颗粒置于静止的流体介质中,如果颗粒的密度大于流体的密度,则颗粒所受的重力大于浮力,颗粒将在流体中降落。如果颗粒在降落过程中分散较好而互不接触和碰撞,且可以忽略容器壁面的影响,这样的降落称为**自由沉降**。

以一个颗粒的自由沉降为例,对沉降过程进行分析。颗粒的密度用 ρ_s 表示,直径用 d 表示,流体密度用 ρ 表示,速度用 u 表示,加速度用 a 表示。如果颗粒初始速度为零,那么

图 3-2 沉降颗粒的受力分析

阻力也为零，加速度 a 具有最大值。沉降一旦开始，就会受到颗粒表面与流体摩擦而产生的与运动方向相反的阻力，即曳力。此时颗粒受到三个力的作用，即重力、浮力和阻力，如图 3-2 所示。并且阻力随运动速度的增加而增大，而加速度 a 则相应减小，直到速度达到某一值 u_t 时，阻力、浮力与重力达到平衡，此时颗粒所受合力为零，使加速度为零，此后，颗粒便开始做匀速沉降运动。

$$重力\ F_g = \frac{\pi}{6} d^3 \rho_s g$$

$$浮力\ F_b = \frac{\pi}{6} d^3 \rho g$$

$$阻力\ F_d = \zeta A \frac{\rho u^2}{2}$$

式中 ζ——阻力系数（或曳力系数），无量纲；

A——颗粒在垂直于其运动方向的平面上的投影面积，$A = \frac{\pi}{4} d^2$，m^2；

u——颗粒相对于流体的沉降速度，m/s。

根据牛顿第二定律，可知上面三个力的合力应等于颗粒的质量与加速度 a 的乘积，即：

$$F_g - F_b - F_d = ma$$

或

$$\frac{\pi}{6} d^3 \rho_s g - \frac{\pi}{6} d^3 \rho g - \zeta \frac{\pi}{4} d^2 \frac{\rho u^2}{2} = \frac{\pi}{6} d^3 \rho_s \frac{du}{d\theta} \tag{3-1}$$

式中 m——颗粒质量，kg；

θ——时间，s。

可见，颗粒的沉降分为两个阶段：起初的加速阶段和而后的匀速阶段。对于小颗粒，沉降的加速段较短，可以忽略不计，所以可视为只有匀速阶段。

匀速阶段中颗粒相对于流体的运动速度 u_t 称为沉降速度，又称终端速度。

当 $a = 0$ 时，$u = u_t$。由式(3-1)得沉降速度：

$$u_t = \sqrt{\frac{4d(\rho_s - \rho)g}{3\rho\zeta}} \tag{3-2}$$

式中 u_t——颗粒的自由沉降速度，m/s；

d——颗粒的直径，m；

ρ_s、ρ——分别为颗粒的密度、流体的密度，kg/m^3；

ζ——阻力系数，无量纲；

g——重力加速度，m/s^2。

二、阻力系数

由式(3-2)计算沉降速度时，首先要确定阻力系数 ζ 的值。通过量纲分析可知，ζ 是颗粒与流体相对运动时雷诺数 Re_t 的函数，即：

$$\zeta = f(Re_t) = f\left(\frac{du_t \rho}{\mu}\right)$$

此函数关系需要由实验测定。经实验测定示于图 3-3。

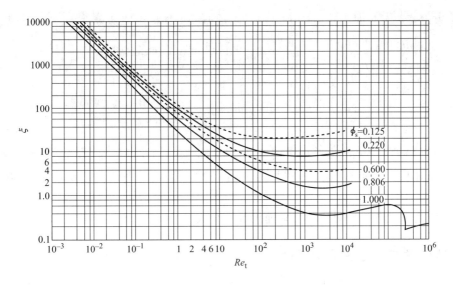

图 3-3 ζ-Re_t 关系曲线

图中球形颗粒（$\phi_s=1$）的曲线按 Re_t 值大致分为三个区域：

$10^{-4} < Re_t < 1$ 时　层流区或斯托克斯定律区　$\zeta = \dfrac{24}{Re_t}$　　　　　　　　　(3-3)

$1 < Re_t < 10^3$ 时　过渡区或艾伦定律区　$\zeta = \dfrac{18.5}{Re_t^{0.6}}$　　　　　　　　　(3-4)

$10^3 < Re_t < 2 \times 10^5$ 时　湍流区或牛顿定律区　$\zeta = 0.44$　　　　　　　　　(3-5)

其中斯托克斯区的计算公式是准确的，其他两个区域的计算式是近似的。

三、沉降速度的计算

对于球形颗粒，将不同的 ζ 计算式［式(3-3)～式(3-5)］代入式(3-2)，可得各区域的沉降速度计算式。

层流区　$10^{-4} < Re_t < 1$　　$u_t = \dfrac{d^2(\rho_s - \rho)g}{18\mu}$　　　　　　　　　(3-6)

过渡区　$1 < Re_t < 10^3$　　$u_t = 0.27\sqrt{\dfrac{d(\rho_s - \rho)g}{\rho}Re_t^{0.6}}$　　　　　　　　　(3-7)

湍流区　$10^3 < Re_t < 2 \times 10^5$　　$u_t = 1.74\sqrt{\dfrac{d(\rho_s - \rho)g}{\rho}}$　　　　　　　　　(3-8)

由此可知，已知球形颗粒的直径，要计算沉降速度，需要根据不同的 Re_t 值选取式(3-6)～式(3-8)来进行计算。但由于沉降速度 u_t 为待求量，Re_t 值也就未知，所以需要用试差法进行计算 u_t。即先假设沉降的流型属于某一流型，即可选用与 Re_t 相应的沉降速度计算公式计算 u_t，然后根据求出的 u_t 计算 Re_t，核算与假设是否一致。如果一致，则求出的 u_t 即为所求的沉降速度；否则，依照算出的 Re_t 值另选流型，并改用相应的沉降速度公式进行上述计算，直到计算出的 u_t 对应的 Re_t 值与所选用公式的 Re_t 值范围相符为止。

【例 3-1】 一直径为 1×10^{-5} m、密度为 2000kg/m^3 的固体颗粒在 20℃ 的空气中沉降，试求其沉降速度。已知 20℃ 空气的密度为 1.025kg/m^3，黏度为 $0.0181 \text{mPa} \cdot \text{s}$。

解 先假设颗粒沉降时处于层流区，则可采用斯托克斯区沉降速度公式(3-6)计算：

$$u_t = \frac{d^2(\rho_s - \rho)g}{18\mu} = \frac{(10^{-5})^2(2000 - 1.205) \times 9.81}{18 \times 0.0181 \times 10^{-3}} = 0.0060 \text{m/s}$$

校核流型：

$$Re_t = \frac{du_t\rho}{\mu} = \frac{10^{-5} \times 0.0060 \times 1.205}{0.0181 \times 10^{-3}} = 0.0040 < 1$$

与假设一致，所以假设成立，沉降速度即为 0.0060m/s。

当已知沉降速度，求能被分离开的颗粒的直径时，也需要用到上述试差法及相应的公式。

分析：关键是掌握各流型对应的沉降速度计算公式。

四、非球形颗粒的自由沉降速度

非球形颗粒的几何形状及投影面积 A 对沉降速度都有影响。颗粒向沉降方向的投影面积 A 越大，沉降阻力越大，沉降速度越慢。一般地，相同密度的颗粒，球形或近球形颗粒的沉降速度大于同体积非球形颗粒的沉降速度。

（一）球形度

非球形颗粒几何形状与球形的差异程度，用球形度 ϕ_s 来表示，即一个任意几何形体的球形度，等于体积与之相同的一个球形颗粒的表面积与这个任意形状颗粒的表面积之比。

$$\phi_s = \frac{S}{S_p} \tag{3-9}$$

式中 S——表示一个球形颗粒的表面积，m^2；
S_p——表示一个同体积非球形颗粒的表面积，m^2。

当体积相同时，球形颗粒的表面积最小，因此，球形度 ϕ_s 值越小，颗粒形状与球形的差异越大，当颗粒为球形时，球形度 ϕ_s 为 1。

（二）当量直径

非球形颗粒的大小用当量直径 d_e 表示，即与颗粒等体积球形颗粒的直径，称为体积当量直径。

$$d_e = \sqrt[3]{\frac{6}{\pi}V_p} \tag{3-10}$$

式中 V_p——非球形颗粒的体积，m^3。

非球形颗粒沉降速度也可按球形颗粒沉降速度公式来计算，但颗粒直径需采用当量直径 d_e 来代替。

五、影响沉降速度的因素

在实际沉降过程中，颗粒的沉降往往会受到干扰或影响，这将使沉降速度发生变化。

（一）颗粒形状

颗粒与流体相对运动时的阻力与颗粒形状有很大关系，如图 3-3 所示，当 Re_t 相同时，

球形度 ϕ_s 越小,阻力系数 ζ 越大。但 ϕ_s 值对 ζ 的影响在层流区内并不明显,随着 Re_t 的增大这种影响逐渐变大。

实际上颗粒的形状很复杂,目前还没有确切的方法来表示颗粒的形状,所以在沉降问题中一般不深究颗粒的形状。

(二) 颗粒的体积分数

当颗粒的体积分数小于 0.2% 时,前述各种沉降速度关系式的计算偏差在 1% 内。但当颗粒分数较大时,由于颗粒间分散较差,彼此之间相互作用明显,便发生干扰沉降。

(三) 壁面效应

容器的壁面和底面均增加颗粒沉降时的曳力,使颗粒的实际沉降速度较自由沉降速度低。

六、重力沉降设备

(一) 降尘室

降尘室是利用重力沉降从含尘气体中分离出粒径较大尘粒的设备,结构如图 3-4(a) 所示。含尘气体进入降尘室后,颗粒随气流有一水平速度 u,向前运动;在重力作用下,又以沉降速度 u_t 向下沉降。只要颗粒能够在气体通过降尘室的时间内降至室底,便可从气流中分离出来。

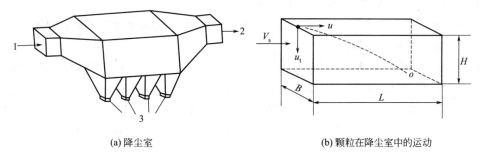

(a) 降尘室　　　　　　　(b) 颗粒在降尘室中的运动

图 3-4　降尘室示意图
1—气体入口；2—气体出口；3—集尘斗

颗粒在降尘室内的运动情况如图 3-4(b) 所示。设降尘室的长度为 L,单位为 m；宽度为 B,单位为 m；高度为 H,单位为 m；降尘室的生产能力（即含尘气通过降尘室的体积流量）为 V_s,单位为 m³/s；则位于降尘室最高点的颗粒沉降到室底所需的时间为：

$$\theta_t = \frac{H}{u_t}$$

气体通过降尘室的时间为：

$$\theta = \frac{L}{u}$$

若使颗粒能被分离出来,达到除尘要求,则需要气体在降尘室内的停留时间不小于颗粒的沉降时间,即：

$$\theta \geqslant \theta_t \text{ 或 } \frac{L}{u} \geqslant \frac{H}{u_t} \tag{3-11}$$

气体在降尘室内的水平通过速度为:

$$u = \frac{V_s}{HB}$$

将上式代入式(3-11),得:

$$V_s \leqslant BLu_t \tag{3-12}$$

由此可见,降尘室的生产能力只与降尘室的面积及沉降速度有关,而与降尘室的高度 H 无关。基于这一原理,工业上的降尘室往往设计成扁平状或在室内设置多层水平隔板,构成多层降尘室,结构如图3-5所示。隔板的间距应考虑出灰的方便,通常为 40~100mm。

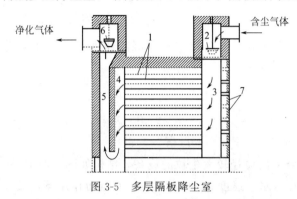

图 3-5 多层隔板降尘室

对设置了 n 层水平隔板的降尘室,其生产能力为:

$$V_s \leqslant (n+1)BLu_t \tag{3-12a}$$

通常,被处理的含尘气体中的颗粒大小不一,颗粒大者沉降速度快,颗粒小者沉降速度慢。由式(3-12)可知,正好能被完全分离下来的某一直径的尘粒对应的沉降速度为:

$$u_{tc} = \frac{V_s}{BL} \tag{3-13}$$

该尘粒即为能被完全分离除去的最小颗粒,其粒径称为**临界粒径**,以 d_c 表示,单位为 m。对应的 u_{tc} 称为临界粒径颗粒的沉降速度。

由此可知,只要粒径为 d_c 的颗粒能被沉降分离除去,那么大于该粒径的尘粒在离开降尘室之前都能被沉降分离除去。

能被完全分离除去的最小颗粒的尺寸,即临界粒径的大小,通常根据此时对应的沉降速度式(3-13)的值,代入式(3-6)~式(3-8)进行反求 d,即为临界粒径 d_c。

降尘室结构简单,流动阻力小,但体积庞大,分离效率低,通常只适用于分离较大粒度的颗粒,或者用于进行初期的预分离。多层隔板降尘室虽能分离较细的颗粒,但清灰比较麻烦。

【例3-2】 用降尘室除去气体中的固体杂质,降尘室长 5m,宽 5m,高 4m,固体杂质为球形颗粒,密度为 3000kg/m³。气体的处理量为(标准状态)3000m³/h。求理论上能完全除去的最小颗粒直径。已知操作温度是 20℃,操作条件下气体密度为 1.06kg/m³,黏度为 1.8×10^{-5} Pa·s。

解 在降尘室内能够完全沉降下来的最小颗粒的沉降速度由式(3-13)得:

$$u_{tc} = \frac{V_s}{BL} = \frac{3000 \times \frac{273+20}{273}}{3600 \times 5 \times 5} \text{m/s} = 0.0358 \text{m/s}$$

设沉降在斯托克斯区,则由式(3-6)得:

$$u_t = 0.0358 = \frac{d^2(\rho_s - \rho)g}{18\mu} = \frac{d^2(3000-1.06) \times 9.81}{18 \times 1.8 \times 10^{-5}}$$

解得 $d = 1.985 \times 10^{-5}$ m

核算流型

$$Re_t = \frac{du_t\rho}{\mu} = \frac{1.985\times10^{-5}\times0.0358\times1.06}{1.8\times10^{-5}} = 0.0418 < 1$$

所以假设成立，能完全除去的最小颗粒直径为 1.985×10^{-5} m。

分析：试差的假设很重要，选合适可以减少试差次数。

（二）沉降槽

沉降槽是用来分离不太细小的颗粒，提高悬浮液浓度并同时得到澄清液体的重力沉降设备，又称增浓器或澄清器。在操作过程中可连续进行，也可间歇进行。

工业上处理大量悬浮液时多采用连续式的沉降槽，结构如图3-6所示。底部是略呈锥状的大直径浅槽，原浆经中心处的进料口送到液面以下0.3~1.0m处，在尽可能减小扰动的情况下，分散到整个横截面上，液体向上流动，清液经由四周的溢流堰连续流出，称为溢流；固体颗粒下沉至底部，槽底有徐徐旋转的耙将沉渣缓慢地聚拢到底部中央的排渣口连续排出，排出的稠浆为底流。

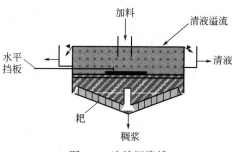

图3-6 连续沉降槽

连续沉降槽适用于处理流量大、浓度低的悬浮液，常见的污水处理就是一例。但处理后沉渣中还含有大约50%的液体，必要时再用过滤机等进行进一步处理。

第二节 离心沉降

对于两相密度差较小、颗粒较细的非均相物系，采用重力沉降速度小、需要沉降设备大，或者分离效率很低，甚至完全不能分离；而采用离心力分离，则可大大提高沉降速度，且设备的体积也可缩小，分离出的颗粒也比较细。

在离心力场中，依靠惯性离心力的作用而实现的沉降过程称为**离心沉降**。

一、离心分离因数与沉降速度

在离心力场中，当流体带着颗粒旋转时，由于颗粒的密度大于流体的密度，则惯性离心力将使颗粒在径向上与流体发生相对运动而飞离中心。如果颗粒的直径为 d，密度为 ρ_s，液体密度为 ρ，颗粒与中心轴的距离为 R，切向速度为 u_T。与颗粒在重力场中受到三个作用力相似，惯性离心力场中颗粒在径向上也受到三个力的作用，即惯性离心力、向心力和阻力。

离心力：$\frac{\pi}{6}d^3\rho_s \cdot \frac{u_T^2}{R}$（方向沿半径向外）

向心力：$\frac{\pi}{6}d^3\rho \cdot \frac{u_T^2}{R}$（与重力场中的浮力相当，其方向为沿半径指向旋转中心）

阻力：$\zeta \frac{\pi}{4} d^2 \cdot \frac{\rho u_r^2}{2}$（与颗粒径向运动方向相反，方向沿半径指向中心）

上式中的 u_r 代表颗粒与流体在径向上的相对速度，m/s。

当上述三个力达到平衡时，颗粒在径向上相对于流体的运动速度 u_r 便是它在此位置上的离心沉降速度。根据平衡时合力为零，即：

$$\frac{\pi}{6} d^3 \rho_s \cdot \frac{u_T^2}{R} - \frac{\pi}{6} d^3 \rho \cdot \frac{u_T^2}{R} - \zeta \frac{\pi}{4} d^2 \cdot \frac{\rho u_r^2}{2} = 0$$

得：

$$u_r = \sqrt{\frac{4d(\rho_s - \rho)}{3\rho \zeta} \times \frac{u_T^2}{R}} \tag{3-14}$$

离心沉降时，沉降速度中的阻力系数 ζ 同样也是根据流型的不同区域来确定的，所以离心沉降速度的计算与重力沉降速度相似。例如颗粒与流体的相对运动属于层流，则根据式(3-3)可得离心沉降速度为：

$$u_r = \frac{d^2(\rho_s - \rho)}{18\mu} \times \frac{u_T^2}{R} \tag{3-15}$$

比较式(3-15)与式(3-6)可以看出，离心沉降速度在层流区的形式与重力沉降时的也相似。同一颗粒在同种介质中的离心沉降速度与重力沉降速度相比，可得：

$$\frac{u_r}{u_T} = \frac{u_T^2}{gR} = K_c \tag{3-16}$$

比值 K_c 是颗粒所在位置上的惯性离心力场强度与重力场强度之比，称为**离心分离因数**。离心分离因数是离心分离设备的重要指标。某些高速离心机，离心分离因数 K_c 值可高达数万。

二、离心分离设备

（一）旋风分离器

1. 结构及分离原理

旋风分离器是利用离心沉降原理从气流中分离出固体尘粒的设备。图3-7所示是标准旋风分离器结构型式及原理示意。旋风分离器主体的上部为圆筒形，下部为圆锥形。各部位尺寸均与圆筒直径成比例，比例标注于图中。

含尘气体由圆筒上侧的进气管切向进入，受器壁的约束由上向下做螺旋运动。在惯性离心力作用下，颗粒被抛向器壁，再沿壁面落至锥底的排灰口而与气流分离。净化后的气体在中心轴由下而上做螺旋运动，最后由顶部排出。通常，把下行的螺旋形气流称为外旋流，上行的螺旋形气流称为内旋流。内、外旋流气体的旋转方向相同。外旋流的上部是主要除尘区。上行的内旋流形成低压气芯，其压力低于气体出口压力，要求出口或集尘室密封良好，以防气体漏入而降低除尘效果。

旋风分离器结构简单、造价低。没有活动部件，使用温度范围广，分离效率较高，所以应用较为广泛。旋风分离器一般用来除去气流中直径在 $5 \sim 200 \mu m$ 的尘粒。旋风分离器不适用于处理黏性粉尘、含湿量高的粉尘及腐蚀性粉尘。

2. 性能

评价旋风分离器性能的主要指标是从气流中分离颗粒的效果及气体经过旋风分离器的压力降。分离效果可用临界粒径和分离效率来表示。

(1) 临界粒径 对于气固混合物，固体颗粒的密度远大于气体的密度，假设颗粒与气体的相对运动为层流，根据式(3-15)，可得：

$$u_r = \frac{d^2(\rho_s - \rho)}{18\mu} \cdot \frac{u_T^2}{R} \approx \frac{d^2 \rho_s u_i^2}{18\mu R_m} \quad (3\text{-}17)$$

式中 R_m——气流旋转平均半径，m；
u_i——气体进口气速，与颗粒流速相同，m/s。

气体在旋风分离器内的停留时间为：

$$\theta = \frac{2\pi R_m N_e}{u_i}$$

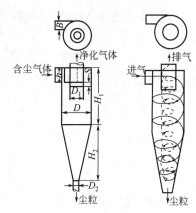

$h = D/2$；$B = D/4$；$D_1 = D/2$；
$H_1 = 2D$；$H_2 = 2D$；$S = D/8$；$D_2 = D/4$

图 3-7 旋风分离器结构及原理示意图

式中 N_e——气流在分离器内的有效旋转圈数，对于标准旋风分离器 $N_e = 5$。

而颗粒在旋风分离器中的沉降时间为：

$$\theta_t = \frac{B}{u_r}$$

将式(3-17)代入上式，得：

$$\theta_t = \frac{18\mu R_m B}{d^2 \rho_s u_i^2}$$

与重力沉降相似，在旋风分离器中当离心沉降时间与停留时间相等时，固体尘粒能被分离下来的最小颗粒的直径即为临界粒径，即：

$$\frac{2\pi R_m N_e}{u_i} = \frac{18\mu R_m B}{d^2 \rho_s u_i^2}$$

由此可得到临界粒径：

$$d_c = \sqrt{\frac{9\mu B}{\pi N_e u_i \rho_s}} \quad (3\text{-}18)$$

临界粒径是判断旋风分离器分离效率高低的重要依据。临界粒径越小，说明旋风分离器的分离性能越好。

(2) 压力降 气体经过旋风分离器时，由于进气管和排气管及主体器壁所引起的摩擦阻力、流动时的局部阻力以及气体旋转运动所产生的能量损失等，都将造成气体的压力降。旋风分离器的压力降大小是评价其性能好坏的重要指标。气体通过旋风分离器的压力降应尽可能小。通常压力降用入口气体动能的倍数来表示，即：

$$\Delta p = \zeta \frac{\rho u_i^2}{2} \quad (3\text{-}19)$$

式中 ζ——阻力系数，依据不同设备用实验测定，标准旋风分离器 $\zeta = 8.0$。

【例 3-3】 用标准旋风分离器净化含尘气体。已知固体密度为 1100kg/m³、颗粒直径为 4.813μm；气体密度为 1.2kg/m³，黏度为 1.8×10⁻⁵Pa·s，流量为 0.40m³/s；允许压力降为 2000Pa。试估算采用一台旋风分离器的尺寸。

解 标准型旋风分离器的阻力系数为 8.0,由式(3-19)可得:

$$u_i = \sqrt{\frac{2\Delta p}{\zeta \rho}} = \sqrt{\frac{2 \times 2000}{8.0 \times 1.2}} = 20.41 \text{m/s}$$

旋风分离器进口截面积为:

$$hB = \frac{D^2}{8}$$

同时:

$$hB = \frac{V_s}{u_i}$$

故旋风分离器的圆筒直径为:

$$D = \sqrt{\frac{8V_s}{u_i}} = \sqrt{\frac{8 \times 0.40}{20.41}} = 0.3960 \text{m}$$

分析:标准旋风分离器的计算相对简单,如果是非标准旋风分离器请查阅相关资料。

(二) 旋液分离器

旋液分离器又称水力旋流器,是利用离心沉降原理从悬浮液中分离出固体颗粒的设备,它的结构与操作原理和旋风分离器类似。设备主体也是由圆筒和圆锥两部分组成,如图 3-8

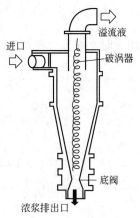

图 3-8 旋液分离器示意图

所示。悬浮液经入口管沿切向进入圆筒部分。向下做螺旋形运动,固体颗粒受惯性离心力作用被甩向器壁,并随下旋流降至锥底的出口,由底部排出的增浓液称为底流;清液或含有微细颗粒的液体则为上升的内旋流,从顶部的中心管排出,称为溢流。与旋风分离器相比,旋液分离器的结构特点是直径小而圆锥部分长。这是因为液固密度差比气固密度差小,在一定的切线进口速度下,较小的旋转半径可使颗粒受到较大的离心力而提高沉降速度;同时,锥形部分加长可增大液流的行程,从而延长悬浮液在器内的停留时间,有利于液固分离。

旋液分离器结构简单,设备费用低,占地面积小,处理能力大。不仅可用于悬浮液的增浓、分级,而且还可用于不互溶液体的分离、气液分离以及传热、传质和雾化等操作中,因而广泛应用于化工、石油、制药等多种工业领域中。

第三节 过滤

过滤属于流体通过颗粒床层的流动现象,过滤操作是分离固-液悬浮物系最普通、最有效的单元操作之一。通过过滤操作可获得清净的液体或固相产品。

一、过滤操作的基本概念

(一) 过滤

过滤是在外力作用下,使悬浮液中的液体通过多孔介质的孔道,而悬浮液中的固体颗粒被截留在介质上,从而实现固、液分离的操作,如图 3-9 所示。其中多孔介质称为过滤介质,所处理的悬浮液称为滤浆或料浆,滤浆中被过滤介质截留的固体颗粒称为滤渣或滤饼,滤浆中通过滤饼及过滤介质的液体称为滤液。

实现过滤操作的外力可以是重力、压力差或惯性离心力。重力较小,所以重力过滤用于过滤阻力较小的场合;而压力差可调节大小,所以常用压力差作推动力进行过滤。本节只讨论以压力差为推动力的不可压缩滤饼的过滤过程。

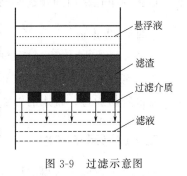

图 3-9 过滤示意图

(二) 过滤介质

过滤介质起着支撑滤饼的作用,并能让滤液通过,对其基本要求是具有足够的机械强度和尽可能小的流动阻力,同时,还应具有相应的耐腐蚀性和耐热性。工业上常见的过滤介质有以下几种。

1. 织物介质

又称滤布。是指用棉、毛、丝、麻等天然纤维及合成纤维织成的织物,以及由玻璃丝或金属丝织成的网。这类介质在工业上的应用最为广泛。

2. 堆积介质

由各种固体颗粒(砂、木炭、硅藻土)或非纺织纤维等堆积而成,多用于深床过滤。

3. 多孔固体介质

具有很多微细孔道的固体材料,如多孔陶瓷、多孔塑料、多孔金属制成的管或板,能拦截 $1\sim 3\mu m$ 的微细颗粒。

4. 多孔膜

用于膜过滤的各种有机高分子膜和无机材料膜。可用于截留 $1\mu m$ 以下的微小颗粒。

(三) 过滤方式

1. 滤饼过滤

悬浮液中颗粒的尺寸大多都比介质的孔道大。过滤时悬浮液置于过滤介质的一侧,在过滤操作的开始阶段,会有部分小颗粒进入介质孔道内,并可能穿过孔道而不被截留,使滤液仍然是浑浊的。但是随着过程的进行,颗粒会在孔道中发生"架桥"现象,如图 3-10 所示,使小于孔道尺寸的细小颗粒也能被截形成了一个颗粒层,称为滤饼。在滤饼形成之后,它便成为对其后的颗粒起主要截留作用的介质。因此,不断增厚的滤饼才是真正有效的过滤介质,穿过滤饼的液体则变为澄清的液体。

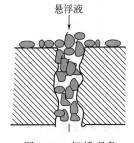

图 3-10 架桥现象

2. 深层过滤

深层过滤时，颗粒的尺寸比介质的孔道小得多，不能形成滤饼，固体颗粒由于表面力和静电力的作用，而紧附在孔道的壁面上。所以，深层过滤时不在介质上形成滤饼，固体颗粒沉积于过滤介质的内部。这种过滤适合于固体颗粒含量极少、颗粒很小的悬浮液。譬如自来水厂饮水的净化采用的就是深层过滤的方法。

（四）助滤剂

当悬浮液中颗粒较细时，过滤容易堵死过滤介质的空隙，使过滤困难。为了防止这种现象发生，可以在悬浮液中加入助滤剂，一起过滤，这样得到的滤饼较为疏松，可压缩性减小，滤液容易通过。常用的助滤剂有硅藻土、珍珠岩、石棉、炭粉、纸浆粉等。

二、过滤基本方程

通常将单位时间获得的滤液体积称为过滤速率，单位为 m³/s。过滤速度是单位过滤面积上的过滤速率，即：

$$u = \frac{dV}{A\,d\theta} \tag{3-20}$$

式中　u——瞬时过滤速度，m/s；
　　　V——滤液体积，m³；
　　　A——过滤面积，m²；
　　　θ——过滤时间，s。

若过滤过程中其他因素维持不变，则随过滤过程的进行，滤饼厚度不断增加，过滤阻力就逐渐增大，如果过滤的压力不变，即恒压过滤，那么过滤的速度将逐渐减小。相反，如果要维持过滤速度不变，即维持恒速过滤，那么必须逐渐增加过滤压力或压差，来克服逐渐增大的过滤阻力。所以，过滤是一个不稳定的过程。过滤速度可以写成：

$$过滤速度 = \frac{过滤推动力}{过滤阻力} \tag{3-21}$$

其中过滤推动力即为压力差：

$$\Delta p = \Delta p_c + \Delta p_m \tag{3-22}$$

式中　Δp——过滤总推动力（压力差），Pa；
　　　Δp_c——滤液通过滤饼层的压力降，Pa；
　　　Δp_m——过滤介质两侧的压力差，Pa。

过滤阻力为滤饼阻力和过滤介质阻力之和，即

$$R = R_c + R_m \tag{3-23}$$

式中　R——过滤总阻力，1/m；
　　　R_c——滤饼阻力，1/m；
　　　R_m——过滤介质阻力，1/m。

（一）滤液通过饼层的过滤速度

由于过滤操作中，滤液流过滤饼层细微孔道时流速很小，多属于层流流动范围，因此，可采用第一章范宁公式速度与压力的关系来描述滤液通过滤饼的流动，即：

$$u' = \frac{d^2 \Delta p_c}{32\mu l} = \frac{\Delta p_c}{\frac{32\mu L}{d^2}} \quad (3\text{-}24)$$

式中　u'——滤液在滤饼层细微孔道中的流速，m/s；

　　　μ——滤液黏度，Pa·s；

　　　L——滤饼层中毛细孔道的平均长度，m；

　　　d——滤饼层中毛细孔道的平均直径，m。

由于过滤通道曲折多变，可将滤液通过饼层的流动看作液体以速度 u' 通过许多平均直径为 d、平均长度为饼层厚度 L 的小管内的流动。那么液体通过滤饼层的平均速度为：

$$u' = \frac{1}{A_0} \times \frac{\mathrm{d}V}{\mathrm{d}\theta} \quad (3\text{-}25)$$

其中

$$A_0 = \varepsilon A \quad (3\text{-}26)$$

式中　A_0——饼层空隙的平均截面积，m^2；

　　　ε——饼层空隙率，对不可压缩滤饼为定值，无量纲。

将式(3-25)、式(3-26)代入式(3-24)得：

$$\frac{\mathrm{d}V}{A\mathrm{d}\theta} = \frac{\varepsilon \Delta p_c}{\frac{32\mu L}{d^2}}$$

令 $r = \dfrac{32}{\varepsilon d^2}$，则：

$$\frac{\mathrm{d}V}{A\mathrm{d}\theta} = \frac{\Delta p_c}{r\mu L} \quad (3\text{-}27)$$

式中　r——滤饼比阻，反映滤饼结构特征的参数，对于不可压缩滤饼，为常数，$1/m^2$。

将滤饼体积 $V_c = AL$ 与滤液体积 V 的比值用 ν 表示，为单位体积滤液所对应的滤饼体积，则式(3-27)可变为：

$$\frac{\mathrm{d}V}{A\mathrm{d}\theta} = \frac{\Delta p_c}{\dfrac{r\mu\nu V}{A}} \quad (3\text{-}28)$$

令 $R_c = \dfrac{r\mu\nu V}{A}$，则式(3-28)即为：

$$\frac{\mathrm{d}V}{A\mathrm{d}\theta} = \frac{\Delta p_c}{R_c} \quad (3\text{-}29)$$

式中　R_c——滤饼阻力，获得滤液量 V 时所形成滤饼的阻力，$1/m$。

式(3-29)是通过滤饼层时过滤速度的表达式。表明任一瞬间过滤速度与滤饼层两侧的压力差成正比，与饼层阻力成反比。

（二）滤液通过过滤介质的过滤速度

由前面分析可知，滤液推动力为通过滤饼层及过滤介质的总压力降，而阻力为滤饼阻力和过滤介质阻力之和，所以除了上述讨论的滤饼层之外，还需要考虑过滤介质。对于过滤介质，可以把对应的阻力 R_m 看作是获得当量滤液量为 V_e 时所形成的滤饼的阻力，即：

$$R_m = \frac{r\mu\nu V_e}{A} \tag{3-30}$$

其中
$$V_e = AL_e \tag{3-31}$$

式中 V_e ——过滤介质的当量滤液体积，虚拟的滤液体积，m³；

L_e ——过滤介质的当量滤饼厚度，虚拟的滤饼厚度，m。

那么与滤液通过滤饼层一样，仿照式(3-29)同样可得滤液通过过滤介质时的速度表达式：

$$\frac{dV}{Ad\theta} = \frac{\Delta p_m}{R_m} \tag{3-32}$$

（三）过滤速度

由于过滤介质的阻力与滤饼层的阻力往往是无法分开的，分界面处的压力也很难测定，所以过滤计算中总是把过滤介质与滤饼层联合起来考虑。

由式(3-29)及式(3-32)可得过滤速度方程式为：

$$\frac{dV}{Ad\theta} = \frac{\Delta p_c + \Delta p_m}{R_c + R_m} = \frac{\Delta p}{R} \tag{3-33}$$

（四）过滤基本方程式

将式(3-33)中 R_c 及 R_m 代入，并变形得：

$$\frac{dV}{d\theta} = \frac{A^2 \Delta p}{r\mu\nu(V + V_e)} \tag{3-34}$$

式(3-34)称为过滤基本方程式，表示过滤过程中任一瞬间过滤速率与各影响因素间的关系，是过滤计算及强化过滤操作的基本依据。该式适用于不可压缩滤饼。对于可压缩滤饼有：

$$r = r'p'$$

式中 r' ——单位压强差下的滤饼比阻，1/m²；

p' ——压力差，$p' = (\Delta p)^s$，Pa（s 为滤饼的压缩性指数，不可压缩滤饼，$s=0$，无量纲）。

式(3-34)是过滤基本方程式的微分形式，应用时需针对具体的操作情况进行积分，得到过滤时间与所得滤液体积之间的关系。

前已述及，过滤操作主要有两种方式，即恒压过滤和恒速过滤。有时为了避免恒压过滤下过滤初期压强差过高而使细小颗粒通过介质引起滤液浑浊，以及恒速过滤下后期因压力高而引起过滤设备泄漏，可采用先恒速后恒压的操作方式。由于工业中大多数过滤属于恒压过滤，因此，下面讨论恒压过滤的基本计算。

三、恒压过滤

在恒定压力差下进行的过滤称为恒压过滤。恒压过滤时，随过滤的进行，滤饼层的厚度不断增大，但推动力不变，因而过滤速率逐渐减小。

恒压过滤时 Δp 不变，对于一定的悬浮液和过滤介质，r、ν、μ、V_e 可视为定值，故对式(3-34)进行积分：

$$\int_0^V (V+V_e)\mathrm{d}V = \frac{\Delta p A^2}{\mu r \nu}\int_0^\theta \mathrm{d}\theta$$

得

$$V^2 + 2VV_e = KA^2\theta \tag{3-35}$$

式中 K——过滤常数，$K = \dfrac{2\Delta p}{\mu r \nu}$，$\mathrm{m^2/s}$。

若令 $q = \dfrac{V}{A}$，$q_e = \dfrac{V_e}{A}$，则式(3-35)可改写为：

$$q^2 + 2qq_e = K\theta \tag{3-36}$$

式中 q——单位过滤面积获得滤液的体积，$\mathrm{m^3/m^2}$；

q_e——过滤常数，为单位过滤面积获得虚拟滤液的体积（与过滤介质阻力对应），$\mathrm{m^3/m^2}$。

式(3-35)、式(3-36)均为恒压过滤方程式，表明恒压过滤时过滤时间与滤液体积或单位过滤面积上获得的滤液体积的关系。

当过滤介质阻力可以忽略时，$V_e = 0$，$q_e = 0$，式(3-35)、式(3-36)可简化为：

$$V^2 = KA^2\theta,\quad q^2 = K\theta$$

式中，V_e、q_e 是反映过滤介质阻力大小的常数，称为介质常数。K 及 V_e、q_e 总称为一定条件下的过滤常数，可由实验测定。

对式(3-36)变形，可改写为：

$$\frac{\theta}{q} = \frac{1}{K}q + \frac{2q_e}{K} \tag{3-37}$$

式(3-37)表明，恒压过滤时，θ/q 与 q 之间呈直线关系，直线的斜率为 $1/K$，截距为 $2q_e/K$。

实验时，在一定压力差下，对一定悬浮液进行恒压过滤，测出连续时间 θ 及以单位面积计的滤液累积量 q，以 θ/q 为纵坐标，以 q 为横坐标，标绘于直角坐标系中，可得一条直线。由该直线的斜率为 $1/K$ 可求得过滤常数 K，由该直线的截距为 $2q_e/K$，进而求得过滤常数 q_e。再根据 q_e 及过滤面积 A 可求出过滤常数 V_e。

【例3-4】 在实验室用过滤面积为 $0.1\mathrm{m^2}$ 的滤叶对某悬浮液进行恒压过滤，操作压力差为 30kPa，测得过滤 5min 后得滤液 1L，再过滤 5min 后，又得滤液 0.5L。求：(1) 恒压过滤常数 K，q_e；(2) 恒压过滤方程式；(3) 再过滤 5min，又得滤液多少？

解 由式(3-36)知恒压过滤方程式为

$$q^2 + 2qq_e = K\theta$$

其中已知：$\theta_1 = 5\mathrm{min}$ 时 $q_1 = \dfrac{0.001}{0.1} = 0.01\mathrm{m^3/m^2}$；$\theta_2 = 10\mathrm{min}$ 时 $q_2 = \dfrac{0.0015}{0.1} = 0.015\mathrm{m^3/m^2}$

(1) 过滤常数

将已知两组数据代入式(3-36)恒压过滤方程，即

$$0.01^2 + 2\times 0.01 q_e = 5K \quad (\mathrm{m^3/m^2, min})$$

$$0.015^2 + 2\times 0.015 q_e = 10K \quad (\mathrm{m^3/m^2, min})$$

解得　　$q_e = 0.0025\,\mathrm{m^3/m^2}$；$K = 3 \times 10^{-5}\,\mathrm{m^2/min} = 5 \times 10^{-7}\,\mathrm{m^2/s}$

（2）恒压过滤方程式

将过滤常数代入式(3-36)

$$q^2 + 2 \times 0.0025 q = 5 \times 10^{-7} \theta$$

即得恒压过滤方程为　　$q^2 + 5 \times 10^{-3} q = 5 \times 10^{-7} \theta$　（$\mathrm{m^3/m^2}$, s）　　　　　　(a)

或　　　　　　　　　　$q^2 + 5 \times 10^{-3} q = 3 \times 10^{-5} \theta$　（$\mathrm{m^3/m^2}$, min）

（3）再过滤5min，又得滤液的量

再过滤5min，即 $\theta_3 = 15\,\mathrm{min} = 900\,\mathrm{s}$，代入(a)式

$$q^2 + 5 \times 10^{-3} q = 5 \times 10^{-7} \times 900$$

解得　　　　　　　　　$q_3 = 1.886 \times 10^{-2}\,\mathrm{m^3/m^2}$

所以15min时得滤液体积 $V = 1.886 \times 10^{-2} \times 0.1\,\mathrm{m^3} = 1.886 \times 10^{-3}\,\mathrm{m^3}$

故题中第三次再过滤5min，又得滤液的量

$$\Delta V = (1.886 \times 10^{-3} - 0.0015)\,\mathrm{m^3} = 0.386 \times 10^{-3}\,\mathrm{m^3} = 0.386\,\mathrm{L}$$

分析：恒压过滤方程通常会与恒压过滤常数联系在一起进行求解，所以一定要熟练掌握相应公式。

四、过滤设备

工业上应用的过滤设备称为过滤机。过滤设备按照操作方式可分为间歇过滤机与连续过滤机；按照采用的压强差可分为压滤过滤机、吸滤过滤机和离心过滤机。下面简单介绍典型的板框压滤机、转筒真空过滤机和过滤式离心机。

（一）板框压滤机

板框压滤机在工业生产中应用最早，至今仍应用广泛。它是由多块带凹凸纹路的滤板和滤框交替排列组装于机架而构成，如图3-11所示。

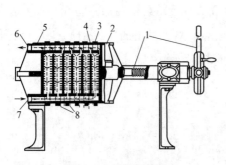

图3-11　板框压滤机

1—压紧装置；2—可动头；3—滤框；4—滤板；
5—固定头；6—滤液出口；7—滤浆进口；8—滤布

图3-12　滤板和滤框

板和框一般制成方形，其角端均开有圆孔，如图3-12所示。板和框交替排列，装合、压紧之后开设的圆孔即构成了供滤浆、滤液或洗涤液流动的通道。框的两侧覆以滤布，空框

与滤布围成了容纳滤浆和滤饼的空间。板分为洗涤板与过滤板两种。压紧装置的驱动可用手动、电动或液压传动等方式。

过滤时，悬浮液经滤浆通道由滤框角端的暗孔进入框内，滤液分别穿过两侧滤布，再经邻板板面流到滤液出口排走，固体则被截留于框内，待滤饼充满滤框后，即停止过滤。滤液的排出方式有明流与暗流之分。若滤液经由每块滤板底部侧管直接排出，如图 3-13(a) 所示，则称为明流。若滤液不宜暴露于空气中，则需将各板流出的滤液汇集于总管后送走，如图 3-13(b) 所示，称为暗流。

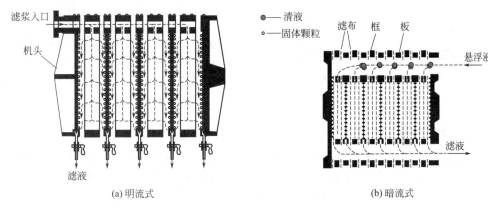

图 3-13　过滤阶段

滤饼需要洗涤，可将洗水压入洗水通道，经洗涤板角端的暗孔进入板面与滤布之间。此时，应关闭洗涤板下部的滤液出口，洗水便在压力差推动下穿过一层滤布及整个厚度的滤饼，然后再横穿另一层滤布，最后由过滤板下部的滤液出口排出，如图 3-14 所示。这种操作方式称为横穿洗涤法，其作用在于提高洗涤效果。

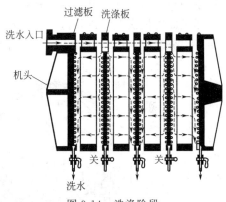

图 3-14　洗涤阶段

洗涤结束后，旋开压紧装置并将板框拉开，卸出滤饼，清洗滤布，重新组合，进入下一个操作循环。如果将非洗涤板编号为 1、框为 2、洗涤板为 3，则板框的组合方式服从 1-2-3-2-1-2-3 的规律。

板框压滤机构造简单，过滤面积大而占地省，过滤压力高，便于用耐腐蚀材料制造，操作灵活，过滤面积可根据产生任务调节。但由于间歇操作，劳动强度大，效率低，所以只适用于小规模生产。

【例 3-5】 某板框过滤机有 5 个滤框，框的尺寸为 635mm×635mm×25mm。过滤操作在 20℃、恒定压差下进行，过滤常数 $K=4.24\times10^{-5}\,\mathrm{m^2/s}$，$q_e=0.0201\,\mathrm{m^3/m^2}$，滤饼体积与滤液体积之比 $\nu=0.08\,\mathrm{m^3/m^3}$。试求框全充满滤饼所需时间及所得滤液的体积。

解　恒压过滤方程由式(3-36) 知：
$$q^2+2qq_e=K\theta$$
将过滤常数 $K=4.24\times10^{-5}\,\mathrm{m^2/s}$，$q_e=0.0201\,\mathrm{m^3/m^2}$ 代入上式，得
$$q^2+2\times0.0201q=4.24\times10^{-5}\theta \tag{a}$$

5个滤框过滤面积　　$A=5\times 2A_{侧}=5\times 2\times 0.635\times 0.635=4.0323\text{m}^2$

框全充满滤饼的体积　　$V_c=5\times 0.635\times 0.635\times 0.025=0.0505\text{m}^3$

所以滤液体积
$$V=\frac{V_c}{v}=\frac{0.0505}{0.08}\text{m}^3=0.6313\text{m}^3$$

$$q=\frac{V}{A}=\frac{0.6313}{4.0323}\text{m}^3/\text{m}^2=0.1565\text{m}^3/\text{m}^2$$

代入式（a），即
$$0.1565^2+2\times 0.0201\times 0.1565=4.24\times 10^{-5}\theta$$

解得
$$\theta=721.9\text{s}$$

所以框全部充满滤饼得到滤液的体积为 0.6313m^3；所用过滤时间为 721.9s。

分析：应注意每个框的两侧都有滤布，故计算面积时要在 n 个框面积的基础上再乘以 2。

（二）转筒真空过滤机

转筒真空过滤机是一种连续操作的过滤机械，依靠真空系统造成的转筒内外压差进行过滤，如图 3-15 所示。设备的主体是一个能转动的水平圆筒，其表面有一层金属网，网上覆盖滤布，筒的下部浸入滤浆中。圆筒沿径向被分割成若干扇形格，每格都有管与位于筒中心的分配头相连。凭借分配头的作用，这些孔道依次分别与真空管和压缩空气管相连通，从而使相应的转筒表面部位分别处于被抽吸或吹送的状态。这样，在圆筒旋转一周的过程中，每个扇形表面可依次顺序进行过滤、洗涤、吸干、吹松、卸渣等操作。因此，每旋转一周，对任何一部分表面来说，都经历了一个操作循环。

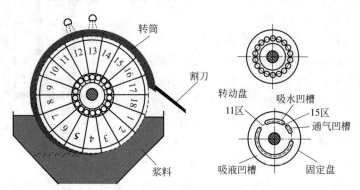

图 3-15　转筒及操作示意图

转筒真空过滤机操作自动，节省人力，生产能力大，对处理量大而容易过滤的料浆特别适宜，对难以过滤的胶体物系或细微颗粒的悬浮液，若采用预涂助滤剂措施也比较方便。但转筒真空过滤机体积庞大而过滤面积相形之下嫌小；用真空吸液，过滤推动力不大；悬浮液的温度不能过高，否则真空会失去效应。

（三）过滤式离心机

用离心过滤方法分离悬浮液中组分的离心分离机称为过滤式离心机。在过滤式离心机转鼓壁上有许多孔，转鼓内表面覆盖过滤介质。加入转鼓的悬浮液随转鼓一同旋转产生巨大的离心压力，在压力作用下悬浮液中的液体流经过滤介质和转鼓壁上的孔甩出，固体被截留在过滤介质表面,从而实现固体与液体的分离。

过滤式离心机有多种类型,常用的有三足式离心机、卧式刮刀卸料离心机、活塞推料离心机等。

过滤式离心机过滤时,悬浮液在转鼓中产生的离心力为重力的千百倍,使过滤过程得以强化,过滤速度加快,获得含湿量较低的滤渣。固体颗粒大于 0.01mm 的悬浮液一般可用过滤式离心机过滤。

小 结

本章以颗粒与流体之间的流动规律为主线,把重力沉降、离心沉降和过滤等重要内容有机地联系起来。

(1) 沉降:包括重力沉降和离心沉降

① 重力沉降

a. 重力沉降速度:一般表达式 $u_t = \sqrt{\dfrac{4d(\rho_s - \rho)g}{3\rho\zeta}}$,主要是确定阻力系数 ζ。

根据沉降雷诺数 Re_t 值,判断重力沉降属于哪区流型,选取对应公式进行计算:

$10^{-4} < Re_t < 1$ 层流区 $\quad u_t = \dfrac{d^2(\rho_s - \rho)g}{18\mu}$

$1 < Re_t < 10^3$ 过渡区 $\quad u_t = 0.27\sqrt{\dfrac{d(\rho_s - \rho)g}{\rho}} Re_t^{0.6}$

$10^3 < Re_t < 2 \times 10^5$ 湍流区 $\quad u_t = 1.74\sqrt{\dfrac{d(\rho_s - \rho)g}{\rho}}$

b. 重力沉降设备:重点是降尘室结构、原理、颗粒能被分离的条件、生产能力等相关内容。

② 离心沉降

a. 离心沉降速度:一般表达式 $u_r = \sqrt{\dfrac{4d(\rho_s - \rho)}{3\rho\zeta} \times \dfrac{u_T^2}{R}}$,关键仍是阻力系数 ζ 的确定。

需注意与重力沉降的区别和联系。

离心分离因数。

b. 离心沉降设备

(2) 过滤

a. 原理及基本概念

b. 过滤基本方程及推导:$\dfrac{dV}{d\theta} = \dfrac{A^2 \Delta p}{r\mu\nu(V + V_e)}$

c. 恒压过滤:$V^2 + 2VV_e = KA^2\theta$,$q^2 + 2qq_e = K\theta$

d. 恒压过滤常数的测定:$\dfrac{\theta}{q} = \dfrac{1}{K}q + \dfrac{2q_e}{K}$

表明恒压过滤时,θ/q 与 q 之间呈直线关系,直线的斜率为 $1/K$,截距为 $2q_e/K$。根据斜率和截距可分别求过滤常数 K 和 q_e。再根据 q_e 求过滤常数 V_e。

e. 过滤设备

 **工程应用**

某沉降槽筒仓渗裂事故分析与加固技术

某工厂建设的新增磷酸沉降槽工段,为 6 个一组的单列钢筋混凝土筒仓形式的特种结构,用于贮藏液体磷酸原料。单个筒仓形状上部为方筒形,下部为四角锥形,如图 3-16 所示。该沉降槽竣工后,初次贮液即发现锥形仓底板的外壁面、内壁转角处出现不同程度的裂缝,液体渗漏严重,被迫停止使用。

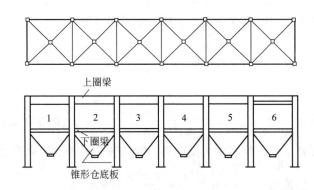

图 3-16 单列筒仓结构形式

一、事故原因分析

1. 设计荷载可能有误。载荷应根据专门的设计规范计算。

2. 结构选型不尽合理。该沉降槽结构为矩形筒仓,锥形仓底板部分平面也为矩形。锥形仓底板在张力效应影响下,处于拉弯复合受力状态,应力状态非常容易导致引起开裂。因此,贮液筒仓结构选型宜选用圆形筒仓,则具有结构受力明确、计算与构造简单、抗裂性能强等显著优点。

3. 结构构造措施缺失。①筒仓设计规范规定,角锥形漏斗应有吊挂骨架钢筋,直径不应小于 16mm,该结构没有相应的钢筋配置。②原设计在沉降槽内壁设置钢筋混凝土肋,现场检测未发现。由于没有加肋,并且在配筋上也没有得到合理加强,造成角部强度偏小。直接后果是内角处开裂,并对中部也有一定影响。

4. 温度荷载可能原因。磷酸进入沉降槽后温度达到 80℃,内外温差可能造成外壁出现拉应力,考虑到筒仓内壁有隔离层,温度荷载应该不是主要原因。

二、加固处理技术

由于该结构配筋与实际需要的差额较大,抗裂性能也要求较高,经综合考虑决定采用以体外预应力方法为主的综合加固方案。在原结构的锥形仓底部分外套混凝土框架,仓底漏斗板壁中加竖向梁,作为水平向预应力筋的转向支点。在后加外套框架中穿束布置预应力筋。

三、加固技术效果

经过加固处理,该筒仓结构恢复使用功能,状态良好,并未再出现裂缝,说明加固技术处理是合理、可靠、高效的。加固效果如图 3-17、图 3-18 所示。

该技术对渗裂事故的处理节约了上百万元的拆除重建费用,为业主迅速恢复生产赢得了时间,也避免了更大的间接损失。

图 3-17　加固筒仓结构

图 3-18　加固筒仓锥形仓底

习题

一、填空题

1. 由地球引力作用而发生的颗粒沉降的过程，称为_____。
2. 恒压过滤时，滤饼不断变厚，过滤速率_____。
3. 含尘气体以流速 u 通过长为 L，宽为 B，高度为 H 的降尘室，已知尘粒的沉降速度为 u_t，则颗粒能沉降而被分离出来的条件是_____。
4. 离心分离因数的表达式为_____。
5. 恒压过滤，若介质阻力可以忽略，滤饼为不可压缩滤饼。请回答以下问题。
（1）如果过滤量增大一倍，则过滤速率为原来的_____。
（2）当操作压力差增加一倍，过滤速率为原来的_____倍，在同样时间内所得到的滤液量将增大到原来的_____倍。
（3）过滤面积恒定，则所得的滤液量与过滤时间的_____次方成正比；而对一定的滤液量，则需要的过滤时间与过滤面积的_____次方成_____比。

二、选择题

1. 含尘气体通过长 5m、宽 6m、高 4m 的降尘室，颗粒的沉降速度为 0.03m/s，则降尘室的最大生产能力为（　　）m^3/s。
   A. 0.6　　　　　B. 0.9　　　　　C. 0.72　　　　　D. 3.6
2. 颗粒沉降速度公式 $u_t = \dfrac{g(\rho_s - \rho)d^2}{18\mu}$ 所适用的雷诺数范围是（　　）。
   A. $10^3 \sim 2 \times 10^5$　　B. $1 \sim 10^3$　　C. $10^{-4} \sim 1$　　D. <2000
3. 恒速过滤时，滤饼不断变厚，为了保持过滤速率恒定，常采用（　　）。
   A. 减小滤饼厚度　　　　　　　B. 减小压差
   C. 增大压差　　　　　　　　　D. 先增大压差后保持
4. 在降尘室中，尘粒的沉降速度与下列（　　）无关。
   A. 颗粒的几何尺寸　　　　　　B. 颗粒与流体的密度
   C. 颗粒的形状　　　　　　　　D. 流体的水平流速
5. 评价旋风分离器性能的主要指标是（　　）。
   A. 分离效果和压力降　　　　　B. 颗粒的临界粒径和分离时间
   C. 分离时间和沉降速度　　　　D. 沉降速度和压力降

三、计算题

沉降

3-1 直径为 90mm，密度为 $3000kg/m^3$ 的固体颗粒分别在 25℃的水中自由沉降，试计算其沉降速度。已知：25℃水的密度为 $996.9kg/m^3$，黏度为 $0.8973\times10^{-3}Pa\cdot s$。

[答案：$u_t = 9.855\times10^{-3}m/s$]

3-2 在底面积为 $40m^2$ 的除尘室内回收气体中的球形固体颗粒。气体的处理量为 $3600m^3/h$，固体的密度 $\rho_s=3000kg/m^3$，操作条件下气体的密度 $\rho=1.06kg/m^3$，黏度为 $2\times10^{-5}Pa\cdot s$。试求理论上能完全除去的最小颗粒直径。

[答案：$d=17.5\mu m$]

3-3 已知含尘气体中尘粒的密度为 $2300kg/m^3$，气体流量为 $1000m^3/h$，黏度为 $3.6\times10^{-5}Pa\cdot s$，密度为 $0.674kg/m^3$，采用标准型旋风分离器进行除尘。若分离器圆筒直径为 0.4m，试估算其临界粒径及压力降。

[答案：$d_c=8.04\mu m$，$\Delta p=520Pa$]

3-4 一降尘器高 5m，底面积 $40m^2$，用来除去炉气中的灰尘，已知炉气密度为 $0.6kg/m^3$，黏度为 $0.04mPa\cdot s$，尘粒密度为 $2800kg/m^3$。按环保要求应完全除去大于 $8\mu m$ 的尘粒，问每小时可处理多少炉气？

[答案：$V=351.36m^3/h$]

过滤

3-5 某板框过滤机有 10 个滤框，框的尺寸为 830mm×830mm×20mm，在恒定压差下过滤某悬浮液。已知操作条件下过滤常数 $K=2\times10^{-5}m^2/s$，$q_e=0.01m^3/m^2$，滤饼体积与滤液体积之比 $\nu=0.06m^3/m^3$。试求框全充满所需时间。

[答案：$\theta=1556s=25.94min$]

3-6 在 202.7kPa 操作压力下用板框过滤机处理某物料，操作周期为 3h，其中过滤 1.5h，滤饼不需洗涤。已知每获 $1m^3$ 滤液得滤饼 $0.05m^3$，操作条件下过滤常数 $K=3.3\times10^{-5}m^2/s$，介质阻力可忽略，滤饼不可压缩。试计算：(1) 若要求每周期获 $0.6m^3$ 的滤饼，需多大过滤面积？(2) 若选用板框长×宽的规格为 1m×1m，则框数及框厚分别为多少？

[答案：(1) $A=28.43m^2$；(2) 框数 $n=15$，框厚 0.04m]

3-7 在一板框过滤机上过滤某种悬浮液，在 1atm 表压下 20min 在每 $1m^2$ 过滤面积上得到 $0.197m^3$ 的滤液，再过滤 20min 又得滤液 $0.09m^3$。试求共过滤 1h 得总滤液量为若干立方米。

[答案：$V=0.356m^3$]

3-8 用 10 个框的板框压滤机恒压过滤某悬浮液，滤框尺寸为 635mm×635mm×25mm。已知操作条件下过滤常数 $K=2\times10^{-5}m^2/s$，$q_e=0.01m^3/m^2$，滤饼体积与滤液体积之比 $\nu=0.06m^3/m^3$。试求框全充满滤饼所需时间及所得滤液体积。

[答案：$\theta=2317.2s=39.52min$；$V=1.680m^3$]

四、思考题

1. 球形颗粒在流体中静止沉降过程经历哪几个阶段？
2. 重力沉降速度与离心沉降速度的区别与联系？
3. 恒压过滤基本方程式如何推导？
4. 降尘室的生产能力与哪些因素有关？
5. 什么是离心分离因数？

本章符号说明

符号	意义	计量单位
A	面积	m^2

符号	含义	单位
u	速度	m/s
u_t	重力沉降速度	m/s
d_e	当量直径	m
S	球形颗粒表面积	m²
S_p	非球形颗粒的表面积	m²
V_p	非球形颗粒的体积	m³
V_s	生产能力	m³/s
u_T	切向速度	m/s
K_c	离心分离因数	无量纲
R_m	平均半径	m
u_i	气体进口气速	m/s
N_e	旋转圈数	无量纲
d_c	临界粒径	m
C	质量浓度	g/m³
x_i	质量分数	无量纲
V	滤液体积	m³
Δp	压力降	Pa
Δp_c	滤液通过滤饼层的压力降	Pa
Δp_m	过滤介质两侧的压力差	Pa
R	过滤总阻力	1/m
R_c	滤饼阻力	1/m
R_m	过滤介质阻力	1/m
u'	滤液在滤饼层细微孔道中的流速	m/s
A_0	饼层空隙的平均截面积	m²
E	空隙率	无量纲
r	滤饼比阻	1/m²
V_e	过滤介质的当量滤液体积	m³
L_e	过滤介质的当量滤饼厚度	m
r'	单位压强差下的滤饼比阻	1/m²
s	压缩性指数	无量纲
K	过滤常数	m²/s
q	单位过滤面积获得滤液的体积	m³/m²
q_e	过滤常数	m³/m²

希文

符号	含义	单位
ζ	阻力系数（或曳力系数）	无量纲
ρ_s	颗粒的密度	kg/m³
ρ	流体的密度	kg/m³
θ	时间	s
η_0	分离效率	无量纲
η_p	粒级效率	无量纲
ϕ_s	球形度	无量纲
μ	黏度	Pa·s

第四章

传 热

学习指导

学习目的

掌握热传导、热对流基本原理和规律,运用原理和规律分析和计算间壁式换热器传热过程中的相关问题。

学习要点

1. 重点掌握的内容
(1) 传热推动力与热阻。
(2) 热传导、热对流的基本规律及传热过程的计算。
(3) 影响传热速率的主要因素。
2. 学习时应注意的问题

本章以 $Q=KA\Delta t_m$ 方程为核心,需掌握其中每一个物理量的计算公式。

化学反应过程往往需要在一定的温度下进行,因此原料在进入反应器前,常常需要加热到一定的温度,这个过程称为预热。另外,在反应的过程中会伴随产生化学反应热或吸收热量,使体系的温度升高或是降低,因此需要对物料进行冷却或加热。在反应结束后,反应釜中的产品需要进行提纯,例如蒸馏、蒸发、干燥等过程,也需要对其进行传热。

在化工行业中为了提高经济效益,能源的回收利用是节约能源的有效措施。例如锅炉里面排出的废气——烟道气,温度较高,大约有 200~300℃,将烟道气的废热回收,预热软化水,减少产生水蒸气的能量消耗。热的导热油在对管道加热后温度仍然较高,再次回到锅炉中加热至所需温度,避免加热冷导热油,节省能源。

在对化工设备或管道加热的过程中,为了避免热量消耗,在设备和管道外往往包有保温材料,降低热损耗。

无论是对反应釜的加热或冷却,还是能源的回收利用,都离不开传热过程,它是化工单元操作之一。本章将结合化工过程的特点,对传热的基本规律进行讨论,并应用这些原理和规律分析和计算传热过程中的问题。

案例分析

炼油厂气体分馏车间脱丙烷塔工艺流程,如图 4-1。炼油厂气体分馏车间脱丙烷塔的进料预热器及塔底再沸器均为列管式换热器,选用饱和水蒸气作为加热介质,通过间壁给物料加热,原料液经过预热器后温度达到进料要求,釜液经过再沸器加热后部分汽化并返回塔内,提供塔内必需的上升气体。

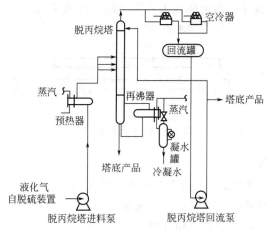

图 4-1 气体分馏装置脱丙烷塔工艺图

在连续生产中，换热器将热量从加热介质传递给物料，选择怎样的换热器才能满足生产工艺的需要？在选择换热器时必然会遇到：

① 加热介质或冷却介质如何确定？
② 完成工艺要求传热介质的流量需要多大？
③ 冷、热流体在换热器中如何流动？
④ 换热器选择多少根传热管，每根传热管需多长？
⑤ 怎样能提高传热速率？
⑥ 换热器的型号如何选择等问题。

要解决上述问题，必须了解传热的基本规律，这也就是本章的基本任务。

第一节 概　　述

一、传热的基本方式

(1) 热传导　两个直接接触的物体之间或同一物体内部存在温差，热量会从高温流向低温，物体之间或物体内部的质点不会发生相对位移，靠物质的分子、原子和自由电子等微观粒子的热运动产生热传递，这种传热方式称为热传导。

(2) 热对流　冷、热流体间存在温差或流体与壁面之间存在温差，在相互接触后热量从高温传递到低温，在运动过程中质点之间存在相对位移，温度发生变化，此传热方式称为热对流。

(3) 热辐射　物体由于本身温度较高，向外界辐射出电磁波，当电磁波被另一物体接收后即转化为热能，这种传递热量的方式称为热辐射。

二、间壁式换热器和传热速率方程

(一) 间壁式换热器

工业生产中，为了避免冷、热两股流体的混合，大多数情况采用间壁式换热器。如

图 4-2,热流体在内管中流动,冷流体在内外管之间的环隙流动。

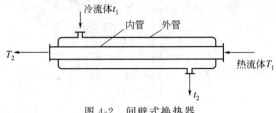

图 4-2　间壁式换热器

（二）传热速率方程

在图 4-2 中,间壁式换热器的传热过程由对流、传导、对流 3 个过程串联而成,即以下几项。

① 热流体通过对流传热的方式将热量传递给内壁。

② 热量再以传导方式从内壁传递到外壁。

③ 由于外壁与冷流体接触且存在温差,热量最后从外壁以对流传热方式传递给冷流体。

若管路中冷热流体的流量发生变化,管壁上各点的温度将随时间而发生变化,这种传热称为**非稳态传热**。这种情况常常出现在开车或停车或改变传热条件中。若管壁上各点的温度不随时间而变化,这种传热称为**稳态传热**。在本书中的传热为稳态传热。

在冷热流体间存在温差 Δt_m,将热量 Q 从热流体通过传热壁传递给冷流体。其传热速率方程为：

$$Q = KA\Delta t_m = \frac{\Delta t_m}{\frac{1}{KA}} = \frac{推动力}{热阻} \tag{4-1}$$

式中　Q——传热速率,单位为 W 或 J/s,即单位时间内传递的热量,传热速率越大,单位时间内传递的热量越多；

Δt_m——冷热流体间的对数平均温差,单位为 K 或℃；

A——传热面积,m^2；

K——比例系数,称为总传热系数,单位为 $W/(m^2 \cdot K)$,K 中包括对流与导热的影响因素。

传热速率的方程可表示为 $Q = \frac{推动力}{热阻}$,因为有温差存在所以会产生热量的传递,阻碍热量传递的为热阻。就像电流的传递速率一样 $I = \frac{\Delta U}{R} = \frac{推动力}{电阻}$,之所以有电量传递是因为有电势差存在,电势差为推动力,阻碍电量传递的为电阻 R。

在传热过程中提高传热速率往往从两方面来考虑：增大推动力和减小热阻。传热速率方程中推动力为两流体间的温差,温差越大传热速率越大；热阻为 $\frac{1}{KA}$,增大传热系数、增大传热面积能降低热阻。

第二节　热　传　导

热传导主要存在于固体中。当热量在质地均匀的固体中传热时将遵循傅里叶定律。

一、傅里叶定律

（一）温度场和等温面

为了方便标明物体中各点的温度，将某一瞬间，物体内各点的温度分布称为温度场。同一时刻，将温度场中相同温度的点连起来构成的面称为等温面。由于同一个等温面只有一个温度，因此等温面的分布方式是平行的。例如热流体将热量传递到管内的冷流体时，热量从外壁传递到内壁，如图4-3(a)。等温面将是以O为圆心的同心圆。温度从t_1分布到t_2。相邻两个同心圆间的距离为dx，温差为dt，如图4-3(b)。温度沿着x轴的方向增加，温度梯度可表示为$\dfrac{dt}{dx}$。等温面是沿着温度增加的方向分布的，与x轴方向相同，因此温度梯度也与x轴方向相同。

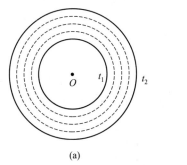

图 4-3 壁内温度分布

（二）傅里叶定律

实践证明，若相邻等温面间的温度梯度相同，则单位时间内传导的热量Q与传热面积A成正比。

$$Q = -\lambda A \frac{dt}{dx} \tag{4-2}$$

式中　Q——导热速率，单位为W或J/s；
　　　λ——热导率，W/(m·K)；
　　　$\dfrac{dt}{dx}$——沿着x轴方向分布的温度梯度，K/m。

温度梯度为$\dfrac{dt}{dx}$是从低温向高温分布，与x轴方向相同，而Q的传递方向是从高温流向低温，与x轴方向相反。因此在式中加上负号。

二、热导率

热导率是衡量物质导热能力大小的物理参数，在数值上等于温度梯度为1℃/m，单位时间内通过1m²的热量，如式(4-3)。在相同的温度梯度和传热面积下，热导率越大传递的热量越多，材料的导热性能越好。

$$\lambda = -\frac{Q}{A\dfrac{dt}{dx}} \tag{4-3}$$

影响物质热导率的因素很多,其中主要是物质种类和温度。通过实验的测定,一般来说纯金属的热导率最大,合金次之,再次为建筑材料、液体、绝热材料,气体的热导率最小。表 4-1 中列出了各类物质的热导率的大致范围和常用物质的热导率。

表 4-1　各类物质热导率的大致范围　　　　　单位：W/(m·K)

物质种类	λ 数值范围	常用物质的 λ 值
纯金属	20~400	(20℃)银 427,铜 398,铝 236,铁 81
合金	10~130	(20℃)黄铜 110,碳钢 45,灰铸铁 40,不锈钢 15
建筑材料	0.2~2.0	(20~30℃)普通砖 0.7,耐火砖 1.0,水泥 0.30,混凝土 1.3
液体	0.1~0.7	(20℃)水 0.6,甘油 0.28,乙醇 0.172,60%甘油 0.38,60%乙醇 0.3
绝热材料	0.02~0.2	(20~30℃)保温砖 0.15,石棉粉(密度为 500kg/m³)0.16,矿渣棉 0.06,玻璃棉 0.04
气体	0.01~0.6	(0℃,常压)氢 0.163,空气 0.0244,CO_2 0.0137,甲烷 0.03,乙烷 0.018

三、平壁的稳态热传导

（一）单层平壁的稳态热传导

如图 4-4 所示,有一壁面面积为 A、壁厚为 b 的单层平壁。壁的质地均匀,热导率视为常数。平壁一侧的温度为 t_1,另一侧的温度为 t_2,由图可知 $x=0$ 时,$t=t_1$;$x=b$ 时,$t=t_2$。故为稳态一维热传导,根据傅里叶定律,有:

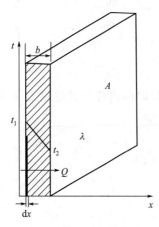

图 4-4　单层平壁热传导

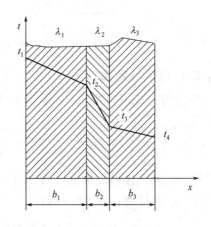

图 4-5　多层平壁热传导

$$Q=-\lambda A \frac{dt}{dx}$$

$$\int_{t_1}^{t_2} dt = -\frac{Q}{\lambda A}\int_0^b dx$$

积分后得：

$$Q=\frac{\lambda}{b}A(t_1-t_2) \tag{4-4}$$

或：

$$Q=\frac{t_1-t_2}{\dfrac{b}{\lambda A}}=\frac{\Delta t}{R} \tag{4-5}$$

根据 $Q=\dfrac{推动力}{热阻}$,推动力为温差,则由式(4-5)可知热阻为 $\dfrac{b}{\lambda A}$,由此可知当传热速率一定时，热导率越小，热阻越大，温差就越大。热阻 R 与 A 成反比，与厚度成正比，厚度越厚，传热面积和热导率越小，热阻越大。

有些传热器的传热面积较大，为了方便计算，将单位面积的传热速率称为热流密度，用 q 来表示，单位为 W/m^2。

$$q = \frac{Q}{A} = \frac{\lambda}{b}(t_1 - t_2) \tag{4-6}$$

【**例 4-1**】 有一单层平面壁，厚度为 10mm，内壁面温度为 573K，外壁面温度为 373K，设已知壁面物质在平均温度下的热导率为 $0.923W/(m·K)$，试求该壁面导热时的热流密度。

解 由式可知 $q = \frac{Q}{A} = \frac{\lambda}{b}(t_1 - t_2)$，已知 $\lambda = 0.923W/(m·K)$，$b = 10mm = 0.01m$，$t_1 = 573K$；$t_2 = 373K$。将以上各值代入上式得：

$$q = \frac{0.923}{0.01}(573 - 373) = 18460 W/m^2$$

即每秒通过每平方米的导热量为 $18.46 kW/m^2$。

（二） 多层平壁的稳态热传导

工程上常常遇到多层不同材料组成的平壁，例如工业上用的窑炉，其炉壁通常用耐火砖、保温砖以及普通的建筑砖由里向外构成，其中的导热则称为多层平壁导热。下面以三层平壁为例，介绍多层平壁导热的计算方法。

如图 4-5 所示，由于是平壁，各层壁的面积相同设为 A，各层壁面厚度为 b_1，b_2，b_3，热导率分别为 λ_1，λ_2，λ_3。假设层与层之间接触良好，即相互接触的两表面温度相同，分别为 t_1，t_2，t_3 和 t_4。

在稳态传热时，壁上各点的温度不随时间而变化，因此通过各层的导热速率必须相等。否则，若导热速率不相等，有一部分热量剩余在壁间会导致温度随时间而变化。

$$Q = Q_1 = Q_2 = Q_3$$

将每一层壁面看成单层平壁，则有：

$$Q = \frac{\Delta t_1}{R_1} = \frac{\Delta t_2}{R_2} = \frac{\Delta t_3}{R_3}$$

由合比定律可得：

$$Q = \frac{\Delta t_1 + \Delta t_2 + \Delta t_3}{R_1 + R_2 + R_3} \tag{4-7}$$

式中 $\Delta t_1 = t_1 - t_2$，$\Delta t_2 = t_2 - t_3$，$\Delta t_3 = t_3 - t_4$，$R_1 = \frac{b_1}{\lambda_1 A}$，$R_2 = \frac{b_2}{\lambda_2 A}$，$R_3 = \frac{b_3}{\lambda_3 A}$。由式(4-7) 可知，多层平壁稳态热传导的总推动力等于各层推动力之和，总阻力等于各层阻力之和。对于每一层平壁而言，温差越大，热阻越大。

【**例 4-2**】 工业炉的炉壁，由下列三层组成：耐火砖 $\lambda_1 = 1.4W/(m·K)$，$b_1 = 225mm$，保温砖 $\lambda_2 = 0.15W/(m·K)$，$b_2 = 115mm$，建筑砖 $\lambda_3 = 0.8W/(m·K)$，$b_3 = 225mm$，今测得其内壁温度为 930℃，外壁温度为 55℃，求单位面积的热损失。

解

$$q = \frac{Q}{A} = \frac{\Delta t_1 + \Delta t_2 + \Delta t_3}{\frac{b_1}{\lambda_1} + \frac{b_2}{\lambda_2} + \frac{b_3}{\lambda_3}} = \frac{930 - 55}{\frac{0.225}{1.4} + \frac{0.115}{0.15} + \frac{0.225}{0.8}} = 724 \text{W/m}^2$$

四、圆筒壁的稳态热传导

大多数化工企业中的管路都是圆筒形的管路，传热时从圆筒管的内（外）侧传递到外侧（内侧）。

（一）单层圆筒壁的热传导

圆筒壁的传热面是圆筒的侧表面积，由图 4-6 可知 $A = 2\pi rl$，因此传热面积随半径的不同而逐渐变化，温度也随半径逐渐变化。在半径 r 处取 dr 同心薄层圆筒，由傅里叶公式可知：

$$Q = -\lambda A \frac{dt}{dr} = -\lambda \cdot 2\pi rl \frac{dt}{dr} \tag{4-8}$$

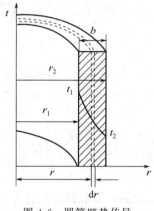

图 4-6 圆筒壁热传导

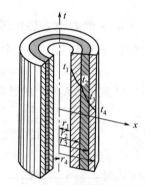

图 4-7 多层圆筒壁热传导

当温度由 t_1 降到 t_2，半径由 r_1 增大到 r_2：

$$\frac{Q}{\lambda \cdot 2\pi \cdot l} \int_{r_1}^{r_2} \frac{1}{r} dr = -\int_{t_1}^{t_2} dt$$

积分后得：

$$Q = \frac{2\pi \lambda l (t_1 - t_2)}{\ln \frac{r_2}{r_1}} \tag{4-9}$$

若将圆筒壁的传热速率变形为平壁形式：

$$Q = \frac{(t_1 - t_2) 2\pi l (r_2 - r_1)}{\frac{(r_2 - r_1)}{\lambda} \ln \frac{r_2}{r_1}} = \frac{t_1 - t_2}{\frac{b}{\lambda 2\pi l \frac{r_2 - r_1}{\ln \frac{r_2}{r_1}}}} = \frac{t_1 - t_2}{\frac{b}{\lambda \cdot 2\pi r_m l}} = \frac{t_1 - t_2}{\frac{b}{\lambda \cdot A_m}} \tag{4-10}$$

式中　r_m——对数平均半径，$r_m = \dfrac{r_2 - r_1}{\ln \dfrac{r_2}{r_1}}$；

A_m ——对数平均面积，$A_m = 2\pi r_m l = \dfrac{A_2 - A_1}{\ln \dfrac{A_2}{A_1}}$；

b ——传热壁厚度，$b = r_2 - r_1$。

为了简化计算，当 $\dfrac{r_2}{r_1} < 2$ 时，可用算数平均值 $r_m = \dfrac{r_2 + r_1}{2}$，$A_m = 2\pi r_m l = \dfrac{A_2 + A_1}{2}$。

（二）多层圆筒壁的热传导

如图4-7，在企业中为了防止热损失，常常在管外包绝热材料，当热量向管外散失时，穿过管壁和绝热材料，形成了多层圆筒壁热传导。其传热的原理与多层平壁式热传导一样，忽略每层间的热损失，每层间的传热速率相等，因此有：

$$Q = \dfrac{t_1 - t_2}{\dfrac{b_1}{\lambda_1 A_{m1}}} = \dfrac{t_2 - t_3}{\dfrac{b_2}{\lambda_2 A_{m2}}} = \dfrac{t_3 - t_4}{\dfrac{b_3}{\lambda_3 A_{m3}}} \tag{4-11}$$

式中 A_{m1}，A_{m2}，A_{m3} ——分别为各层圆筒壁的平均面积。

由合比定律可得：

$$Q = \dfrac{t_1 - t_4}{\dfrac{b_1}{\lambda_1 A_{m1}} + \dfrac{b_2}{\lambda_2 A_{m2}} + \dfrac{b_3}{\lambda_3 A_{m3}}} \tag{4-12}$$

对于每一层圆筒壁而言，温差越大，热阻越大。

【例4-3】 $\phi 50\text{mm} \times 5\text{mm}$ 的不锈钢管，热导率 λ_1 为 $16\text{W}/(\text{m} \cdot \text{K})$，外包厚 30mm 的石棉，热导率 λ_2 为 $0.2\text{W}/(\text{m} \cdot \text{K})$。若管内壁温度为 $350℃$，保温层外壁温度为 $100℃$，如图4-8所示，试计算每米管长的热损失。

解 不锈钢管的内半径 $r_1 = (50 - 5 \times 2)/2 = 20\text{mm}$，外半径 $r_2 = 50/2 = 25\text{mm}$，$\dfrac{r_2}{r_1} < 2$，r_{m1} 取算数平均值，$A_{m1} = 2\pi r_{m1} l = 2\pi \dfrac{0.025 + 0.02}{2} \times 1 = 0.141\text{m}^2$

石棉层的内半径 $r_2 = 25\text{mm}$，外半径 $r_3 = 25 + 30 = 55\text{mm}$，$\dfrac{r_3}{r_2} > 2$，取对数平均值

$$r_{m2} = \dfrac{0.055 - 0.025}{\ln(0.055/0.025)} = 0.038\text{m}$$

$$A_{m2} = 2\pi r_{m2} l = 2\pi \times 0.038 \times 1 = 0.239\text{m}^2$$

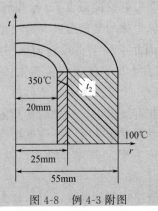

图4-8 例4-3附图

每米管长的热损失 $\dfrac{Q}{l} = \dfrac{\Delta t}{\dfrac{b_1}{\lambda_1 A_{m1}} + \dfrac{b_2}{\lambda_2 A_{m2}}} = \dfrac{350-100}{\dfrac{0.005}{16\times 0.141} + \dfrac{0.03}{0.2\times 0.239}} = 397\text{W/m}$

第三节 对流传热

在间壁式传热中传热方式除了热传导，还有对流传热。流体通过在壁面对流运动将热量传递给管壁的过程称为对流传热。

一、对流传热方程和对流传热系数

若冷、热流体分别沿间壁两侧平行流动，则传热方向垂直于流动方向。如图4-9所示，在传热壁的两侧存在两种流动方式，分别是紧贴传热壁的层流底层和离传热壁较远的湍流层。从热流体侧的湍流主体区域温度 T 经过渡区、层流底层降低至壁面温度 T_w，在传热壁经过热传导后温度降至 t_w，经过层流底层、过渡区温度降至湍流主体的温度 t。

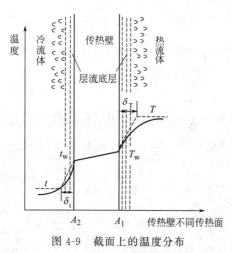

图4-9 截面上的温度分布

当流体做湍流流动，无论流速多大始终有一层紧贴壁面的薄层流体沿着管壁做层流运动，称为层流底层。在层流底层中，热量的传递主要是依靠热传导来完成。由于液体的热导率较小，根据热传导的热阻公式可知层流底层的热阻较大，因此层流底层的温度梯度也较大。在层流底层和湍流之间有一过渡区，过渡区的热量传递是传导和对流共同作用。在湍流主体中，流体的质点相互碰撞，混合，各部分的热量传递充分，热阻很小，因此温差也较小。综上所述，流体与壁面之间的对流传热过程的热阻主要集中在层流底层。

冷流体对壁面的对流传热推动力是壁面温度 t_w 与湍流主体的最低温度的温度差，热流体对壁面的对流传热推动力是湍流主体的最高温度与壁面温度 T_w 的温差，由于湍流主体的最高温度和最低温度不易测定，因此工程上将该截面上平均温度（热流体为 T，冷流体为 t）代替最高温度和最低温度。这种方法是假设将湍流主体和过渡区的热阻全部叠加到层流底层的热阻中，在靠近壁面处构成一层厚度为 δ 的流体膜，称为有效膜。假设膜内为层流流动，膜外为湍流，所有的热阻都在有效膜中，膜中的传热方式为热传导。这一模型称为对流传热的膜理论模型。当流体的湍动程度增大时，层流底层会变薄，热阻会减小，同时湍流主体、过渡区的热阻会减小，因此有效膜的厚度 δ 变薄。在相同的温差下，对流传热速率会增大。

由于对流传热与流体的流动情况、流体性质、对流状态以及传热面的形状有关，有效膜的厚度δ难以测定。所以用α代替单层热传导传热速率方程 $Q=\dfrac{\lambda}{\delta}A\Delta t$ 中的 $\dfrac{\lambda}{\delta}$，得：

$$Q=\alpha A\Delta t=\dfrac{\Delta t}{\dfrac{1}{\alpha A}}=\dfrac{T-T_w}{\dfrac{1}{\alpha_1 A_1}}=\dfrac{t_w-t}{\dfrac{1}{\alpha_2 A_2}} \qquad (4-13)$$

式(4-13)为对流传热速率方程，也称**牛顿冷却公式**。

式中　Q——对流传热速率，W；

　　　α——对流传热系数或膜系数，W/(m²·K)或W/(m²·℃)；

　　　α_1——热流体侧的对流传热系数；

　　　α_2——冷流体侧的对流传热系数；

　　　A_1——热流体侧的传热面积；

　　　A_2——冷流体侧的传热面积。

由于不同流动截面上温度不同，α值也就不同，因此在间壁式换热器的计算中，需采用传热管长的平均值。

【例4-4】　有一套管换热器，流体在 $\phi25\times2$mm、管长为 2m 的钢管内从 30℃被加热到 60℃，流体的对流传热系数 $\alpha_2=2000$W/(m²·K)，传热速率为 $Q=2500$W。试求管内壁的平均温度 t_w。

解　流体的温度：进口 $t_1=30$℃，出口 $t_2=60$℃，平均温度 $t=\dfrac{30+60}{2}=45$℃

管长 $l=2$m，管内表面积（传热面积）$A=\pi dl=\pi\times0.021\times2=0.132$m²

由式(4-13)可知 $Q=\dfrac{t_w-t}{\dfrac{1}{\alpha A}}=\dfrac{t_w-45}{\dfrac{1}{2000\times0.132}}=2500$，$t_w=54.5$℃

二、对流传热系数

在间壁式换热器中，随着流体在管壁上流动，温度不断变化，α值也随之而改变，因此怎样确定对流传热系数α值是关键。

（一）对流传热系数的影响因素

实验表明，影响对流传热系数的因素有以下5方面。

(1) 流体的物理性质　密度、比热容、热导率、黏度、体积膨胀系数等。物理性质因流体的相态、温度及压力而变化。

(2) 流体的对流起因　强制对流和自然对流。通常强制对流的流速比自然对流的流速高，例如空气自然对流的α值约为 5～25W/(m²·K)，而强制对流的α值可达 10～250W/(m²·K)。

(3) 流体流动状态　当流体做湍流运动时，湍流主体中流体质点呈混杂运动，热量传递充分。当流速增大时，Re 增大，有效层流膜厚度变薄，传热效率提高，即α增大。当流体做层流运动时，质点无混杂运动，所以热量传递不如湍流运动，α值较湍流时的小。

(4) 流体的相态变化　在传热过程中如果有相变化（如蒸汽在冷壁面上冷凝或在壁面上沸腾），其值比无相变时大得多。

(5) 传热面的形状、相对位置与尺寸　形状有圆管、翅片管、管束、平板、螺旋板等。传热面有水平放置，竖直放置，管内流动，管外沿轴流动或管外垂直于轴向流动等。传热面尺寸有管内径、管外径、管长、平板的宽与长等。通常把对流体流动有决定性影响的尺寸称为特征尺寸，在 α 计算式中都有说明。

（二）对流传热系数的特征数关系式

流体无相变时，影响对流传热系数 α 的因素有流速 u、传热面的特征尺寸 l、流体黏度 μ、热导率 λ、比热容 c_p 以及流体的浮升力 $\beta g \Delta t$，以函数形式表示为：

$$\alpha = f(u, l, \mu, \lambda, c_p, \beta g \Delta t) \tag{4-14}$$

此关系式变形得：

$$\frac{\alpha l}{\lambda} = K \left(\frac{l u \rho}{\mu}\right)^a \left(\frac{c_p \mu}{\lambda}\right)^b \left(\frac{l^3 \rho^2 \beta g \Delta t}{\mu^2}\right)^c \tag{4-15}$$

式中各特征数的名称、符号及意义见表 4-2。

表 4-2　特征数的符号和意义

特征数名称	符号	意义
努塞尔数	$Nu = \dfrac{\alpha l}{\lambda}$	表示对流传热系数的特征数
雷诺数	$Re = \dfrac{d u \rho}{\mu}$	流体的流动状态和湍动程度对对流传热系数的影响
普朗特数	$Pr = \dfrac{c_p \mu}{\lambda}$	表示流体物性对对流传热的影响
格拉晓夫数	$Gr = \dfrac{l^3 \rho^2 \beta g \Delta t}{\mu^2}$	表示自然对流对对流传热的影响

将式中各特征数用其符号表示，可写成：

$$Nu = K Re^a Pr^b Gr^c \tag{4-16}$$

此式为无相变化条件下对流传热的特征数关联式的一般形式，式中的系数 K 和指数 a、b、c 需用实验确定。

（三）流体在无相变时对流传热系数的经验关联式

1. 流体在管内强制对流

流体在管内强制对流时成湍流、过渡区和层流状态，下面对在圆形直管中强制对流的对流传热系数加以介绍。

① 强制湍流时传热速率较大，因此工业中大多数的传热过程都是强制湍流状态，自然对流的影响可忽略不计，式(4-16)中 Gr 可以略去。

对于低黏度流体，采用关联式，有：

$$Nu = 0.023 Re^{0.8} Pr^n \tag{4-17}$$

则对流传热系数的计算式为：

$$\alpha = 0.023 \frac{\lambda}{d} \left(\frac{d u \rho}{\mu}\right)^{0.8} \left(\frac{c_p \mu}{\lambda}\right)^n \tag{4-18}$$

此式适用条件：Nu，Re 中特征尺寸 l 取管内径；定性温度取流体进、出口温度的算术平均值；应用范围为 $Re > 10^4$，$0.7 < Pr < 120$，管长与管径之比 $l/d \geq 60$，流体黏度 $\mu < 2\text{mPa} \cdot \text{s}$。

流体被加热时，$n=0.4$；流体被冷却时，$n=0.3$。

对于高黏度流体，采用关联式，有：

$$\alpha = 0.027 \frac{\lambda}{d} \left(\frac{du\rho}{\mu}\right)^{0.8} \left(\frac{c_p \mu}{\lambda}\right)^{0.33} \left(\frac{\mu}{\mu_w}\right)^{0.14} \quad (4-19)$$

式(4-19)适用条件：特征尺寸 l 取管内径，应用范围为 $Re > 10^4$，$0.7 < Pr < 16700$，$l/d > 60$，定性温度除了 μ_w 取壁温外，其余取流体进、出口温度的算术平均值。壁温求解方式——当液体被加热时，取 $\left(\frac{\mu}{\mu_w}\right)^{0.14} = 1.05$；当液体被冷却时，取 $\left(\frac{\mu}{\mu_w}\right)^{0.14} = 0.95$。

② 圆形直管强制层流时关系式较为复杂，此处不做介绍。

③ 流体在非圆形管内强制对流时，对流传热系数可采用上述各关联式计算，但需将特征尺寸由管内径改为当量直径 d_e。

$$d_e = 4 \times \frac{流体流动截面积}{润湿周边} \quad (4-20)$$

2. 流体在管外强制对流传热

流体在管外垂直流过时，分为流体垂直流过单管和垂直流过管束两种情况。工业中所用的换热器多为流体垂直通过管束。当流体垂直流过管束时，管束的排列分直列和错列两种，如图 4-10 所示。流体在错列管束间通过时受到阻拦，使湍动增强，故错列式管束的对流传热系数大于直列式。

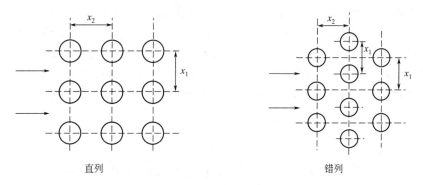

图 4-10 管束的排列

（四）流体在有相变时对流传热系数

1. 蒸气冷凝时的对流传热

蒸气在壁面上冷凝的方式有两种，一种是膜状冷凝，另一种是滴状冷凝。膜状冷凝是冷凝液很好的润湿壁面，在壁面形成一层连续的液膜。液膜向下流动，随着液体的累积液膜逐渐增厚。蒸气在液膜表面冷凝，释放的热量通过热传导和对流的方式传给壁面。若冷凝液对壁面的附着力较小，则会形成滴状冷凝。滴状冷凝是冷凝液在壁面上聚集成许多分散的液滴，沿壁面留下，将其他液滴合并进来，露出冷凝壁面，使蒸气能继续在壁面上冷凝，其热阻比膜状冷凝时小，对流传热系数比膜状冷凝时高。

2. 液体沸腾时的对流传热

当容器内液体温度高于饱和温度时，液体汽化而形成气泡的过程，称为沸腾。工厂中常常采用盘管式加热的方式。就是把加热的盘管浸入大容器的液体中，液体被盘管壁面加热而引起无强制对流的沸腾现象称为大容器内沸腾或池内沸腾。

当液体主体的温度 t_1 高于液体的饱和温度 t_s 时，液体在加热的壁面上就不断地有气泡生成，$\Delta t = t_1 - t_s$ 称为过热度。过热度越大，越容易生成气泡，生成的气泡越多。紧靠壁面的液体过热度最大，并且加热壁面的小坑和划痕形成了汽化核心，所以壁面最容易产生气泡。形成气泡后，气泡内表面的液体继续汽化，当气泡长大到某一直径后，气泡就脱离壁面，向上浮升。在浮升过程中气泡继续长大，一直浮升到液面，这就是**饱和沸腾过程**。

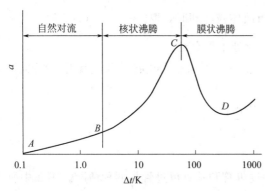

图 4-11 常压下水沸腾时 α 与 Δt 的关系

在沸腾传热过程中，由于气泡在加热面上不断生成、长大、脱离和浮升，使靠近壁面的液体处于剧烈扰动状态，所以对于同一种液体，沸腾传热系数 α 远大于无相变时的 α 值。

图 4-11 中给出了水在 101.325kPa 压力下饱和沸腾时 α 与 Δt 的关系曲线。AB 段过热度很小，气泡不能脱离壁面，因此看不到沸腾现象，热量依靠自然对流传递到液体主体，α 随 Δt 的增大而略有增大，这一区段称为**自然对流区**。

BC 段是随着 Δt 的增大，气泡生成和生长的速度加快，浮升的速度也加快，使液体受到剧烈的搅拌作用，因此 α 随 Δt 的增大而迅速增大，这一区段称为**核状沸腾区**。

CD 段是随着 Δt 的继续增大，气泡的生成多而快，连成一片气膜，覆盖在加热壁面上，使液体不能与加热壁面接触，因此热阻增大，使 α 急剧下降到 D 点。D 点以后由于加热壁辐射的热量急剧增大，使 D 点后的 α 值进一步增大，这一区段称为**膜状沸腾区**。

第四节 两流体间传热过程的计算

在第一节介绍了冷热流体通过间壁式换热器的传热过程，其传热速率方程为：

$$Q = KA\Delta t_m \tag{4-21}$$

式中 Q——传热速率，W；

K——总传热系数，W/(m²·K)；

A——传热面积，m²；

Δt_m——冷热流体间的平均温差，K 或 ℃。

在进行设计间壁式换热器的传热面积 A 时，需要计算出需要传递的热量 Q（热负荷），平均温差 Δt_m 和总传热系数 K，下面分别介绍。

一、传递热量的计算

在传热计算中，列管式换热器的保温良好，无热损失，单位时间内热流体释放的热量等于冷流体吸收的热量，如图 4-12 所示。

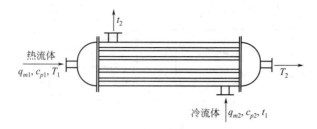

图 4-12　换热器流体无相变化热量衡算

若换热器内两流体均无相变化,且流体的比热容可视为不随温度变化或取流体平均温度的比热容,热量衡算式为:

$$Q = q_{m1}c_{p1}(T_1 - T_2) = q_{m2}c_{p2}(t_2 - t_1) \tag{4-22}$$

式中　q_{m1}，q_{m2}——热、冷流体的质量流量,kg/s;

c_{p1}，c_{p2}——热、冷流体的平均定压比热容,J/(kg·℃);

T_1，T_2——热流体的进、出口温度,℃;

t_1，t_2——冷流体的进、出口温度,℃。

若换热器内有一侧有相变,例如热流体为饱和蒸气冷凝,而冷流体无相变化,则热量衡算式为

$$Q = q_{m1}r = q_{m2}c_{p2}(t_2 - t_1) \tag{4-23}$$

式中　r——饱和蒸气的比汽化热,J/kg。

若冷凝液出口温度 T_2 低于饱和温度 T_s 时,则有:

$$Q = q_{m1}[r + c_{p1}(T_s - T_2)] = q_{m2}c_{p2}(t_2 - t_1) \tag{4-24}$$

二、传热平均温差的计算

当冷热流体在间壁两侧流动时,根据温度的变化将传热分为恒温传热或变温传热。

(一) 恒温传热

这种传热方式主要出现在相变化中。例如间壁一侧的热流体为饱和蒸气的冷凝,温度恒定为 T,而另一侧的液体沸腾,温度恒定为 t,两流体在传热过程中温度沿传热面无变化,温差可表示为:

$$\Delta t_m = T - t \tag{4-25}$$

(二) 变温传热

若间壁的一侧或两侧的流体沿传热面的不同位置而温度不同,即流体从进口到出口,温度有了变化,这种情况称为变温传热。

1. 一侧与两侧变温传热

图 4-13 中是一侧流体沿传热面变温的情况。例如,图 4-13(a) 热流体一侧为饱和蒸气冷凝,温度恒定为 T,而另一侧冷流体温度从进口的 t_1 升高到出口的 t_2。图 4-13(b) 一侧为热流体从进口的 T_1 降低到出口的 T_2,而另一侧的冷流体为液体沸腾,温度恒定为 t。

图 4-14 是两侧流体变温下的温度差变化示意图。其中 (a) 是逆流,即冷、热两流体在传热壁两侧流向相反,(b) 是并流,即冷、热两流体在传热壁两侧流向相同。

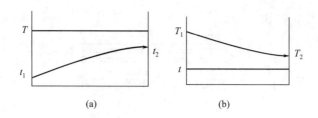

图 4-13 一侧流体变温时的温差变化

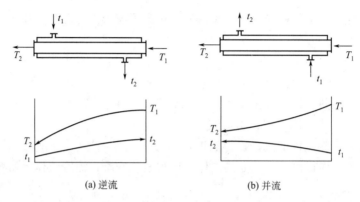

(a) 逆流　　　　　　　　(b) 并流

图 4-14 两侧流体变温时的温差变化

图 4-15 中是错流和折流的示意图。若两流体垂直交叉流动，称为错流。若一侧流体只沿一个方向流动，另一侧流体反复改变流向为折流。

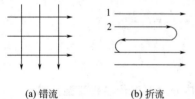

(a) 错流　　　　　(b) 折流

图 4-15 错流和折流

2. 并流或逆流的平均温度差

经过公式推导得出，对于变温传热，逆流或者并流的两流体平均温度差 Δt_m 为：

$$\Delta t_m = \frac{\Delta t_2 - \Delta t_1}{\ln \dfrac{\Delta t_2}{\Delta t_1}} \tag{4-26}$$

式中　Δt_1，Δt_2——分别为换热器进出口处两侧的冷热流体的温度差；

　　　Δt_m——冷热流体的对数平均温度差。

此公式不仅适用于两侧流体变温的传热操作，也适用于一侧流体变温的传热。通常把温度差较大的作为 Δt_2，较小者作为 Δt_1。

为了简化计算当 $\dfrac{\Delta t_2}{\Delta t_1} < 2$ 时，可用算数平均值代替对数平均值，其误差不超过 4%。

【例 4-5】 用 300℃ 的高温气体产物加热冷原料气，工艺要求原料气由 15℃ 加热至 160℃，高温产物气换热后不低于 190℃。试比较：

(1) 逆流操作和并流操作条件下的传热温度差；

(2) 若要并流与逆流操作的传热速率相等，求传热面积比（假设传热系数相同）。

解　见图 4-16。

(1) 逆流操作时：$\Delta t_2 = T_1 - t_2 = 190 - 15 = 175$℃；$\Delta t_1 = T_2 - t_1 = 300 - 160 = 140$℃

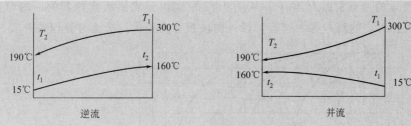

图 4-16　例 4-5 附图

$$\Delta t_{m,逆} = \frac{\Delta t_2 - \Delta t_1}{\ln \frac{\Delta t_2}{\Delta t_1}} = \frac{175 - 140}{\ln \frac{175}{140}} = 156.95 ℃$$

由于 $\frac{\Delta t_2}{\Delta t_1} = \frac{175}{140} = 1.25 < 2$，若用算术平均值，则：$\Delta t_{m,逆} = \frac{\Delta t_2 + \Delta t_1}{2} = \frac{175 + 140}{2} = 157.5 ℃$。误差：$\frac{157.5 - 156.95}{156.95} = 0.3\%$，可见误差很小。

并流操作时：$\Delta t_2 = T_1 - t_1 = 300 - 15 = 285 ℃$；$\Delta t_1 = T_2 - t_2 = 190 - 160 = 30 ℃$

$$\Delta t_{m,并} = \frac{285 - 30}{\ln \frac{285}{30}} = 113.3 ℃$$

由于 $\frac{\Delta t_2}{\Delta t_1} = \frac{285}{30} = 9.5 > 2$，若仍用算数平均值：$\Delta t_{m,并} = \frac{285 + 30}{2} = 157.5 ℃$。此时的误差为：$\frac{157.5 - 113.3}{113.3} = 39\%$，可见误差极大。

（2）若要求传热速率相等，即：$Q_并 = Q_逆$，由于 $K_并 = K_逆$，根据 $Q = KA\Delta t_m$，则

$$K_并 A_并 \Delta t_{m,并} = K_逆 A_逆 \Delta t_{m,逆}$$

即

$$\frac{A_并}{A_逆} = \frac{\Delta t_{m,逆}}{\Delta t_{m,并}} = \frac{156.95}{113.3} = 1.4$$

结果说明：相同进、出口温度条件下，平均温度差 $\Delta t_{m逆} > \Delta t_{m并}$，并流操作时所需要的传热面积是逆流操作时的 1.4 倍，故采用逆流操作有利于传热操作，可以减少传热面积，节省设备量。

但要求控制换热器的流体出口温度时，多采用并流操作。例如对于热敏性物质，流体加热时可以避免出口温度高于某一规定温度。

3. 折流或错流的平均温度差

在计算折流和错流的平均温差时，先按照逆流算出对数平均温差 $\Delta t_{m,逆}$，再乘以温差校正系数 φ，即：

$$\Delta t_m = \varphi \Delta t_{m逆} \tag{4-27}$$

校正系数 φ 是辅助量 R 和 P 的函数，即 $\varphi = f(R, P)$。

$$R = \frac{热流体温降}{冷流体温升} = \frac{T_1 - T_2}{t_2 - t_1}$$

$$P = \frac{冷流体温升}{两流体初温差} = \frac{t_2 - t_1}{T_1 - t_1}$$

校正系数 φ 的值可根据 R 和 P，从图 4-17 中查出。流体从换热器的一端流到另一端，称为一个流程。管内的流程称为管程，管外的流程称为壳程。折流时管程数一般为偶数。

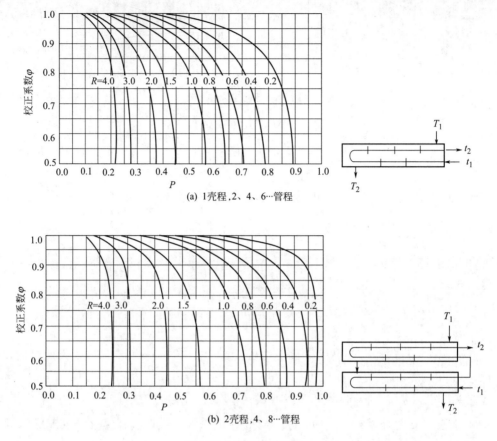

图 4-17　温差校正系数 φ

三、总传热系数

（一）圆筒壁的总传热系数计算式

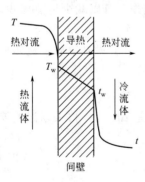

图 4-18　热冷流体传热的温度分布

热、冷流体通过间壁传热是由热对流、热传导、热对流 3 个过程串联而成，如图 4-18。

热流体一侧的对流传热速率：

$$Q = \frac{T - T_w}{\dfrac{1}{\alpha_1 A_1}} = \frac{\Delta t_1}{R_1} \tag{4-28a}$$

间壁的导热速率：$Q = \dfrac{T_w - t_w}{\dfrac{b}{\lambda A_m}} = \dfrac{\Delta t_2}{R_2}$ （4-28b）

冷流体一侧的对流传热速率：$Q = \dfrac{t_w - t}{\dfrac{1}{\alpha_2 A_2}} = \dfrac{\Delta t_3}{R_3}$ （4-28c）

式中　α_1、α_2——热、冷流体的对流传热系数，W/(m²·K)；

A_1、A_2——圆筒壁内侧（热流体侧）、圆筒壁外侧（冷流体侧）的传热面积，m^2；

A_m——圆筒壁的平均传热面积，m^2；

Δt_1——热流体与管壁间对流传热的温差，K；

Δt_2——管壁两侧间导热的温差，K；

Δt_3——冷流体与管壁间对流传热的温差，K；

R_1、R_2、R_3——3 个传热过程的热阻。

稳态传热过程下每个过程的传热速率相等。由合比定律可得：

$$Q = \frac{T-T_w}{\frac{1}{\alpha_1 A_1}} = \frac{T_w - t_w}{\frac{b}{\lambda A_m}} = \frac{t_w - t}{\frac{1}{\alpha_2 A_2}} = \frac{T-t}{\frac{1}{\alpha_1 A_1} + \frac{b}{\lambda A_m} + \frac{1}{\alpha_2 A_2}} \tag{4-29}$$

与总传热速率方程 $Q = KA\Delta t_m = \dfrac{T-t}{\dfrac{1}{KA}}$ 相比，得：

$$\frac{1}{KA} = \frac{1}{\alpha_1 A_1} + \frac{b}{\lambda A_m} + \frac{1}{\alpha_2 A_2} \tag{4-30}$$

① 若传热面积以内表面为基准（$A = A_1$），根据 $A_1 = \pi d_1 l$，$A_2 = \pi d_2 l$，$A_m = \pi d_m l$ 则式(4-30)可以改写为：

$$\frac{1}{K_1} = \frac{1}{\alpha_1} + \frac{b}{\lambda}\frac{d_1}{d_m} + \frac{1}{\alpha_2}\frac{d_1}{d_2} \tag{4-30a}$$

式中　K_1——以传热面 A_1 为基准的总传热系数；

d_1、d_2——分别为圆筒壁（间壁）的内径和外径；

d_m——圆筒壁内径与外径的平均直径，以对数平均值表示。

$$d_m = \frac{d_2 - d_1}{\ln\dfrac{d_2}{d_1}}$$

当 $d_2/d_1 < 2$ 时，可用算术平均值。

② 若传热面积以外表面为基准（$A = A_2$），则式(4-30)可以改写为：

$$\frac{1}{K_2} = \frac{1}{\alpha_1}\frac{d_2}{d_1} + \frac{b}{\lambda}\frac{d_2}{d_m} + \frac{1}{\alpha_2} \tag{4-30b}$$

式中　K_2——以传热面 A_2 为基准的总传热系数。

（二）污垢热阻

换热器使用一段时间后会在传热壁的表面存积污垢，使热阻增大，传热速率减小。污垢层虽然不厚，但是热阻较大。工程上将由于污垢产生的热阻称为污垢热阻。污垢热阻 R_d 的倒数称为污垢系数，表示为 $\alpha_d = \dfrac{1}{R_d}$，单位为 $W/(m^2 \cdot K)$。常见的流体污垢热阻见表 4-3。若传热壁内、外壁的污垢热阻分别用 R_{d1}、R_{d2} 表示，根据热阻串联的概念，以传热面积 A_1 为基准的总传热系数为：

$$\frac{1}{K_1} = \frac{1}{\alpha_1} + R_{d1} + \frac{b}{\lambda}\frac{d_1}{d_m} + R_{d2}\frac{d_1}{d_2} + \frac{1}{\alpha_2}\frac{d_1}{d_2} \tag{4-31}$$

表 4-3 常用流体的污垢热阻

流体	污垢热阻/(m²·K/kW)	流体	污垢热阻/(m²·K/kW)
水(速度<1m/s,t<47℃)		不含油(劣质)	0.09
蒸馏水	0.09	往复机排出	0.176
海水	0.09	液体	
清净的河水	0.21	处理过的盐水	0.264
未处理的凉水塔用水	0.58	有机物	0.176
已处理的凉水塔用水	0.26	燃料油	1.056
已处理的锅炉用水	0.26	焦油	1.76
硬水、井水	0.58	气体	
水蒸气		空气	0.26~0.53
不含油(优质)	0.052	溶剂蒸气	0.14

【例 4-6】 热空气在 $\phi 25\text{mm} \times 2.5\text{mm}$ 的钢管外流动，对流传热系数为 $50\text{W}/(\text{m}^2 \cdot \text{K})$；冷却水在管内流动，对流传热系数为 $1000\text{W}/(\text{m}^2 \cdot \text{K})$。

(1) 试求总传热系数；(2) 若管内流体的对流传热系数增大一倍，K 为多少？

(3) 若管外流体的对流传热系数增大一倍，K 为多少？以上结果说明了什么？

解 (1) $d_1 = 0.02\text{m}$，$d_2 = 0.025\text{m}$，$d_\text{m} = \dfrac{d_1 + d_2}{2} = \dfrac{0.02 + 0.025}{2} = 0.0225\text{m}$，$b = 0.0025\text{m}$，$\alpha_1 = 1000\text{W}/(\text{m}^2 \cdot \text{K})$，$\alpha_2 = 50\text{W}/(\text{m}^2 \cdot \text{K})$

查得钢的热导率 $\lambda = 50\text{W}/(\text{m} \cdot \text{K})$

取管内水侧的污垢热阻 $R_{\text{d}1} = 0.58 \times 10^{-3} \text{m}^2 \cdot \text{K/W}$

取管外空气侧的污垢热阻 $R_{\text{d}2} = 0.5 \times 10^{-3} \text{m}^2 \cdot \text{K/W}$

以内表面 A_1 为基准的总传热系数

$$\frac{1}{K_1} = \frac{1}{\alpha_1} + R_{\text{d}1} + \frac{b}{\lambda}\frac{d_1}{d_\text{m}} + R_{\text{d}2}\frac{d_1}{d_2} + \frac{1}{\alpha_2}\frac{d_1}{d_2}$$

$$= \frac{1}{1000} + 0.58 \times 10^{-3} + \frac{0.0025}{45} \times \frac{0.02}{0.0225} + 0.5 \times 10^{-3} \times \frac{0.02}{0.025} + \frac{1}{50} \times \frac{0.02}{0.025}$$

$$= 0.001 + 0.00058 + 0.000049 + 0.0004 + 0.016$$

$$= 1.80 \times 10^{-2} \text{m}^2 \cdot \text{K/W}$$

$$K_1 = 55.5 \text{W}/(\text{m}^2 \cdot \text{K})$$

(2) 若管内流体(冷却水)的对流传热系数增大一倍，即 $\alpha_1 = 2000\text{W}/(\text{m}^2 \cdot \text{K})$，其他条件不变则 $\dfrac{1}{\alpha_1'} = \dfrac{1}{2000} = 0.0005$，求得 $\dfrac{1}{K_1'} = 1.75 \times 10^{-2} \text{m}^2 \cdot \text{K/W}$，$K_1' = 57.0\text{W}/(\text{m}^2 \cdot \text{K})$，总传热系数增大了 2.7%。

(3) 若管外流体(热空气)的对流传热系数增大一倍，即 $\alpha_2 = 100\text{W}/(\text{m}^2 \cdot \text{K})$，其他条件不变则 $\dfrac{1}{\alpha_2'}\dfrac{d_1}{d_2} = \dfrac{1}{100} \times \dfrac{0.02}{0.025} = 0.008$，求得 $\dfrac{1}{K_1'} = 1.00 \times 10^{-2} \text{m}^2 \cdot \text{K/W}$，$K_1' = 100\text{W}/(\text{m}^2 \cdot \text{K})$，总传热系数增大了 80.2%。

本例题，热空气侧的对流传热系数 α_2 远小于水侧的 α_1，所以热空气侧的热阻远大于水侧的热阻。热空气侧的热阻为主要热阻，因此减小热空气侧的热阻对提高 K 非常有效。

(三) 特殊情况的总传热系数

① 当传热壁为平壁或薄壁管时，$A_1 \approx A_2 \approx A_\text{m}$，式(4-31) 可简化为：

$$\frac{1}{K} = \frac{1}{\alpha_1} + R_{d1} + \frac{b}{\lambda} + R_{d2} + \frac{1}{\alpha_2} \tag{4-32}$$

② 若污垢热阻与传热壁的热阻可忽略时，式(4-31)可简化为：

$$\frac{1}{K_1} = \frac{1}{\alpha_1} + \frac{1}{\alpha_2}\frac{d_1}{d_2} \tag{4-33}$$

③ 当传热壁为平壁或薄壁管，且污垢热阻与传热壁热阻可忽略时，式(4-31)可简化为：

$$\frac{1}{K} = \frac{1}{\alpha_1} + \frac{1}{\alpha_2} \tag{4-34}$$

由式(4-34)可知 K 趋近且小于 α_2 与 α_1 中较小的一个，应提高较小 α，进而提高 K。

当总传热系数缺乏可靠数据时，也可通过生产中现用的工艺相仿、结构类似的换热器进行测定，其传热面积 A 已知，测出两流体的流量和进、出口温度，求出热负荷 Q 和平均温度差 Δt_m，用 $Q = KA\Delta t_m$ 就可以求出总传热系数 K。

【例 4-7】 现有一传热面积为 $5m^2$ 的列管式换热器，在内管中有质量流量为 2000kg/h 的水，从 90℃ 冷却到 60℃，环隙走冷却水，其进出口温度分别为 15℃ 和 50℃，逆流流动。计算总传热系数 K。

解 热水温度 $T_1 = 90℃$，$T_2 = 60℃$，平均温度 $T_m = \frac{90+60}{2} = 75℃$

查得热水的平均比热容为 $c_p = 4.19 \text{kJ/(kg·K)}$，热水的流量 $q_m = 2000 \text{kg/h}$

热负荷 $Q = q_m c_p (T_1 - T_2) = \frac{2000}{3600} \times 4.19 \times 10^3 \times (90 - 60) = 6.98 \times 10^4 \text{W}$

逆流时的平均温差 90℃ → 60℃ $\Delta t_1 = 90 - 50 = 40℃$

50℃ ← 15℃ $\Delta t_2 = 60 - 15 = 45℃$

由于 $\frac{\Delta t_2}{\Delta t_1} = \frac{45}{40} < 2$，则：$\Delta t_{m,逆} = \frac{\Delta t_2 + \Delta t_1}{2} = \frac{45 + 40}{2} = 42.5℃$

传热面积 $A = 5m^2$，总传热系数 $K = \frac{Q}{A\Delta t_m} = \frac{6.98 \times 10^4}{5 \times 42.5} = 328 \text{W/(m}^2\text{·K)}$

四、壁温计算

在选用换热器类型和管材时，在计算对流传热系数时需要知道壁温。热量从热流体通过间壁传递到冷流体，传热速率不变，即：

$$Q = \frac{T - T_w}{\frac{1}{\alpha_1 A_1}} = \frac{T_w - t_w}{\frac{b}{\lambda A_m}} = \frac{t_w - t}{\frac{1}{\alpha_2 A_2}} \tag{4-35}$$

式中 T、t、T_w 及 t_w ——分别为热、冷流体及管内、外壁的平均温度。

利用这些方程可求出壁温。壁温总是接近 α 较大一侧的流体温度。

若管壁两侧还有污垢，还有考虑污垢热阻的影响，方程式(4-35)可写为：

$$Q = \frac{T - T_w}{\left(\frac{1}{\alpha_1} + R_{d1}\right)\frac{1}{A_1}} = \frac{T_w - t_w}{\frac{b}{\lambda A_m}} = \frac{t_w - t}{\left(\frac{1}{\alpha_2} + R_{d2}\right)\frac{1}{A_2}} \tag{4-36}$$

【例 4-8】 某废热锅炉由 $\phi 25\text{mm} \times 2.5\text{mm}$ 的碳钢管构成，管内高温气体的进口温度为 550℃，出口温度为 450℃，$\alpha_1 = 150\text{W}/(\text{m}^2 \cdot \text{K})$；管外水在 300kPa 下沸腾，$\alpha_2 = 10000\text{W}/(\text{m}^2 \cdot \text{K})$。(1) 管壁清洁无污垢，试求管内壁平均温度 T_w 及管外壁的平均温度 t_w。(2) 管壁外侧污垢热阻 $R_{d2} = 0.005\text{m}^2 \cdot \text{K}/\text{W}$，内壁污垢热阻忽略，试求管内壁平均温度 T_w 及管外壁的平均温度 t_w。

解 (1) 管壁清洁无污垢时，总传热系数以管子内表面积 A_1 为基准

碳钢的 $\lambda = 45\text{W}/(\text{m} \cdot \text{K})$，$d_1 = 20\text{mm}$，$d_2 = 25\text{mm}$，$d_m = 22.5\text{mm}$，$b = 2.5\text{mm}$

$$K_1 = \frac{1}{\frac{1}{\alpha_1} + \frac{b}{\lambda}\frac{d_1}{d_m} + \frac{1}{\alpha_2}\frac{d_1}{d_2}} = \frac{1}{\frac{1}{150} + \frac{0.0025}{45} \times \frac{20}{22.5} + \frac{1}{10000} \times \frac{20}{25}} = 147\text{W}/(\text{m}^2 \cdot \text{K})$$

(2) 平均温度差：300kPa 时，水的饱和温度为 $t = 133.3℃$，$T_1 = 550℃$，$T_2 = 450℃$，$\Delta t_2 = T_1 - t = 550 - 133.3 = 416.7℃$；$\Delta t_1 = T_2 - t = 450 - 133.3 = 316.7℃$

$$\Delta t_m = \frac{\Delta t_2 + \Delta t_1}{2} = \frac{416.7 + 316.7}{2} = 366.7℃$$

(3) 管壁清洁无污垢时，计算单位面积传热量

$$\frac{Q}{A_1} = K_1 \Delta t_m = 147 \times 366.7 = 53905 \text{W}/\text{m}^2$$

(4) 管壁清洁无污垢时管壁温度

热流体的平均温度 $\quad T = \frac{550 + 450}{2} = 500℃$

管内壁温度 $\quad T_w = T - \frac{Q}{\alpha_1 A_1} = 500 - \frac{53905}{150} = 140.6℃$

管外壁温度 $t_w = \frac{Q}{\alpha_2 A_2} + t = \frac{Q}{\alpha_2 A_1}\frac{A_1}{A_2} + t = \frac{Q}{\alpha_2 A_1}\frac{d_1}{d_2} + t = \frac{53905}{10000} \times \frac{20}{25} + 133.3 = 137.6℃$

(5) 管壁外侧有污垢热阻 $R_{d2} = 0.005\text{m}^2 \cdot \text{K}/\text{W}$，内壁污垢热阻忽略，即 $R_{d1} = 0$ 时

$$K_1' = \frac{1}{\frac{1}{\alpha_1} + \frac{b}{\lambda}\frac{d_1}{d_m} + R_{d2}\frac{d_1}{d_2} + \frac{1}{\alpha_2}\frac{d_1}{d_2}} = \frac{1}{\frac{1}{150} + \frac{0.0025}{45} \times \frac{20}{22.5} + 0.005 \times \frac{20}{25} + \frac{1}{10000} \times \frac{20}{25}}$$

$= 92.6\text{W}/(\text{m}^2 \cdot \text{K})$

$$\frac{Q'}{A_1} = K_1' \Delta t_m = 92.6 \times 366.7 = 33956 \text{W}/\text{m}^2$$

管内壁温度 $\quad T_w' = T - \frac{Q'}{\alpha_1 A_1} = 500 - \frac{33956}{150} = 273.6℃$

管外壁温度 $t_w' = \frac{Q'}{A_2}\left(\frac{1}{\alpha_2} + R_{d2}\right) + t = \frac{Q'}{A_1}\left(\frac{1}{\alpha_2} + R_{d2}\right)\frac{A_1}{A_2} + t$

$= \frac{Q'}{A_1}\left(\frac{1}{\alpha_2} + R_{d2}\right)\frac{d_1}{d_2} + t = 33956 \times \left(\frac{1}{10000} + 0.005\right) \times \frac{20}{25} + 133.3$

$= 271.8℃$

计算结果表明：① 由于水沸腾的 α_2 比高温气体的 α_1 大很多，所以壁温接近于水沸腾的

温度；②因为管壁热阻很小，管壁两侧的温度比较接近；③若水侧有污垢，壁温会升高。

五、传热计算示例

总传热速率方程 $Q=KA\Delta t_m$ 是传热的基本方程。

（一）设计型计算

可根据生产任务设计换热器的传热面积 A 或校核换热器是否合适。若实际传热面积大于计算的传热面积、计算的换热器的传热速率大于热负荷，则换热器合适。

【例 4-9】 要求冷却苯，苯的流量为 1.25kg/s，苯走换热器管内，换热器管内温度从 80℃冷却到 30℃，苯平均比热容为 1.9kJ/(kg·K)，环隙走冷却水，其进出口温度分别为 25℃和 50℃，平均比热容为 4.174kJ/(kg·K)，与管内的苯逆流换热。已知苯侧对流传热系数为 850W/(m²·K)，水侧对流传热系数为 1700W/(m²·K)。两侧的污垢热阻可以忽略。套管换热器的内管为 $\phi25\text{mm}\times2.5\text{mm}$，求（1）冷却水的消耗量；（2）换热器的换热面积。

解 （1）热流体为苯，走管内，$q_{m1}=1.25\text{kg/s}$，$c_{p1}=1.9\text{kJ/(kg·K)}$，$T_1=80℃$，$T_2=30℃$；冷流体为水，走管外，$c_{p2}=4.174\text{kJ/(kg·K)}$，$t_1=25℃$，$t_2=50℃$，根据

$$Q=q_{m1}c_{p1}(T_1-T_2)=q_{m2}c_{p2}(t_2-t_1)$$

$$Q=q_{m1}c_{p1}(T_1-T_2)=1.25\times1.9\times10^3\times(80-30)=1.19\times10^5\text{W}$$

冷却水的消耗量 $q_{m2}=\dfrac{Q}{c_{p2}(t_2-t_1)}=\dfrac{1.19\times10^5}{4.174\times10^3\times(50-25)}=1.14\text{kg/s}$

（2）钢管 $\phi25\text{mm}\times2.5\text{mm}$，$\lambda=45\text{W/(m·K)}$，$d_1=20\text{mm}$，$d_2=25\text{mm}$，$d_m=22.5\text{mm}$，$b=2.5\text{mm}$，$\alpha_1=850\text{W/(m}^2\text{·K)}$，$\alpha_2=1700\text{W/(m}^2\text{·K)}$

总传热系数以管子内表面积 A_1 为基准

$$K_1=\dfrac{1}{\dfrac{1}{\alpha_1}+\dfrac{b}{\lambda}\dfrac{d_1}{d_m}+\dfrac{1}{\alpha_2}\dfrac{d_1}{d_2}}=\dfrac{1}{\dfrac{1}{850}+\dfrac{0.0025}{45}\times\dfrac{20}{22.5}+\dfrac{1}{1700}\times\dfrac{20}{25}}=589\text{W/(m}^2\text{·K)}$$

逆流时 80℃→30℃ $\Delta t_2=80-50=30℃$

50℃←25℃ $\Delta t_1=30-25=5℃$

$$\Delta t_{m,逆}=\dfrac{\Delta t_2-\Delta t_1}{\ln\dfrac{\Delta t_2}{\Delta t_1}}=\dfrac{30-5}{\ln\dfrac{30}{5}}=14.0℃$$

$$A_{1,逆}=\dfrac{Q}{K_1\Delta t_{m,逆}}=\dfrac{1.19\times10^5}{589\times14.0}=14.4\text{m}^2$$

（二）操作型计算

第一种情况：已知换热器的主要结构和尺寸 A、n、d 等，确定工艺流体（可以是冷流体也可以是热流体）和换热介质（可以是加热介质或冷却介质）的流量和进口温度；求换热介质与工艺流体的出口温度。

第二种情况：已知换热器的主要结构和尺寸 A、n、d 等，确定了工艺流体的流量、进出口温度、换热介质的进口温度；求换热介质的流量与出口温度。

【例 4-10】 有一单壳程单程逆流列管换热器，热空气在管程由 100℃ 降至 70℃，其对流传热系数 $\alpha_1 = 100\text{W}/(\text{m}^2 \cdot \text{K})$，冷却水在壳程由 20℃ 升至 85℃，其对流传热系数 $\alpha_2 = 2000\text{W}/(\text{m}^2 \cdot \text{K})$。忽略管壁热阻和传热面积的变化及污垢热阻。当水流量增加一倍时，试求（1）水和空气的出口温度 t_2' 和 T_2'；（2）传热速率 Q' 比原来增加了多少？

解 （1）当冷却水流量增加一倍时，计算水和空气的出口温度 t_2' 和 T_2'

水的流量增加前，$T_1 = 100℃$，$T_2 = 70℃$，$t_1 = 20℃$，$t_2 = 85℃$，$\alpha_1 = 100\text{W}/(\text{m}^2 \cdot \text{K})$，$\alpha_2 = 2000\text{W}/(\text{m}^2 \cdot \text{K})$，$K = \dfrac{1}{\dfrac{1}{\alpha_1} + \dfrac{1}{\alpha_2}} = \dfrac{1}{\dfrac{1}{100} + \dfrac{1}{2000}} = 95.2\text{W}/(\text{m}^2 \cdot \text{K})$

$$\Delta t_{m,\text{逆}} = \frac{\Delta t_2 - \Delta t_1}{\ln \dfrac{\Delta t_2}{\Delta t_1}} = \frac{(T_2 - t_1) - (T_1 - t_2)}{\ln \dfrac{T_2 - t_1}{T_1 - t_2}} = \frac{(70 - 20) - (100 - 85)}{\ln \dfrac{70 - 20}{100 - 85}} = 29.1℃$$

$$Q = q_{m1}c_{p1}(T_1 - T_2) = q_{m2}c_{p2}(t_2 - t_1) = KA\Delta t_m$$

将 $T_1 - T_2 = 100 - 70 = 30℃$，$t_2 - t_1 = 85 - 20 = 65℃$ 代入上式得：

$$30 q_{m1}c_{p1} = 65 q_{m2}c_{p2} = 95.2 \times 29.1 A \qquad (a)$$

水量增加后，$\alpha_2' = 2^{0.8}\alpha_2$，

$$K = \frac{1}{\dfrac{1}{\alpha_1} + \dfrac{1}{2^{0.8}\alpha_2}} = \frac{1}{\dfrac{1}{100} + \dfrac{1}{2^{0.8} \times 2000}} = 97.2\text{W}/(\text{m}^2 \cdot \text{K})$$

$$\Delta t_{m,\text{逆}} = \frac{(T_2' - t_1) - (T_1 - t_2')}{\ln \dfrac{T_2' - t_1}{T_1 - t_2'}} = \frac{(T_2' - 20) - (100 - t_2')}{\ln \dfrac{T_2' - 20}{100 - t_2'}}$$

$$Q' = q_{m1}c_{p1}(T_1 - T_2') = 2 q_{m2}c_{p2}(t_2' - t_1) = K'A\Delta t_m'$$

$$q_{m1}c_{p1}(100 - T_2') = 2 q_{m2}c_{p2}(t_2' - 20) = 97.2 A \cdot \frac{(T_2' - 20) - (100 - t_2')}{\ln \dfrac{T_2' - 20}{100 - t_2'}} \qquad (b)$$

由式(a)与式(b)中的物料衡算式的第一项和第二项相比，求得：

$$\frac{30}{100 - T_2'} = \frac{65}{2(t_2' - 20)} \quad \text{或} \quad t_2' - 20 = \frac{65}{60}(100 - T_2') \qquad (c)$$

由式(a)与式(b)中的物料衡算式的第一项和第三项相比，求得：

$$\frac{30}{100 - T_2'} = \frac{95.2 \times 29.1}{97.2 \times \dfrac{(T_2' - 20) - (100 - t_2')}{\ln \dfrac{T_2' - 20}{100 - t_2'}}} = \frac{28.5}{\dfrac{(t_2' - 20) - (100 - t_2')}{\ln \dfrac{T_2' - 20}{100 - t_2'}}} \qquad (d)$$

式(c)代入式(d)，得 $\ln \dfrac{T_2' - 20}{100 - t_2'} = 0.0877$，$\dfrac{T_2' - 20}{100 - t_2'} = 1.092$ （e）

式(c)与式(e)联合，可得 $t_2' = 63.6℃$，$T_2' = 59.7℃$

（2）传热速率 Q' 比原来增加了多少？

$$\frac{Q'}{Q} = \frac{q_{m1}c_{p1}(T_1 - T_2')}{q_{m1}c_{p1}(T_1 - T_2)} = \frac{T_1 - T_2'}{T_1 - T_2} = \frac{100 - 59.7}{100 - 70} = 1.34$$

传热速率增加了 34%。

【例 4-11】 在套管换热器中用水冷却气体，气体的流量为 1.5kg/s，入口温度为 60℃，出口温度为 35℃。换热器面积为 20m²，经测定换热器的总传热系数 $K=230$W/(m²·K)，气体比热容为 1.0kJ/(kg·℃)。冷却水的入口温度为 20℃，流体逆流换热。试计算冷却水的用量和水的出口温度。

解 $q_{m1}=1.5$kg/s，$c_{p1}=1.0$kJ/(kg·K)，$T_1=60$℃，$T_2=35$℃；冷流体为水，走管外，冷却水的比热容取 $c_{p2}=4.174$kJ/(kg·K)，$t_1=20$℃，

$$Q=q_{m1}c_{p1}(T_1-T_2)=1.5\times1.0\times10^3\times(60-35)=3.75\times10^4 \text{W}$$

$$\Delta t_{m,逆}=\frac{Q}{K_1A_{1,逆}}=\frac{3.75\times10^4}{230\times20}=8.152℃$$

逆流时，有 $\Delta t_2=T_1-t_2=60-t_2$；$\Delta t_1=T_2-t_1=35-20=15$℃

$$\Delta t_{m,逆}=\frac{\Delta t_2-\Delta t_1}{\ln\frac{\Delta t_2}{\Delta t_1}}=\frac{(T_2-t_1)-(T_1-t_2)}{\ln\frac{T_2-t_1}{T_1-t_2}}=\frac{60-t_2-15}{\ln\frac{60-t_2}{15}}=8.152℃$$

整理后 $t_2=45-8.152\ln\frac{60-t_2}{15}$

通过迭代法可知，$t_2=56.2℃$

根据 $Q=q_{m2}c_{p2}(t_2-t_1)$ 得：

$$q_{m2}=\frac{Q}{c_{p2}(t_2-t_1)}=\frac{3.75\times10^4}{4.174\times10^3(56.2-20)}=0.248\text{kg/s}$$

冷却水的用量为 0.248kg/s，水的出口温度为 56.2℃。

六、传热过程的强化

强化传热就是增大传热速率，从总传热速率方程 $Q=KA\Delta t_m$ 可知，提高 K、A、Δt 中任一项，都可以强化传热过程。

（一）增大传热面积

增大传热面积是提高传热速率的一种有效方法。但简单的增大传热面积，意味着设备体积增大，金属消耗量增多，设备费用增加。因此简单的增大传热面积是不经济的方法。从设备的结构入手，提高单位体积的传热面积。例如，暖气片和空气冷却器等，在对流系数小的一侧增加翅片，不仅扩大了传热面积，而且增加了气体的湍流程度，提高了气体的传热系数，使传热速率显著提高，材料的消耗增加不多。因此当间壁两侧的 α 值相差很大时，增加 α 值小的那一侧传热面积，会大大提高传热速率。

（二）提高平均温差

平均温差是传热的推动力，推动力越大，传热速率越快。但是流体的温度往往受到生产工艺的限制。例如饱和水蒸气的温度一般不超过 450K，因为温度越高蒸汽的压强越大，所需设备耗材的承压较高，设备费增加；又如冷却水的初始温度往往受到气候条件的限制，出口温度与水的流量有关，流量越大，出口温度降低，温差增大，传热速率增快，但是流量增大时动力消耗大，操作费用提高。因此从客观条件和经济角度等方面考虑，如果两侧流体温

度都是变温，从结构上应尽量采用逆流或接近逆流的流向，增大传热温差。

（三）增大总传热系数

根据传热系数的计算公式 $K=\dfrac{1}{\dfrac{1}{\alpha_1}+R_{d1}+\dfrac{b}{\lambda}+R_{d2}+\dfrac{1}{\alpha_2}}$ 可知，要提高 K，必须提高 α_2、α_1、λ 和降低 b、R_{d1}、R_{d2}。当 α_2 和 α_1 数值相差较大时，提高较小的那一侧流体的 α 值，当双方的 α 值比较接近时，则同时提高。

根据对流传热的分析，对流传热的热阻主要集中在靠近管壁的层流底层里，针对这种情况，可采取以下措施提高 α 值。

1. 提高流速

流速增大时，层流层的厚度减薄，α 值提高。例如可增加列管式换热器中管程数和壳体内的挡板数，提高流体的流速，加大流体在壳程的扰动。

2. 改变流动条件

增加流体的人工扰动，强化流体的湍动程度。例如在管内装有螺旋圈或麻花铁等扰动物，在管外增加折流挡板，它们能增大壁面附近的扰动程度，减小层流底层的厚度。

3. 在有相变的传热过程中，减小气膜、液膜的形成

在传热过程中，尽可能产生滴状冷凝或核状沸腾。例如在蒸气中加入少量的油酸，能促使滴状冷凝形成；在垂直管外开多条纵槽或外挂金属，以促使冷凝液迅速滴下。

为了提高 K 还需降低 R_{d1}、R_{d2}。例如可通过增大流速减轻污垢的形成和增厚；采用机械或化学的方法清除垢层，也可以采用可拆卸结构的换热器，以便垢层的清洗。

第五节 热 辐 射

当物体温度较高时，热辐射往往成为主要的传热方式。在工程技术和日常生活中，辐射传热是常见的现象，例如各种工业锅炉、辐射干燥、食品烤箱及太阳能热水器。

一、热辐射的基本概念

自然界所有的物体只要温度在热力学零度以上，都会以电磁波的形式对外发射热辐射线，并以直线向周围空间传播。当与另一物体相遇时，热辐射线被吸收、反射和透过，其中被吸收的热辐射线又转变为热能。热辐射线的传播不需要任何介质，在真空能很快地传播。

二、辐射-对流联合传热

在化工生产中，化工设备外表面温度与周围空间的温度不同时，会从设备表面向周围辐射传热，同时也存在设备表面与空气之间的对流传热。

对流传热速率 Q_c 计算式为：

$$Q_c = \alpha_c A_1 (T_1 - T_2) \tag{4-37}$$

式中 Q_c——对流传热速率，W；
α_c——对流传热系数，W/(m²·K)；
T_1——设备表面温度，K；
T_2——周围空气或包围物的温度，K；
A_1——设备表面面积，m²。

辐射传热速率 Q_r 计算式为：

$$Q_r = \alpha_r A_1 (T_1 - T_2) \tag{4-38}$$

式中 Q_r——辐射传热速率，W；
α_r——辐射传热系数，W/(m²·K)。

辐射与对流传热速率计算式为：

$$Q = Q_c + Q_r = (\alpha_c + \alpha_r) A_1 (T_1 - T_2) \tag{4-39}$$

辐射传热系数的计算式较为复杂，这里不做介绍。

第六节 换 热 器

生产中对换热器有不同的要求，故换热器的类型很多。

一、换热器的分类

① 根据换热器的用途分类可分为加热器、冷却器、冷凝器和蒸发器等。
② 根据换热器的传热原理可分为两流体直接接触式换热器、蓄热式换热器、间壁式换热器。

直接接触式换热器是冷、热流体直接接触进行热量传递。常用于热水用空气直接冷却或热空气直接用水冷却。在传热过程中，伴有水的汽化，使气体增湿。这种换热器也用于水溶液蒸发器，排出的水蒸气用冷却水直接冷凝。

蓄热式换热器中装有热容量较大的耐火砖，热气体与冷气体交替流过蓄热器，如图4-19。当热气体流过蓄热器时，将热量传给填料；当冷气体流过蓄热器时，填料将热量传给冷流体。蓄热式换热器构造简单，常用于回收气体的热量或冷量。

间壁式换热器使用最多，下面介绍间壁式换热器的结构、特点。

二、间壁式换热器

（一）夹套式换热器

夹套式换热器是在容器外壁安装夹套，器壁与夹套之间为加热介质或冷却介质的通道。当用水蒸气作为加热介质时，水蒸气从夹套上部接管进入，冷凝水从下部接管排出，液体冷却介质从下部接管进入，上部排出，如图4-20。此换热器结构简单，但传热面积小，效率低，为提高传热面积，釜内可安装蛇管，加热介质或冷却介质在蛇管中通过；在釜内可安装搅拌器，使液体强制对流，提高对流传热系数；在夹套中可安装螺旋板等，以提高流体湍动程度，避免流体在夹套中短路。夹套式换热器主要用于反应过程的加热或冷却。

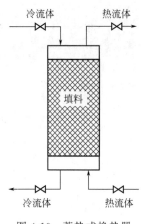

图 4-19 蓄热式换热器

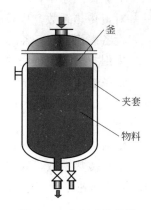

图 4-20 夹套式换热器

(二) 沉浸式蛇管换热器

图 4-21 由金属管弯制成蛇管,安装在容器的液面以下。蛇管中的流体与容器中的流体进行热交换。管内流体可为高压流体。为提高容器中液体的湍动程度,可在容器中安装搅拌器。

(三) 喷淋式换热器

用于管内流体的冷却,管内可以是高压流体。

如图 4-22 所示,冷却用水从上方均匀分布留下,依次流经各层管子表面,最后收集于水池中。管内热流体下进上出,与冷却水逆流流动进行热量交换。结构简单,管内耐高压,管外 α 比沉浸式大,但喷淋不易均匀,占地面积大。

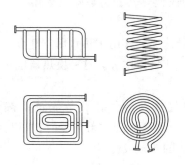

图 4-21 沉浸式蛇管换热器

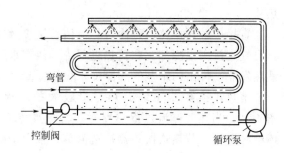

图 4-22 喷淋式换热器

(四) 套管式换热器

如图 4-23 所示,由两种直径的直管套在一起,制成同心套管。外管与外管用接管连接,内管与内管用 U 形管串联。由于两流体能逆流流动,故平均温差较大。调节管径可使在内管与环隙的流体呈湍流状态,增大传热系数。此类型换热器结构简单,能耐高压,但结构不紧凑,接头多,易漏。

(五) 螺旋板式换热器

如图 4-24 所示,由两张间距一定的平行的薄金属板卷制成螺旋形状,在螺旋的中心处含有一块隔板,构成一对互相隔开的螺旋形流道。冷、热两流体以螺旋板为传热面相向流

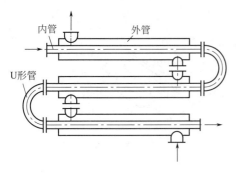
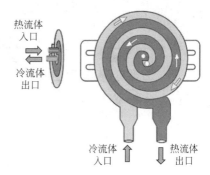

图 4-23 套管式换热器　　　　　图 4-24 螺旋板式换热器

动。在螺旋板的顶部和底部焊有盖板作为两流体的进出口。

此类型传热器结构紧凑，单位体积的传热面积较大；流速较高，故传热系数较大，但流体的阻力较大，并且操作压力和操作温度不能太高。螺旋板维修困难。

（六）板式换热器

如图 4-25 所示，板式换热器由一组长方形薄金属板平行排列，用夹紧装置组装于架上。两相邻板片的边缘衬以密封垫片（橡胶或压缩石棉等）压紧。板片四角有圆孔，形成流体的进、出通道。冷、热流体在板片两侧逆流流动，通过板片换热。板片表面被压制成各种槽形或波纹形，既能增大板片的刚度和传热面积，又能增加湍动程度。

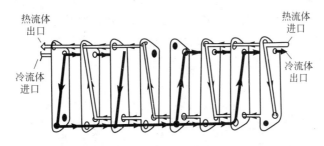

图 4-25 板式换热器

此类型传热器总传热系数大，槽形和波纹形使流体在低速下形成湍流。单位体积的传热面积较大，结构紧凑。拆卸方便，可通过增减板片的数目，调节传热面积，操作灵活。但此换热器耐温、耐压能力较差；易漏；因流道截面较小，流速也不能过大，因此处理量小。

（七）板翅式换热器

如图 4-26 所示，板翅式换热器是一种更为紧凑、轻巧、高效的换热器。由两块平行的金属板间夹入波纹状或其他形状的金属翅片，两边以侧条密封，组成一个换热单元。板翅式换热器是将若干个单元体叠在一起，用钎焊焊牢，制成逆流、并流或者错流板束。

此类型传热器结构紧凑，单位体积的传热面积较大，翅片促使流体湍动程度高，使传热系数增大；但流道较小，易堵塞，清洗困难，并且构造复杂，内漏后很难修复。

（八）列管式换热器

1. 固定管板式换热器

这种换热器由壳体、管束、管板、封头和折流挡板等部件组成。图 4-27 中为单壳程单

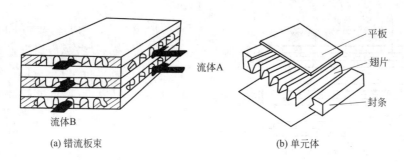

图 4-26 板翅式换热器

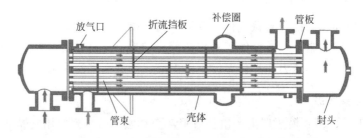

图 4-27 单壳程单管程固定管板式换热器

管程换热器。

为提高管程的流体流速,可采用多管程。即在两端封头内安装隔板,使管子分为若干组,流体依次通过每组管子,往返多次,如图 4-28。管程次数增多,可提高管内流速和对流传热系数,但流体机械能损失较大,结构复杂,因此管程不宜过多,以 2、4、6 程为常见。为提高壳程流体流速可在壳程内安装折流挡板。

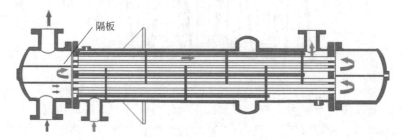

图 4-28 单壳程四管程固定管板式换热器

换热器因管内、管外的流体温度不同,壳体和管束的温度不同,其热膨胀程度也不同。为了避免因为温差不同引起的设备变形,管子弯曲,甚至从管板上松脱,必须采用热补偿。当温差稍大,而壳体内压力又不高时,对固定板式换热器可在壳体上安装热补偿圈(或膨胀节)。当温差较大时,采用浮头式或 U 形管式换热器。

2. 浮头式换热器

如图 4-29 所示,这种换热器有一端管板不与壳体相连,可沿轴向自由伸缩。这种结构在清洗和检修时,整个管束可以从壳体中抽出,因此尽管其结构复杂,造价较高,但仍然普遍应用。

3. U 形管式换热器

如图 4-30 所示,这种换热器每根管子都弯成 U 形,两端固定在同一块管板上,因此每

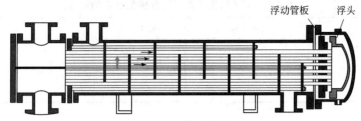

图 4-29　浮头式换热器

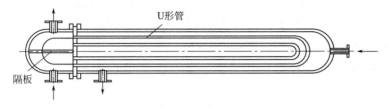

图 4-30　U 形管式换热器

一根管子皆可自由伸缩。结构较浮头简单，但管程不易清洗。

三、列管式换热器的选型

（一）流体流程选择

其选择原则：传热效果好，结构简单，清洗方便。

管程中流体的选用：腐蚀性、压力高、流速高的流体常选用管程。腐蚀性流体走管程避免壳程和管程同时被腐蚀，压力高的流体走管程避免制造较厚的壳体，管程流通截面积一般比壳程小，提高流速能增大对流传热系数。

壳程中流体的选用：饱和蒸气、需要冷却、黏度大或流量小的流体常选用壳程。蒸气冷凝走壳程易排出冷凝液；需要冷却的流体走壳程便于散热，减少冷却剂用量；黏度大或流量小的流体在挡板的作用下在低 Re 可达到湍流。

对于不清洁或易结垢的流体走易清洁的一侧，对于直管管束，宜走管程，对于 U 形管束宜走壳程。当两流体温差较大时，对于固定管板式换热器将对流系数大的流体走壳程，以减小温差、减小不一致的热膨胀程度。

（二）流体流速的选择

在管程和壳程中流速增大，对流传热系数增大，减少结垢，但阻力增大，操作费用增加。因此适宜的流体流速通常根据经验选取。工业中常用的流速范围列于表 4-4 和表 4-5 中。

表 4-4　列管换热器内常用的流速范围　　　　　　　　单位：m/s

液体种类	流速	
	管程	壳程
低黏度液体	0.5~3	0.2~1.5
高黏度液体	>1	>0.5
气体	5~30	2~15

表 4-5　不同黏度液体在列管换热器中的流速

液体黏度/mPa·s	最大流速/(m/s)	液体黏度/mPa·s	最大流速/(m/s)
>1500	0.6	100～35	1.5
1500～500	0.75	35～1	1.8
500～100	1.1	<1	2.4

（三）换热管的规格和排列方式

管径越小，单位体积的传热面积越大。对清洁的流体管径可以取小些，而对黏度较大或易结垢的流体，为方便清洗或避免管子堵塞，管径取大些。目前系列标准中管径有 $\phi 19mm \times 2mm$、$\phi 25mm \times 2mm$ 和 $\phi 25mm \times 2.5mm$ 等规格。

管长应考虑管材用料和清洗的情况。系列标准中长度为 1.5m、2m、3m、4.5m、6m、9m。

管子的排列方法常用有等边三角形（即正三角形排列）、正方形直列、正方形错列，如图 4-31 所示。

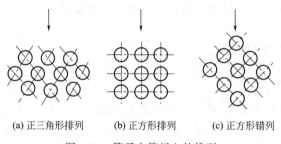

图 4-31　管子在管板上的排列

（四）折流挡板

安装挡板是为了提高壳程流体的对流传热系数。如图 4-32，为了获得良好的对流传热效果，折流挡板的尺寸和间距必须适当。挡板切口过大或过小都会产生流动"死区"。挡板间距过小检修不方便，阻力也大，间距过大不能保证流体垂直流过管束，使对流传热系数降低。

图 4-32　挡板切口和间距对流动的影响

四、系列标准换热器的选用步骤

1. 了解传热任务，掌握基本数据和工艺特点。

① 冷、热流体的流量，进出口温度，操作压力等。

② 冷、热流体的工艺特点，如腐蚀性、杂质含量、黏度等。

③ 冷、热流体的物性数据。

2. 计算内容和步骤

① 计算热负荷。

② 按照单壳程多管程计算平均温差。如果温度校正系数 $\varphi<0.8$，应增多壳程数。

③ 依据经验选择总传热系数，估算传热面积。

④ 确定两流体的管程或壳程，选定流体的流速；由流速和流量估算单管程的管子根数，由管子根数和传热面积估算管子长度；再由系列标准选择合适的型号。

⑤ 分别计算管程和壳程的对流传热系数，确定污垢热阻，求出总传热系数，并与估算的总传热系数比较，如果相差较大需重新估算。

⑥ 根据计算的总传热系数和平均温差计算传热面积。然后与选定的换热器传热面积比较，应有 10%～25% 的余量。

从上述可知，选型计算是一个反复计算的过程。

五、加热介质与冷却介质

在工业生产中选择合适的载热体可考虑下列原则：温度必须满足工艺要求，易调节；腐蚀性小，不易结垢；不分解，不易燃；价廉，传热性好。工业中常用的载热体如表 4-6。

表 4-6　工业上常用的载热体

	载热体	适用温度范围/℃	说明
加热剂	热水	40～100	利用水蒸气冷凝水或废热水
	饱和水蒸气	100～180	180℃水蒸气压力为 0.1MPa，再高压力不经济，温度易调节，冷凝相变热大，对流传热系数大
	矿物油	<250	价廉易得，黏度大，对流给热系数小，高于 250℃易分解，易燃
	联苯混合物 如道生油含联苯 26.5% 二苯醚 73.5%	液体 15～255 蒸气 255～380	适用温度宽，用蒸气加热时温度易调节，黏度比矿物油小
	熔盐 $NaNO_3$ 7% $NaNO_2$ 40% KNO_3 53%	142～530	温度高，加热均匀，比热容小
	烟道气	500～1000	温度高，比热容小，对流传热系数小
冷却剂	冷水 (有河水、井水、井厂给水、循环水)	15～20 15～35	来源广，价格便宜，冷却效果好，调节方便，水温受季节和气温影响，冷却水出口温度宜≤50℃，以免结垢
	空气	<35	缺乏水资源地区可用空气，对流传热系数小，温度受季节影响
	冷冻盐水(氯化钙溶液)	0～-15	用于低温冷却，成本高

小　　结

本章以间壁式换热器为主线，把相关的重要内容有机地联系起来。间壁式换热器主要有两种传热过程：热传导与热对流。现将相关的计算或处理原则总结如下。

(1) 傅里叶定律 $Q = \dfrac{t_1 - t_2}{\dfrac{b}{\lambda A}} = \dfrac{\Delta t}{R}$

若为多层传热壁稳态热传导，则总推动力等于各层推动力之和，总阻力等于各层阻力之和。对于每一层传热壁而言，温差越大，热阻越大。

(2) 牛顿冷却定律 $Q = \dfrac{T - T_w}{\dfrac{1}{\alpha_1 A_1}} = \dfrac{t_w - t}{\dfrac{1}{\alpha_2 A_2}}$

在间壁式换热器中，总传热速率方程 $Q = KA\Delta t_m$ 共四项，每项相关的计算或处理原则总结如下：

① 总传热系数 K

a. 若无污垢热阻，间壁式换热器的总热阻为 $\dfrac{1}{KA} = \dfrac{1}{\alpha_1 A_1} + \dfrac{b}{\lambda A_m} + \dfrac{1}{\alpha_2 A_2}$

若传热面积 A 以内表面面积 A_1 为基准（$A = A_1$） $\dfrac{1}{K_1} = \dfrac{1}{\alpha_1} + \dfrac{b}{\lambda}\dfrac{d_1}{d_m} + \dfrac{1}{\alpha_2}\dfrac{d_1}{d_2}$

若传热面积 A 以外表面面积 A_2 为基准（$A = A_2$） $\dfrac{1}{K_2} = \dfrac{1}{\alpha_1}\dfrac{d_2}{d_1} + \dfrac{b}{\lambda}\dfrac{d_2}{d_m} + \dfrac{1}{\alpha_2}$

若传热面积 A 以平均传热面积 A_m 为基准（$A = A_m$） $\dfrac{1}{K_2} = \dfrac{1}{\alpha_1}\dfrac{d_m}{d_1} + \dfrac{b}{\lambda} + \dfrac{1}{\alpha_2}\dfrac{d_m}{d_2}$

b. 若存在污垢热阻，以内表面面积 A_1 为基准（$A = A_1$） $\dfrac{1}{K_1} = \dfrac{1}{\alpha_1} + R_{d1} + \dfrac{b}{\lambda}\dfrac{d_1}{d_m} + R_{d2}\dfrac{d_1}{d_2} + \dfrac{1}{\alpha_2}\dfrac{d_1}{d_2}$

当传热壁为平壁或薄壁管时，$d_1 \approx d_2 \approx d_m$，可简化为 $\dfrac{1}{K} = \dfrac{1}{\alpha_1} + R_{d1} + \dfrac{b}{\lambda} + R_{d2} + \dfrac{1}{\alpha_2}$

若污垢热阻与传热壁的热阻可忽略时，可简化为 $\dfrac{1}{K_1} = \dfrac{1}{\alpha_1} + \dfrac{1}{\alpha_2}\dfrac{d_1}{d_2}$

当传热壁为平壁或薄壁管时，且污垢热阻与传热壁的热阻可忽略时，可简化为 $\dfrac{1}{K} = \dfrac{1}{\alpha_1} + \dfrac{1}{\alpha_2}$

K 趋近且小于 α_2 与 α_1 中较小的一个，应提高较小 α，进而提高 K。

② 平均温差 Δt_m

逆流或并流时 $\Delta t_m = \dfrac{\Delta t_2 - \Delta t_1}{\ln\dfrac{\Delta t_2}{\Delta t_1}}$

错流或折流 $\Delta t_m = \varphi \Delta t_{m逆}$

查表可知 $\varphi = f(R, P)$，其中 $R = \dfrac{T_1 - T_2}{t_2 - t_1}$，$P = \dfrac{t_2 - t_1}{T_1 - t_1}$

③ 热负荷 Q

两流体均无相变化 $Q = q_{m1} c_{p1}(T_1 - T_2) = q_{m2} c_{p2}(t_1 - t_2)$

热流体有相变，无温变 $Q = q_m r = q_{m2} c_{p2}(t_1 - t_2)$

热流体有相变，有温变　　$Q=q_{m1}[r+c_{p1}(T_s-T_2)]=q_{m2}c_{p2}(t_1-t_2)$

④ 传热面积 A

$$A=\frac{Q}{K\Delta t_m}$$

**工程应用**

列管式换热器的使用、维修与常见故障

列管式换热器是化工生产中的主要设备之一，怎样正确操作，维护，遇到故障将如何处理以保障设备的正常运转是每一个操作人员应该了解的知识。

(1) 列管式换热器的使用　在使用前先检查压力表、温度计、安全液位计和阀门是否完好。通入流体前先打开冷凝水排放阀排出污垢和积水，打开放空阀排出空气和不凝性气体。使用时打开放空阀先注入冷流体，当冷流体达到规定位置后缓慢或分次打开热流体阀门，做到先预热后加热，避免骤冷骤热。经常检查冷、热流体的进出口温度、压力情况，发现超限度变化立即消除故障。定期分析流体成分，以确定有无内漏。在使用中还应注意换热器有无渗漏，外壳有无变形或振动，若有及时处理。定期排放不凝性气体和冷凝液，定期清洗，提高传热效率。

(2) 列管式换热器的维护和清洗　换热器停车后，将流体排尽，拆下箱盖。若是浮头式换热器或 U 形管换热器则应抽出管束。首先用压缩空气、水或蒸汽清扫。若发现结垢需装上端盖进行酸洗。酸液的浓度为 6%～8%，酸洗中补充浓酸以保持酸液浓度不变。当浓度不再下降时，说明已经洗净垢层了，再用水洗净酸液，直至排出的水显中性。

酸洗后打开端盖，看管端是否松动，管路是否腐蚀。有些污垢不能清洗干净可采用机械清扫工具。清洗干净后要进行水压试验，若发现管路泄漏则需更换管路。若更换的管路拆卸有困难可采用堵塞不用的方法，用铁塞将两端管口塞住，但堵塞量一般不得超过 10%，否则传热面积减小过多。

(3) 列管式换热器的常见故障和处理（表 4-7）

表 4-7　列管式换热器的常见故障和处理

故障	产生原因	处理方法
传热效率下降	①列管结垢 ②壳体内不凝性气体或冷凝液增多 ③列管、管路或阀门堵塞	①清洗管路 ②排放不凝气和冷凝液 ③检查清理
振动	①壳体中介质流速过大 ②管路振动 ③管束与折流板的结构不合理 ④机座刚度不够	①调节流量 ②加固管路 ③改进设计 ④加固机座
管板和壳体连接处开裂	①焊接处质量较差 ②外壳体歪斜，管线的拉力或推力过大 ③腐蚀造成外壳壁厚减薄	①清除补焊 ②重新调整定位 ③探伤后修补
管束、胀口渗漏	①管子被折流板磨破 ②壳体和管束温差过大 ③管口腐蚀或胀接质量差	①换管或堵管 ②补胀或焊接 ③换管或补胀

习题

一、填空题

1. 由多层等厚平壁构成的导热壁面中,所用材料的热导率越小,则该壁面的热阻越_____,其两侧的温差愈_____。

2. 在无相变的对流传热过程中,热阻主要集中在_____,减少热阻的最有效措施是_____。

3. 通过三层平壁热传导中,若测得各面的温度 t_1、t_2、t_3 和 t_4 分别为 500℃、400℃、200℃和100℃;则各层热阻之比为_____。

4. 现有如下工艺参数:热流体进、出口温度分别为 300℃、200℃;冷流体进、出口温度分别为 25℃、180℃。那么在换热器中采用逆流时的平均温差为_____;并流时的平均温差为_____。

5. 某列管换热器的壳程为饱和水蒸气冷凝以便加热管程内流动的空气,则 K 值接近于_____侧流体的 α 值;壁温接近于_____侧流体的温度。若要提高 K 值,应设法提高_____侧流体的湍动程度。

6. 换热器设计中,流体流径的选择:腐蚀性的流体宜走_____。

7. 消除列管式换热器温差应力常用的方法有三种,即在壳体上加_____、_____或_____;翅片管换热器安装翅片的目的是_____。

二、选择题

1. 为了节省载热体用量,宜采用_____。
   A. 逆流   B. 并流   C. 错流   D. 折流

2. 稳态传热时,同一热流方向上的传热速率_____。
   A. $Q_1 > Q_2$ B. $Q_1 < Q_2$ C. $Q_1 = Q_2$ D. $Q_1 > Q_2$ 或 $Q_1 < Q_2$

3. 空气,水,金属固体的热导率分别为 λ_1,λ_2,λ_3,其大小顺序_____。
   A. $\lambda_1 > \lambda_2 > \lambda_3$ B. $\lambda_1 < \lambda_2 < \lambda_3$ C. $\lambda_2 > \lambda_3 > \lambda_1$ D. $\lambda_2 < \lambda_3 < \lambda_1$

4. 穿过三层平壁的稳态导热过程,已知各层温差 $\Delta t_1 = 40℃$,$\Delta t_2 = 35℃$,$\Delta t_3 = 5℃$,则第一层热阻与第二、三层热阻 R 的关系为_____。
   A. $R_1 > R_2 + R_3$
   B. $R_1 < R_2 + R_3$
   C. $1/R_1 = 1/R_2 + 1/R_3$
   D. $R_1 = R_2 + R_3$

5. 工业生产中,沸腾传热操作应设法保持在_____。
   A. 自然对流区   B. 核状沸腾区   C. 膜状沸腾区   D. 过渡区

6. 冷热两流体在逆流换热时,冷流体的出口温度可能是_____。
   A. 等于热流体的进口温度
   B. 低于热流体的进口温度
   C. 高于热流体的进口温度
   D. 远高于热流体的进口温度

7. 热流体对流传热系数为 α_1,冷流体对流传热系数为 α_2,$\alpha_1 \gg \alpha_2$,则换热器的壁温 T_w,t_w 接近_____。
   A. 热流体平均温度
   B. 冷流体平均温度
   C. 热、冷流体算术平均温差
   D. 热、冷流体对数平均温差

8. 热负荷 $Q = \alpha A \Delta t$,Δt 代表_____。

A. $T-T_w$ B. T_1-T_2 C. t_1-t_2 D. $T-t$

9. 对流传热系数关联式中普朗特数是表示_____的准数。

A. 物性影响 B. 流动状态 C. 对流传热 D. 自然对流影响

10. 蒸气在壁面上冷凝，_____冷凝的对流传热系数要大得多。

A. 膜状 B. 滴状 C. 自然 D. 强制

11. $\alpha_1=100\text{W}/(\text{m}^2\cdot\text{K})$，$\alpha_2=1000\text{W}/(\text{m}^2\cdot\text{K})$，总传热系数 K 值接近_____。

A. 100 B. 1000 C. 550 D. 500

12. 牛顿冷却公式是_____的基本公式。

A. 对流传热 B. 热传导 C. 辐射 D. 传质

13. 一定流量的液体在一 $\phi25\text{mm}\times2.5\text{mm}$ 的直管内做湍流流动，其对流传热系数 $\alpha=1000\text{W}/(\text{m}^2\cdot\text{K})$；如流量与物性都不变，改用 $\phi19\text{mm}\times2\text{mm}$ 的直管，则其 α 将变为_____。已知流体在管内强制对流传热系数 $\alpha=0.023(\lambda/d)Re^{0.8}Pr^n$。

A. 596 B. 1333 C. 1585 D. 1678

三、计算题

热传导

4-1 有一平面墙厚度为 500mm，一侧壁面温度为 200℃，另一侧壁面温度为 35℃，墙的热导率可取为 0.57W/(m·K)。求：(1) 通过平壁的热传导通量 q。(2) 平壁内距离高温侧 300mm 处的温度。

[答案：(1) $q=188.1\text{W/m}^2$；(2) $t=101℃$]

4-2 某平壁燃烧炉是由一层耐火砖与一层普通砖砌成，两层的厚度均为 100mm，其热导率分别为 1.05W/(m·℃) 及 0.8W/(m·℃)。待操作稳定后，测得炉膛的内表面温度为 700℃，外表面温度为 130℃。为了减少燃烧炉的热损失，在普通砖外表面增加一层厚度为 40mm、热导率为 0.06W/(m·℃) 的保温材料。操作稳定后，又测得炉内表面温度为 750℃，外表面温度为 90℃。设两层砖的热导率不变，试计算加保温层后炉壁的热损失比原来的减少百分之几？

[答案：$q=2588.1081\text{W/m}^2$，$q'=744.1611\text{W/m}^2$，71.2469%]

4-3 燃烧炉的平壁由三种材料构成。最内层为耐火砖，厚度为 150mm，热导率为 1.05W/(m·℃)，中间层为绝热砖，厚度为 290mm，热导率为 0.15W/(m·℃)，最外层为普通砖，厚度为 228mm，热导率为 0.8W/(m·℃)。已知炉内、外壁表面分别为 1050℃ 和 36℃，试求耐火砖和绝热砖间以及绝热砖和普通砖间界面的温度。假设各层接触良好。

[答案：988.6508℃，158.3916℃]

4-4 在外径 100mm 的蒸气管道外包绝热层。绝热层的热导率为 0.085W/(m·℃)，已知蒸气管外壁 180℃，要求绝热层外壁温度在 50℃ 以下，且每米管长的热损失不应超过 150W/m，试求绝热层厚度。

[答案：30.0920mm]

两流体间传热过程的计算

4-5 有一套管换热器将 0.45kg/s、80℃ 的硝基苯冷却到 40℃；冷却水初温为 30℃，出口温度不超过 35℃。忽略热损失，硝基苯和水的比热容分别为 1.6kJ/(kg·K)、4.174kJ/(kg·K)。求：(1) 冷却水用量 kg/s？(2) 在 (1) 题中如将冷却水的流量增一倍，问此时冷却水的终温将是多少？

[答案：(1) $q_m=1.3800\text{kg/s}$；(2) $t_2=32.5℃$]

4-6　在一列管换热器中,用热柴油与原油换热。

(1) 当柴油与原油逆流流动时测得柴油进、出口温度分别为 246℃ 和 158℃,原油进、出口温度分别为 128℃ 和 142℃。求传热平均温度差。

(2) 保持原油、柴油进、出口温度不变,但该换热器改用并流操作,计算并流时的平均温度差。

[答案:(1) 59.5241℃;(2) $t_2 = 51.0486$℃]

4-7　有一列管式换热器管径为:$\phi 25mm \times 2.5mm$。热空气走管程,冷却水走壳程与空气呈逆气流流动。已知管内侧空气的 α_1 为 $50W/(m^2 \cdot K)$,管外水侧的 α_2 为 $1000W/(m^2 \cdot K)$,钢的 λ 为 $45W/(m \cdot K)$。已知管内表面污垢热阻为 $0.5 \times 10^{-3} m^2 \cdot K/W$,管外表面污垢热阻忽略不计。试求基于管内表面积的总传热系数 K。　　[答案:$45.8469W/(m^2 \cdot K)$]

4-8　有一碳钢制造的套管换热器,内管直径为 $\phi 89mm \times 3.5mm$,流量为 2000kg/h 的苯在内管中从 80℃ 冷却到 50℃。冷却水在环隙从 15℃ 升到 35℃。苯的对流传热系数 $\alpha_1 = 230W/(m^2 \cdot K)$,水的对流传热系数 $\alpha_2 = 290W/(m^2 \cdot K)$,忽略污垢热阻。试求:(1) 冷却水消耗量;(2) 并流和逆流操作时所需传热面积。

[答案:(1) 1336kg/h;(2) 6.9080m^2,5.8890m^2]

本章符号说明

符号	意义	计量单位
A	面积	m^2
b	厚度	m
c_p	定压平均比热容	$kJ/(kg \cdot K)$
d	管径	m
d_e	当量直径	m
K	总传热系数	$W/(m^2 \cdot K)$
g	自由落体加速度	m/s^2
l	管长	m
p	流体压力(压强)	Pa
Q	传热速率,热负荷	W
q	热流密度	W/m^2
R	热阻	$m^2 \cdot K/W$
R_d	污垢热阻	$m^2 \cdot K/W$
r	比汽化热	$kJ/(kg \cdot K)$
T	热力学温度	K 或 ℃
t	温度	K 或 ℃
Δt_m	冷、热流体间的平均温差	K 或 ℃
u	流速	m/s
希文		
α	对流传热系数	$W/(m^2 \cdot K)$
λ	热导率	$W/(m \cdot K)$
μ	黏度	$Pa \cdot s$

ρ	密度	kg/m³
φ	温度校正系数	
Nu	努塞尔数	
Re	雷诺数	
Pr	普朗特数	
Gr	格拉晓夫数	

第五章

吸 收

学习指导

学习目的

通过本章的学习,掌握气体吸收的基本概念、低浓度混合气体吸收过程的基本计算方法以及填料塔的基本知识。

学习要点

1. 重点掌握的内容
(1) 气体吸收过程的平衡关系。
(2) 气体吸收过程的速率关系。
(3) 低浓度混合气体吸收过程的计算。
(4) 填料塔的流体力学性能与操作特性。
2. 学习时应注意的问题
表示吸收过程平衡关系的亨利定律,有多种表达形式,应注意其间的联系;低浓度混合气体的吸收计算,最好利用数学思维画示意图参考。

吸收是典型的传质单元操作。化工生产中,常常会遇到从几种气体混合物中分离其中一种或多种组分的单元操作过程,该过程即为气体的吸收。气体吸收的原理是根据混合气体各组分在某溶剂中溶解度的不同而进行分离。吸收操作如图5-1所示,吸收过程常在吸收塔中进行。吸收时所用的液体称为吸收剂或溶剂;混合气体中能够显著溶解于吸收剂的组分称为溶质;几乎不被溶解的组分称为惰性组分或载体;所得到的溶液称为吸收液或溶液,其主要成分为溶剂和溶质;被吸收后排出的气体称为吸收尾气,其主要成分为惰性气体,但仍含有少量未被吸收的溶质。

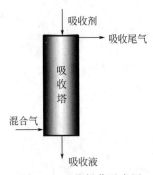

图 5-1 吸收操作示意图

实际生产中除少部分直接获得液体产品的吸收操作外,一般的吸收过程都要求对吸收后的溶剂进行再生,即在另一称为解吸塔的设备中进行与吸收相反的解吸操作。因此,工业上的吸收操作流程通常包括吸收和解吸两部分。

气体吸收作为一种重要的分离手段,被广泛地应用于化工、医药、冶金等生产过程。

案例分析

合成氨的生产过程一般包括造气、净化、压缩和合成四个主要工段。

在造气工段，无论选用什么原料及方法造气，经变换后的合成气中都含有大量的CO_2。CO_2不仅耗费气体压缩功，空占设备体积，而且对后续工序有害；此外，CO_2还是重要的化工原料，如尿素、纯碱和碳酸氢铵的生产都需要大量CO_2。因此合成氨生产中在合成工段之前，必须对原料气中含有的CO_2进行脱除。脱除工艺气中CO_2的过程称为"脱碳"，在合成氨-尿素联产的化肥装置中，它兼有净化气体和回收纯净CO_2的两个目的。那么如何将CO_2从原料气中分离呢？

CO_2是一种酸性气体，对合成氨合成气中CO_2的脱除，一般采用溶剂吸收的方法。

碳酸丙烯酯吸收CO_2是典型的物理吸收过程，如图5-2所示。原料气从吸收塔底部进入塔内，在填料塔中与碳酸丙烯酯溶剂逆流接触。原料气中大部分CO_2被吸收，含量降为1%左右的净化气从吸收塔顶离开吸收塔，去后续

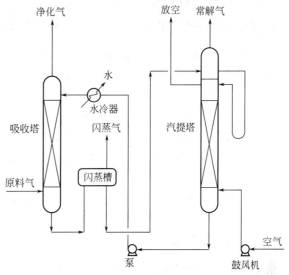

图5-2 碳酸丙烯酯脱碳工艺流程图

工段。吸收了CO_2的碳酸丙烯酯富液从塔底引出，减压，进入闪蒸槽，碳酸丙烯酯富液中溶解的H_2、N_2几乎全被闪蒸出来，部分CO_2也随同一起闪蒸出来，闪蒸气返回氮氢气压缩机予以回收，重新进入吸收塔。闪蒸液依靠自身压力，进入汽提塔上部的常压解吸段，释放出所溶的大部分CO_2气体，常解气含$CO_2 > 97\%$，可供尿素生产或其他用途。

分解后的碳酸丙烯酯溶液溢流进入汽提塔汽提段，与鼓风机送入塔内的空气逆流接触，进一步汽提出残留于溶液中的CO_2，汽提气放空。出汽提塔的碳酸丙烯酯贫液经泵加压，经水冷器冷却，送入吸收塔循环使用。

那么CO_2被吸收的原理是什么呢？为什么能被吸收？选用的溶剂为什么是碳酸丙烯酯呢？选择时有什么要求？CO_2被吸收净化到了什么程度？能否达到要求？吸收速率如何表达？选用溶剂碳酸丙烯酯应加入多少量？对应的设备是什么结构？在吸收过程遵循什么规律？是否对气体、液体及设备有一定的要求？在吸收过程中出现故障如何对操作条件进行调节？……带着这些问题我们一起走进"吸收"，一探究竟！

第一节 概 述

一、吸收操作的分类

工业上，气体混合物的吸收分离过程通常比较复杂，分类方法也多种多样。即使是同一吸收过程，按不同的分类方法也可以有多种吸收类别。

（一）物理吸收和化学吸收

吸收过程按溶质与吸收剂之间是否发生化学反应可分为物理吸收和化学吸收。

（二）单组分吸收与多组分吸收

吸收过程按被吸收组分数目的不同可以分为单组分吸收和多组分吸收。

（三）等温吸收与非等温吸收

吸收过程按有无明显的温度变化可以分为等温吸收和非等温吸收。

（四）低浓度吸收与高浓度吸收

吸收过程按被吸收组分含量的不同可以分为低浓度吸收和高浓度吸收。如果溶质在气液两相中摩尔分数均较低（根据生产经验，通常小于 0.1），这种吸收称为低浓度吸收；相反，则称为高浓度吸收。

本章重点讨论低浓度、单组分、等温的物理吸收过程。

二、吸收的应用

吸收的应用大致有以下几种。

（一）制取某种气体的液态产品

例如，用 98% 的硫酸吸收 SO_3 气体制取发烟硫酸；用水吸收氯化氢制取盐酸等。

（二）回收混合气体中的有用组分

例如用硫酸从煤气中回收氨生产硫酸铵；用洗油从煤气中回收粗苯等。

（三）除去有害组分以净化或精制气体

包括原料气的净化和尾气、废气的净化等。例如用碳酸丙烯酯脱除合成氨原料气中的二氧化碳；用栲胶法脱除煤气中的硫等。

三、吸收设备

吸收过程的进行常在吸收塔内进行。吸收塔的类型多样，最常用的有填料塔和板式塔。填料塔是以塔内的填料作为气液两相接触构件的传质设备，主要包括塔体、填料、液体分布器、液体再分布器、填料支撑板、气体和液体进出口管等，如图 5-3 所示。板式塔是由圆柱形壳体、塔板、溢流堰、降液管及受液盘等部件组成的，其中塔板是最主要的部件，它提供了气液两相接触的场所，如图 5-4 所示。

填料塔与板式塔的计算方法不同，本章以填料塔为例，对吸收过程及吸收塔的计算进行详细讨论分析。关于板式塔的相关计算将在下一章介绍。

四、吸收剂的选择

吸收剂的性能往往是决定吸收效果的关键，因此，选择适宜的吸收剂具有十分重要的意义。通常同一种溶质可溶解于不同的吸收剂中，所以在选择吸收剂时，应从以下几方面考虑。

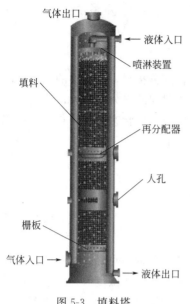

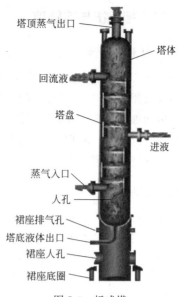

图 5-3 填料塔　　　　　　　图 5-4 板式塔

（一）溶解度

溶质在溶剂中的溶解度要大。这样可以提高吸收速率并减小吸收剂的耗用量，气体中溶质的极限残余浓度亦可降低。

（二）选择性

吸收剂对混合气体中的溶质要有较高的选择性。这要求所选用的吸收剂对溶质有良好的吸收能力，而对其他组分应不吸收或吸收甚微，否则不能直接实现有效分离。

（三）挥发度

操作温度下吸收剂的蒸气压要低，因为离开吸收设备的气体往往被吸收剂所饱和，吸收剂的挥发度越大，则在吸收和再生过程中吸收剂损失越大。

（四）黏度

吸收剂在操作温度下黏度要低，这样其在塔内的流动性好，流体输送功耗小，有助于传质速率和传热速率的提高。

此外，所选的吸收剂还应尽可能满足无毒性、无腐蚀性、不易燃易爆、不发泡、冰点低，价廉易得以及化学性质稳定的要求。

实际上，任何一种吸收剂都难以满足以上所有要求。因此，选用时应针对具体情况和主要矛盾，既考虑工艺要求又兼顾到经济合理性。

第二节　吸收过程的气液相平衡

气体吸收是一种典型的相际间传质过程，气液相平衡关系是研究气体吸收过程的基础。

一、气液相平衡与溶解度

(一) 气液相平衡

在一定压力和温度下，使一定量的吸收剂与混合气体充分接触，气相中的溶质便向液相溶剂中转移或液相溶剂中的溶质向气相中转移，经过足够长时间的充分接触后，液相中溶质组分的浓度不再增加或减少，成为饱和溶液，气液两相达到平衡，此状态为气液相平衡状态。此时并非没有溶质分子进入液相，只是在任何时刻进入液相中的溶质分子数与从液相中逸出的恰好相等，所以气液相际平衡为动态平衡。

(二) 溶解度

在平衡状态下，气相中溶质的分压称为平衡分压或饱和分压；与之对应，液相中溶质的浓度称为平衡浓度或气体在液体中的溶解度。

气体在液体中的溶解度大小随物系、温度和压强而变，其数值可通过实验测定。在一定条件（温度、压力）下，根据实验测得平衡时溶质在气相和液相中的浓度数据，绘制成二维关系曲线即为溶解度曲线。图 5-5、图 5-6 分别为低压下 NH_3、O_2 在水中的溶解度曲线。

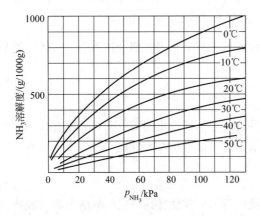

图 5-5　NH_3 在水中的溶解度曲线

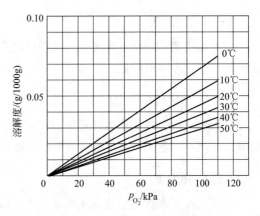

图 5-6　O_2 在水中的溶解度曲线

由图可以看出，不同气体在同一溶剂中的溶解度有很大差异。在一定温度和压力下，两者中 NH_3 溶解度较大，NH_3 是易溶于水的气体；O_2 溶解度较小，是难溶于水的气体。同时也得出，不同气体用同一吸收剂吸收，所得溶液浓度相同时，易溶气体在溶液上方的平衡分压小，难容气体在溶液上方的平衡分压大。

另外，由图还可以看出，对于同一溶质，在相同的气相分压下，溶解度随温度的升高而减小；在相同的温度下，溶解度随气相分压的升高而增大。

所以，加压和降温对吸收操作有利；而减压和升温则对解吸有利。

二、亨利定律

亨利定律指出，当总压不太高（不超过 $5×10^5 Pa$）时，在一定温度下的稀溶液（或难溶气体）的溶解度曲线近似为直线，即溶质在液相中的溶解度与其在气相中的组成成正比，其比例系数为亨利系数。因气液两相组成的表示方法不同，所以亨利定律也有不同的表达形式。

（一）亨利定律表达式

1. p-x 关系

若溶质在气、液相中的组成分别以分压 p、摩尔分数 x 表示，则亨利定律可写成如下的形式，即：

$$p_A^* = Ex \tag{5-1}$$

式中　p_A^*——溶质 A 在气相中的平衡分压，kPa；

　　　x——液相中溶质的摩尔分数；

　　　E——比例系数，称为亨利系数，kPa。

由此可以看出，在一定的气相平衡压力下，E 值小，液相中溶质的摩尔分数大，即溶质的溶解度大。故易溶气体的 E 值小，而难溶气体的 E 值大。

亨利系数 E 的值随物系而变化。对一定的物系，温度升高，E 值增大。其值可由实验测定，也可从相关手册中查取。表 5-1 列出了某些常见气体水溶液的亨利系数。

表 5-1　某些气体水溶液的亨利系数

气体种类	温度/℃															
	0	5	10	15	20	25	30	35	40	45	50	60	70	80	90	100
	$(E\times 10^{-6})$/kPa															
H_2	5.87	6.16	6.44	6.70	6.92	7.16	7.39	7.52	7.61	7.70	7.75	7.75	7.71	7.65	7.61	7.55
N_2	5.35	6.05	6.77	7.48	8.15	8.76	9.36	9.98	10.5	11.0	11.4	12.2	12.7	12.8	12.8	12.8
空气	4.38	4.94	5.56	6.15	6.73	7.30	7.81	8.34	8.82	9.23	9.59	10.2	10.6	10.8	10.9	10.8
CO	3.57	4.01	4.48	4.95	5.43	5.88	6.28	6.68	7.05	7.39	7.71	8.32	8.57	8.57	8.57	8.57
O_2	2.58	2.95	3.31	3.69	4.06	4.44	4.81	5.14	5.42	5.70	5.96	6.37	6.72	6.96	7.08	7.10
CH_4	2.27	2.62	3.01	3.41	3.81	4.18	4.55	4.92	5.27	5.58	5.85	6.34	6.75	6.91	7.01	7.10
NO	1.71	1.96	2.21	2.45	2.67	2.91	3.14	3.35	3.57	3.77	3.95	4.24	4.44	4.45	4.58	4.60
C_2H_6	1.28	1.57	1.92	2.90	2.66	3.06	3.47	3.88	4.29	4.69	5.07	5.72	6.31	6.70	6.96	7.01
	$(E\times 10^{-5})$/kPa															
C_2H_4	5.59	6.62	7.78	9.07	10.3	11.6	12.9	—	—	—	—	—	—	—	—	—
N_2O	—	1.19	1.43	1.68	2.01	2.28	2.62	3.06	—	—	—	—	—	—	—	—
CO_2	0.378	0.8	1.05	1.24	1.44	1.66	1.88	2.12	2.36	2.60	2.87	3.46	—	—	—	—
C_2H_2	0.73	0.85	0.97	1.09	1.23	1.35	1.48	—	—	—	—	—	—	—	—	—
Cl_2	0.272	0.334	0.399	0.461	0.537	0.604	0.669	0.74	0.80	0.86	0.90	0.97	0.99	0.97	0.96	—
H_2S	0.272	0.319	0.372	0.418	0.489	0.552	0.617	0.686	0.755	0.825	0.689	1.04	1.21	1.37	1.46	1.50
	$(E\times 10^{-4})$/kPa															
SO_2	0.167	0.203	0.245	0.294	0.355	0.413	0.485	0.567	0.661	0.763	0.871	1.11	1.39	1.70	2.01	—

2. p-c 关系

若溶质在气、液相中的组成分别以分压 p、摩尔浓度 c 表示，则亨利定律可写成如下的形式，即：

$$p_A^* = \frac{c_A}{H} \tag{5-2}$$

式中　p_A^*——溶质 A 在气相中的平衡分压，kPa；
　　　c_A——溶质 A 在液相中的物质的量浓度，kmol/m³；
　　　H——溶解度系数，kmol/(m³·kPa)。

溶解度系数 H 也是温度的函数。对于一定的溶质和溶剂，H 值随温度升高而减小。易溶气体的 H 值很大，而难溶气体的 H 值则很小。

3. y-x 关系

若溶质在气、液相中的组成分别以摩尔分数 y、x 表示，则亨利定律可写成如下的形式，即：

$$y^* = mx \tag{5-3}$$

式中　y^*——与液相组成 x 呈平衡的气相中溶质的摩尔分数；
　　　x——液相中溶质的摩尔分数；
　　　m——相平衡常数。

对于一定的物系，相平衡常数 m 是温度和压力的函数，其数值可由实验测得。m 值越大，则表明该气体的溶解度越小；反之，则溶解度越大。

4. Y-X 关系

在吸收过程中，混合物的总摩尔数是变化的。因此，若用摩尔分数表示气、液相组成，计算很不方便。为此引入以惰性组分为基准的摩尔比来表示气、液相的组成。

气液相摩尔分数与摩尔比的关系为：

$$X = \frac{x}{1-x} \quad \text{或} \quad x = \frac{X}{1+X} \tag{5-4}$$

$$Y = \frac{y}{1-y} \quad \text{或} \quad y = \frac{Y}{1+Y} \tag{5-5}$$

将式(5-4) 和式(5-5) 带入式(5-3)，可得：

$$\frac{Y^*}{1+Y^*} = m \frac{X}{1+X}$$

整理，得：

$$Y^* = \frac{mX}{1+(1-m)X} \tag{5-6}$$

对于低浓度的稀溶液，$(1-m)X \ll 1$，则式(5-6) 可化简为：

$$Y^* = mX \tag{5-7}$$

由式(5-7) 可知，对于稀溶液，其平衡关系在 Y-X 图中为一条通过原点的直线，直线的斜率为 m。

应予指出，亨利定律的各种表达式所描述的都是互成平衡的气液两相组成之间的关系，它既可用来根据液相组成计算与之平衡的气相组成，也可用来根据气相组成计算与之平衡的液相组成。

（二）各系数间的关系

1. m 与 E 的关系

若系统总压为 $p_{总}$，由理想气体分压定律可知：

$$p_A^* = p_{总} y^*$$

将上式代入式(5-1)，可得：

$$y^* = \frac{E}{p_{总}} x$$

与式(5-3)比较，可得：

$$m = \frac{E}{p_{总}} \tag{5-8}$$

2. H 与 E 的关系

由式(5-1)和式(5-2)，得：

$$H = \frac{c_A}{Ex}$$

溶液中溶质的浓度 c_A 与摩尔分数 x 的关系为：

$$c_A = cx$$

式中　c——溶液的总浓度，$\dfrac{\text{kmol 溶液}}{\text{m}^3 \text{ 溶液}} = \dfrac{\text{kmol 溶剂}+\text{kmol 溶质}}{\text{m}^3 \text{ 溶液}}$。

将上述两式联立，可得：

$$H = \frac{c}{E} \tag{5-9}$$

溶液的总浓度 c 与溶液的密度 ρ 的关系为：

$$c = \frac{\rho}{M}$$

式中　M——溶液的平均摩尔质量，kg/kmol。

对于稀溶液，有：

$$c \approx \frac{\rho_s}{M_s} \tag{5-10}$$

式中　ρ_s——溶剂的密度，kg/m³；
　　　M_s——溶剂的摩尔质量，kg/kmol。

将式(5-10)代入(5-9)，可得：

$$H \approx \frac{\rho_s}{EM_s} \tag{5-11}$$

3. m 与 H 的关系

将式(5-8)与式(5-11)联立，可得：

$$H = \frac{\rho_s}{p_{总} M_s} \times \frac{1}{m} \tag{5-12}$$

三、气液相平衡在吸收过程中的应用

(一) 判断传质进行的方向

当气、液两相间进行质量传递时溶质可以从气相传质到液相，进行吸收过程；也可从液相传质到气相，进行解吸过程。那么如何判断溶质的传递方向呢？

设某一瞬时，气相中溶质的实际组成为 y，溶液中溶质的实际组成为 x。那么根据相平

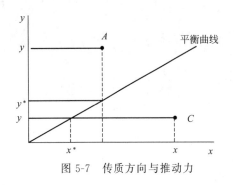

图 5-7 传质方向与推动力

衡关系可分别求出与之平衡的液相、气相组成 x^* 和 y^*。若 $y>y^*$（或 $x<x^*$），说明溶液还未达到饱和状态，此时溶质的传质方向为从气相向液相传递，进行吸收过程，如图 5-7 中 A 点所示，推动力为 $(y-y^*)$。相反，若 $y<y^*$（或 $x>x^*$），则说明传质的方向为从液相向气相传递，进行解吸过程，如图 5-7 中 C 点所示，推动力为 $(x-x^*)$。

（二）指明传质进行的极限

一定量的混合气（组成为 y_1）从塔底进入吸收塔后，当塔高增加、吸收剂用量减少时，吸收液的组成 x_1 将增大。但即使塔是无限高、溶剂量也很小，其值也不会大于 x_1^*，最大组成 $x_{1\max}$ 为 y_1 的平衡液相组成，即：

$$x_{1,\max} = x_1^* = \frac{y_1}{m} \tag{5-13}$$

同样，当吸收剂用量很大，且塔无限高时，塔顶尾气中溶质的组成 y_2 也不会无限降低，其最小组成 $y_{2\min}$ 为 x_2 的平衡液相组成 y_2^*，即：

$$y_{2,\min} = y_2^* = mx_2 \tag{5-14}$$

当 $x_2=0$ 时，$y_{2,\min}=0$，理论上实现气相溶质的全部吸收。

【例 5-1】 在总压 101.3kPa，温度 30℃的条件下，SO_2 摩尔分率为 0.3 的混合气体与 SO_2 摩尔分率为 0.01 的水溶液相接触，试问：

(1) 从液相分析 SO_2 的传质方向；

(2) 从气相分析，其他条件不变，温度降到 0℃时 SO_2 的传质方向；

(3) 其他条件不变，从气相分析，总压提高到 202.6kPa 时 SO_2 的传质方向，并计算以液相摩尔分率差及气相摩尔率差表示的传质推动力。

解 (1) 查得在总压 101.3kPa，温度 30℃条件下 SO_2 在水中的亨利系数 $E=4850$kPa

所以
$$m=\frac{E}{p}=\frac{4850}{101.3}=47.88$$

从液相分析

$$x^*=\frac{y}{m}=\frac{0.3}{47.88}=0.00627$$

因 $x=0.01$，$x^*<x$。故 SO_2 的传质方向必然是从液相到气相，进行解吸过程。

(2) 查得在总压 101.3kPa，温度 0℃的条件下，SO_2 在水中的亨利系数 $E=1670$kPa

$$m=\frac{E}{p}=\frac{1670}{101.3}=16.49$$

从气相分析

$$y^*=mx=16.49\times 0.01=0.16$$

因 $y=0.3$，$y>y^*$。故 SO_2 的传质方向必然是从气相到液相，进行吸收过程。

(3) 在总压 202.6kPa，温度 30℃条件下，SO_2 在水中的亨利系数 $E=4850$kPa

$$m = \frac{E}{p} = \frac{4850}{202.6} = 23.94$$

从气相分析

$$y^* = mx = 23.94 \times 0.01 = 0.24$$

因 $y = 0.3$, $y > y^*$。故 SO_2 的传质方向必然是从气相到液相，进行吸收过程。

$$x^* = \frac{y}{m} = \frac{0.3}{23.94} = 0.0125$$

以液相摩尔分数表示的吸收推动力为

$$\Delta x = x^* - x = 0.0125 - 0.01 = 0.0025$$

以气相摩尔分数表示的吸收推动力为

$$\Delta y = y - y^* = 0.3 - 0.24 = 0.06$$

分析：降低操作温度，E 减小，m 减小，溶质在液相中溶解度增加，有利于吸收；压力不太高时，$P_总$ 增大，E 变化忽略不计；但 m 增大使溶质在液相中的溶解度增加，有利于吸收。

第三节 吸收过程的传质速率

吸收过程的传质与热量传递中的导热和对流传热类似，传质方式包括分子传质（分子扩散）和对流传质（对流扩散）。传质速率也与传热等其他传递过程一样，遵循"过程速率＝$\frac{过程推动力}{过程阻力}$"的一般关系式。

对于吸收来说，传质的过程是混合气体中的某一组分由气相转移到液相的过程。主要包括以下3个步骤：

① 该组分由气相主体传递到气液相界面的气相一侧。
② 在相界面上溶解，该组分从相界面的气相侧进入液相侧。
③ 该组分再从液相一侧界面向液相主体传递。

一、分子扩散和费克定律

（一）分子扩散现象

分子传质又称分子扩散，它指的是在一相内部，当某一组分存在浓度差异时，由于分子的无规则热运动而造成该组分由浓度较高处传递至浓度较低处的物质传递现象。

（二）菲克定律

由两组分 A 和 B 组成的混合物，在恒定温度、总压条件下，若组分 A 只沿 Z 方向扩散，浓度梯度为 $\frac{dc_A}{dZ}$，则任一点处组分 A 的扩散通量与该处 A 的浓度梯度成正比，此定律称为菲克定律，数学表达式为：

$$J_A = -D_{AB}\frac{dc_A}{dZ} \tag{5-15a}$$

$$J_B = -D_{BA}\frac{dc_B}{dZ} \tag{5-15b}$$

式中 $\frac{dc_A}{dZ}$，$\frac{dc_B}{dZ}$——分别为组分 A、B 在扩散方向 Z 上的浓度梯度，$kmol/m^4$；

D_{AB}、D_{BA}——比例系数，分别称为组分 A 在组分 B 中的分子扩散系数、组分 B 在组分 A 中的分子扩散系数，m^2/s。

式中负号表示扩散方向与浓度梯度方向相反，扩散沿着浓度降低的方向进行。

应予指出，菲克定律仅适用于双组分混合物。该定律在形式上与牛顿黏性定律、傅里叶热传导定律相类似。

二、两相间传质的双膜理论

双膜理论基于双膜模型，它把复杂的对流传质过程描述为溶质以分子扩散形式通过两个串联的有效膜，认为扩散所遇到的阻力等于实际存在的对流传质阻力。其模型如图 5-8 所示，它包含以下几点基本假设。

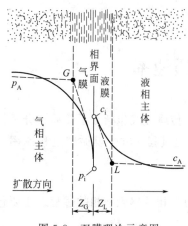

图 5-8 双膜理论示意图

① 当气液两相接触时，气液两相间存在着一个稳定的相界面，在相界面两侧存在着两个层流流动的停滞膜，即"气膜"和"液膜"。气液两相间的传质为通过两停滞膜内的分子扩散过程。

② 在膜层外的气液两相主体，由于流体的强烈湍动，各处浓度均匀一致，基本没有浓度梯度，无传质阻力。

③ 在相界面上，气液两相互成平衡，没有传质阻力。

由此可见，双膜理论把复杂的相际传质过程归结为气液两膜层内的分子扩散过程，两膜层构成了传质过程的阻力所在，膜层外的气液两相主体及相界面上均无阻力存在。因此，双膜模型又称为双阻力模型。

三、吸收速率方程

要计算完成吸收任务所需设备的尺寸，核算混合气体通过指定设备所能达到的吸收程度，均需知道吸收速率。吸收速率是指单位传质面积上在单位时间内所吸收的溶质的量。描述吸收速率与吸收推动力之间的数学表达式称为吸收速率方程。

（一）气膜吸收速率方程

$$N_A = k_G(p - p_i) = \frac{p - p_i}{\frac{1}{k_G}} = \frac{气膜传质推动力}{气膜传质阻力} \tag{5-16}$$

式中 k_G——气膜传质系数，或称气相传质系数，$kmol/(m^2 \cdot s \cdot kPa)$。

当气相的组成以摩尔分数表示时，相应的气膜吸收速率方程为：
$$N_A = k_y(y - y_i) \tag{5-17}$$
式中　k_y——以摩尔分数差为推动力的气膜传质系数，$kmol/(m^2 \cdot s)$；
　　　y——溶质在气相主体中的摩尔分率；
　　　y_i——溶质在相界面处的摩尔分率。

由式(5-17)可知，$\dfrac{1}{k_y}$ 是与气膜传质推动力 $(y - y_i)$ 相对应的气膜传质阻力。

同样，当气相的组成以摩尔比表示时，相应的气膜吸收速率方程为：
$$N_A = k_Y(Y - Y_i) \tag{5-18}$$
式中　k_Y——以摩尔比差为推动力的气膜传质系数，$kmol/(m^2 \cdot s)$；
　　　Y——溶质在气相主体中的摩尔比；
　　　Y_i——溶质在相界面处的摩尔比。

注意，式(5-16)～式(5-18)均为气膜吸收速率方程，但应用方程时气膜传质系数必须与对应的推动力一致。

（二）液膜吸收速率方程

同气膜吸收速率方程类似，液相传质速率方程为：
$$N_A = k_L(c_i - c) = \frac{c_i - c}{\dfrac{1}{k_L}} = \frac{液膜传质推动力}{液膜传质阻力} \tag{5-19}$$

式中　k_L——液膜传质系数，或称液相传质系数，$kmol/(m^2 \cdot s \cdot kmol/m^3)$。

同理，若分别用摩尔分数、摩尔比表示溶质的组成，则可分别写出下列液相传质速率方程
$$N_A = k_x(x_i - x) \tag{5-20}$$
$$N_A = k_X(X_i - X) \tag{5-21}$$
式中　k_x——以摩尔分数差为推动力的液膜传质系数，$kmol/(m^2 \cdot s)$；
　　　k_X——以摩尔比差为推动力的液膜传质系数，$kmol/(m^2 \cdot s)$；
　　　x, x_i——表示溶质在气相主体、相界面处的摩尔分数；
　　　X, X_i——表示溶质在气相主体、相界面处的摩尔比。

（三）总吸收速率方程

一般而言，界面浓度是难以测定的，为避开这一难题，可以采用类似于间壁传热中的处理方法。对于吸收过程，同样可以采用两相主体组成的某种差值来表示总推动力，从而写出相应的总吸收速率方程式。这种速率方程式中的吸收系数，称为总吸收系数，以 K 表示。总系数的倒数即为总阻力，总阻力应当是两膜传质阻力之和。

但由于气、液两相的浓度有不同的表示方法，所以传质推动力以及对应的传质速率方程也有不同的表达形式。在吸收计算中，当溶质含量较低时，通常采用摩尔比表示组成较为方便，故常用到以 $(Y - Y^*)$ 或 $(X^* - X)$ 表示总推动力的吸收速率方程式。

1. 以 $(Y - Y^*)$ 为推动力的总传质速率方程

用线性化的气液相平衡关系式 $Y^* = mX + b$，可得：

$$X_i = \frac{Y_i - b}{m}, \quad X = \frac{Y^* - b}{m}$$

代入液相传质速率方程式(5-21)，则得：

$$N_A = \frac{\dfrac{Y_i}{m} - \dfrac{Y^*}{m}}{\dfrac{1}{k_X}} = \frac{Y_i - Y^*}{\dfrac{m}{k_X}}$$

因在稳态传质过程中，溶质通过气相的传质速率与通过液相的传质速率相等，即：

$$N_A = \frac{Y_i - Y^*}{\dfrac{m}{k_X}} = \frac{Y - Y_i}{\dfrac{1}{k_Y}}$$

所以有：

$$N_A = \frac{Y - Y^*}{\dfrac{m}{k_X} + \dfrac{1}{k_Y}} \tag{5-22}$$

令

$$K_Y = \frac{1}{\dfrac{m}{k_X} + \dfrac{1}{k_Y}} \tag{5-23}$$

则得以 $(Y - Y^*)$ 为推动力的总传质速率方程式：

$$N_A = K_Y (Y - Y^*) \tag{5-24}$$

式中 K_Y——以 $(Y - Y^*)$ 为推动力的总传质系数，简称气相总传质系数，$kmol/(m^2 \cdot s)$。

由式(5-23)，即：

$$\frac{1}{K_Y} = \frac{m}{k_X} + \frac{1}{k_Y} \tag{5-25}$$

可知，总系数 K_Y 的倒数为传质总阻力，是由液膜阻力 $\dfrac{m}{k_X}$ 与气膜阻力 $\dfrac{1}{k_Y}$ 两部分组成的。

对于易溶气体，其相平衡常数 m 很小，由式(5-25)可知，液膜传质阻力 $\dfrac{m}{k_X}$ 比气膜阻力 $\dfrac{1}{k_Y}$ 小很多，即：

$$\frac{m}{k_X} \ll \frac{1}{k_Y}$$

此时传质阻力的绝大部分存在于气膜之中，液膜阻力可以忽略，因而式(5-25)可简化为：

$$\frac{1}{K_Y} \approx \frac{1}{k_Y} \text{ 或 } K_Y \approx k_Y \tag{5-26}$$

亦即气膜阻力控制着整个吸收传质过程的速率，吸收总推动力的绝大部分用于克服气膜阻力，这种情况称为"气膜控制"。用水吸收氨、氯化氢等过程，通常被视为气膜控制的吸收过程。对于气膜控制过程，要提高传质速率，应减小气膜阻力，可增大气相的湍动程度。

2. 以 $(X^* - X)$ 为推动力的总传质速率方程

同样用线性化的气液相平衡关系式可得 Y_i 及 Y 的表达式，代入气相传质速率方程式(5-18)，得：

$$N_A = \frac{Y - Y_i}{\dfrac{1}{k_Y}} = \frac{m(X^* - X_i)}{\dfrac{1}{k_Y}}$$

此式与液相传质速率方程式（5-21）联立：

$$N_A = \frac{X^* - X_i}{\dfrac{1}{mk_Y}} = \frac{X_i - X}{\dfrac{1}{k_X}}$$

可得：

$$N_A = \frac{X^* - X}{\dfrac{1}{mk_Y} + \dfrac{1}{k_X}}$$

令

$$K_X = \frac{1}{\dfrac{1}{mk_Y} + \dfrac{1}{k_X}} \tag{5-27}$$

则可得到以（$X^* - X$）为推动力的总传质速率方程式：

$$N_A = K_X(X^* - X)$$

式中　K_X——以（$X^* - X$）为推动力的总传质系数，简称液相总传质系数，kmol/（m²·s）。

由式(5-27)，即：

$$\frac{1}{K_X} = \frac{1}{mk_Y} + \frac{1}{k_X} \tag{5-28}$$

可知总系数 K_X 的倒数为传质总阻力，是由液膜阻力 $\dfrac{1}{k_X}$ 与气膜阻力 $\dfrac{1}{mk_Y}$ 两部分组成的。

对于难溶气体，m 值很大，由式(5-28)可知，气膜阻力 $\dfrac{1}{mk_Y}$ 比液膜阻力 $\dfrac{1}{k_X}$ 小得多，即：

$$\frac{1}{mk_Y} \ll \frac{1}{k_X}$$

此时传质阻力的绝大部分存在于液膜之中，气膜阻力可以忽略，因而式(5-28)可简化为：

$$\frac{1}{K_X} \approx \frac{1}{k_X} \text{ 或 } K_X \approx k_X \tag{5-29}$$

亦即液膜阻力控制着整个吸收传质过程的速率，吸收总推动力的绝大部分用于克服液膜阻力，这种情况称为"液膜控制"。用水吸收氧、二氧化碳等过程，通常被视为液膜控制的吸收过程。对于液膜控制过程，要提高传质速率，应减小液膜阻力，可增大液相的湍动程度。

一般情况，对于中等溶解度的气体吸收过程，气膜阻力与液膜阻力均不可忽略。要提高过程速率，必须减小气膜、液膜阻力，增大气相和液相的湍动程度。

3. 吸收速率方程的不同表达形式

吸收速率方程因浓度的表示方法不同而有多种形态，前面对总的传质速率方程仅介绍了以摩尔比之差为推动力的两种形式，现将其他几种在内的所有表达形式进行汇总。可以把它们分为两类：一类是与膜吸收系数对应的速率方程，推动力为一相主体浓度与界面浓度之差，主要表达形式有：

$$N_A = k_G(p - p_i) \qquad N_A = k_y(y - y_i) \qquad N_A = k_Y(Y - Y_i)$$
$$N_A = k_L(c_i - c) \qquad N_A = k_x(x_i - x) \qquad N_A = k_X(X_i - X)$$

另一类是与总吸收系数对应的速率方程，推动力为一相主体浓度与其平衡浓度之差，主要表达形式有：

$$N_A = K_Y(Y - Y^*) \qquad N_A = K_G(p - p^*) \qquad N_A = K_y(y - y^*)$$
$$N_A = K_X(X^* - X) \qquad N_A = K_L(c^* - c) \qquad N_A = K_x(x^* - x)$$

在使用这些方程的过程中一定要注意以下几点。

① 上述各种吸收速率方程式是等效的。采用任何吸收速率方程式均可计算吸收过程的速率。

② 任何吸收系数的单位都可用 $kmol/(m^2 \cdot s \cdot 单位推动力)$ 来表示。

③ 必须注意各吸收速率方程式中的吸收系数与吸收推动力的正确搭配及其单位的一致性。

④ 上述各吸收速率方程式，都是以气液组成保持不变为前提的，因此只适合于描述稳态操作的吸收塔内任一横截面上的速率关系，而不能直接用来描述全塔的吸收速率。在塔内不同横截面上的气液组成各不相同，其吸收速率也不相同。

⑤ 在使用与总吸收系数相对应的吸收速率方程式时，在整个过程所涉及的组成范围内，平衡关系须为直线。

各传质阻力之间的关系有：

$$\frac{1}{K_Y} = \frac{m}{k_X} + \frac{1}{k_Y} \qquad \frac{1}{K_X} = \frac{1}{mk_Y} + \frac{1}{k_X} \qquad \frac{1}{K_x} = \frac{1}{mk_y} + \frac{1}{k_x}$$

$$\frac{1}{K_y} = \frac{m}{k_x} + \frac{1}{k_y} \qquad \frac{1}{K_L} = \frac{H}{k_G} + \frac{1}{k_L} \qquad \frac{1}{K_G} = \frac{1}{k_G} + \frac{1}{Hk_L}$$

【例 5-2】 在总压为 100kPa、温度为 30℃时，用清水吸收混合气体中的氨，气相传质系数 $k_G = 3.86 \times 10^{-6} kmol/(m^2 \cdot s \cdot kPa)$，液相传质系数 $k_L = 1.83 \times 10^{-4} m/s$，假设此操作条件下的平衡关系服从亨利定律，测得液相溶质摩尔分率为 0.05，其气相平衡分压为 6.7kPa。求当塔内某截面上气、液组成分别为 $y = 0.05$，$x = 0.01$ 时 (1) 以 $p - p^*$、$c^* - c$ 表示的传质总推动力及相应的传质速率、总传质系数；(2) 分析该过程的控制因素。

(已知操作条件下水的密度为 $1000 kg/m^3$。)

解 (1) $x = 0.05$ 时根据式(5-1)亨利系数：

$$E = \frac{p_A^*}{x} = \frac{6.7}{0.05} = 134 kPa$$

由式(5-8)得相平衡常数：

$$m = \frac{E}{p_{总}} = \frac{134}{100} = 1.34$$

由式(5-11)得溶解度常数：

$$H = \frac{\rho_s}{EM_s} = \frac{1000}{134 \times 18} = 0.4146$$

当 $y = 0.05$，$x = 0.01$ 时 $p - p^* = 100 \times 0.05 - 134 \times 0.01 = 3.66 kPa$

由 $\dfrac{1}{K_G} = \dfrac{1}{Hk_L} + \dfrac{1}{k_G}$ 得：

$$\dfrac{1}{K_G} = \dfrac{1}{0.4146 \times 1.83 \times 10^{-4}} + \dfrac{1}{3.86 \times 10^{-6}} = 13180 + 259067 = 272247$$

解得 $\quad K_G = 3.67 \times 10^{-6} \text{ kmol/(m}^2 \cdot \text{s} \cdot \text{kPa)}$

所以以 $(p - p^*)$ 为推动力的传质速率方程为：

$$N_A = K_G(p - p^*) = 3.67 \times 10^{-6} \times 3.66 = 1.34 \times 10^{-5} \text{ kmol/(m}^2 \cdot \text{s)}$$

而 $\quad c = \dfrac{0.01}{0.99 \times 18/1000} = 0.56 \text{ kmol/m}^3$

$c^* = Hp = 0.4146 \times 100 \times 0.05 = 2.073 \text{ kmol/m}^3$

故 $c^* - c = 2.073 - 0.56 = 1.513 \text{ kmol/m}^3$

由 $K_G = HK_L$ 得：

$$K_L = \dfrac{K_G}{H} = \dfrac{3.67 \times 10^{-6}}{0.4146} = 8.9 \times 10^{-6} \text{ m/s}$$

所以以 $(c^* - c)$ 为推动力的传质速率方程为：

$$N_A = K_L(c^* - c) = 8.9 \times 10^{-6} \times 1.513 = 1.34 \times 10^{-5} \text{ kmol/(m}^2 \cdot \text{s)}$$

（2）与 $(p - p^*)$ 为总推动力相应的传质阻力为 $272247 \text{ (m}^2 \cdot \text{s} \cdot \text{kPa)/kmol}$；

其中气相阻力为 $\dfrac{1}{k_G} = \dfrac{1}{3.86 \times 10^{-6}} = 259067 \text{ m}^2 \cdot \text{s} \cdot \text{kPa/kmol}$；

气相阻力占总阻力的百分数为 $\dfrac{259067}{272247} \times 100\% = 95\%$。

故该传质过程为气膜控制过程。

分析：求解该题的关键是熟练掌握吸收速率方程及吸收系数间的关系，会判断吸收过程的控制因素。

第四节 吸收塔的计算

工业上通常在塔设备中实现气液传质，塔设备一般分为逐级接触式和连续接触式。板式塔为逐级接触式的气液传质设备，而填料塔为连续接触式的气液传质设备。本节以连续接触操作的填料塔为例，介绍吸收塔的计算。

填料塔内充以填料构成填料层，是塔内实现气液接触传质的有效部位。在填料塔内气、液两相原则上可做逆流流动，也可做并流流动，但如果没有特殊要求时，因逆流操作平均推动力大、吸收剂利用率高、分离程度高、完成一定分离任务所需传质面积小，所以工业上多采用逆流操作。

吸收塔的计算包括设计型计算和操作型计算。设计型计算指根据给定的吸收任务，在选定溶剂、得知相平衡关系后，计算吸收剂的用量，继而计算塔的主要工艺尺寸，包括塔径和塔的有效段（填料层）高度。而操作型计算是指在物系、吸收设备一定的情况下，操作条件的改变对吸收效果的影响或者确定塔设备能否完成任务。但无论是操作型计算还是设计型计算，计算的理论依据都是相平衡关系、操作线方程及传质速率方程。下面先介绍操作线方程，然后详细讨论设计型计算。

一、物料衡算与操作线方程

（一）物料衡算

如图 5-9 所示是一个定态操作的逆流接触的吸收塔，图中各符号的意义如下：V 为单位时间通过任一塔截面的惰性气体的量，kmol/s；L 为单位时间通过任一塔截面的溶剂的量，kmol/s；Y_1、Y_2 分别为进塔及出塔气体中溶质组分的摩尔比，kmol/kmol；X_1、X_2 分别为出塔及进塔液体中溶质组分的摩尔比，kmol/kmol。

在定态条件下，假设溶剂不挥发，惰性气体不溶于溶剂。以单位时间为基准，在全塔范围内，对溶质 A 作物料衡算得：

$$VY_1 + LX_2 = VY_2 + LX_1$$

或 $L/V = (Y_1 - Y_2)/(X_1 - X_2)$ \hfill (5-30)

通常，进塔混合气的组成与流量是由吸收任务规定的，而吸收剂的初始组成和流量往往根据生产工艺要求确定。如果吸收任务又规定了溶质回收率 η：

$$\eta = \frac{\text{吸收溶质 } A \text{ 的量}}{\text{混合气体中溶质 } A \text{ 的量}}$$

则气体出塔时的组成 Y_2 为：

$$Y_2 = Y_1(1 - \eta)$$

由式(5-30)，可求出塔底排出液中溶质的浓度

$$X_1 = X_2 + V(Y_1 - Y_2)/L \tag{5-31}$$

（二）操作线方程与操作线

吸收塔内任一横截面上，气体组成 Y 与液体组成 X 之间的关系称为操作关系，描述该关系的方程即为操作线方程。在稳态操作的情况下，操作线方程可通过对组分 A 进行物料衡算获得。

在逆流吸收塔内任取 $m\text{-}n$ 截面，如图 5-9 所示，在截面 $m\text{-}n$ 与塔顶间对溶质 A 进行物料衡算：

$$VY + LX_2 = VY_2 + LX$$

或

$$Y = \frac{L}{V}X + \left(Y_2 - \frac{L}{V}X_2\right) \tag{5-32}$$

式(5-32)为逆流吸收塔的操作线方程，它表明塔内任一截面上的气相浓度 Y 与液相浓度 X 之间呈直线关系，此直线通过塔顶 A（X_2，Y_2）及塔底 B（X_1，Y_1），且直线的斜率为 L/V，称为吸收操作的液-气比。标绘在图 5-10 中，直线 AB 即为逆流吸收塔的操作线。操作线上任意一点 K，代表着塔内相应截面上的液、气浓度 X、Y。操作线与平衡线的距离越远，吸收传质的推动力（$Y - Y^*$）越大。

二、吸收剂的用量与最小液气比

在吸收塔的计算中，通常气体处理量是已知的，而吸收剂的用量需要通过工艺计算来确定。在气量 V 一定的情况下，确定吸收剂的用量也即确定液-气比 $\dfrac{L}{V}$。

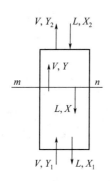 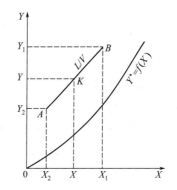

图 5-9　逆流吸收塔的物料衡算　　　　　　图 5-10　逆流吸收操作线

（一）最小液-气比

由图 5-11 可见，在 Y_1、Y_2 及 X_2 已知的情况下，操作线的端点 A 已固定，另一端点 B 则可在 $Y=Y_1$ 的水平线上移动。B 点的横坐标将取决于操作线的斜率 L/V，若 V 值一定，则取决于吸收剂用量 L 的大小。

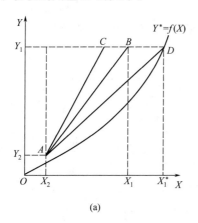 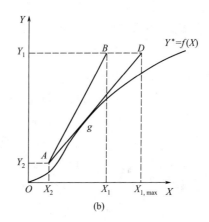

(a)　　　　　　　　　　　　　　(b)

图 5-11　吸收塔的最小液-气比

在 V 值一定的情况下，吸收剂用量 L 减小，操作线斜率将变小，向平衡线靠近，点 B 便沿水平线 $Y=Y_1$ 向右移动，结果使出塔吸收液的组成 X_1 增大，但此时吸收推动力减小。当吸收剂用量减小到恰使点 B 移至与平衡线相交于 D 时，$X_1=X_1^*$，即塔底流出液组成与刚进塔的混合气组成达到平衡。这是理论上吸收液所能达到的最高组成，但此时吸收过程的推动力已变为零，因而需要无限大的相际接触面积，即吸收塔需要无限高的填料层。这在工程上是不能实现的，只能用来表示一种极限的情况。此种状况下吸收操作线 AD 的斜率称为最小液-气比，以 $\left(\dfrac{L}{V}\right)_{\min}$ 表示；相应的吸收剂用量即为最小吸收剂用量，以 $L_{\min}$ 表示。

最小液-气比可根据操作线及平衡线求得。当平衡曲线符合图 5-11(a) 所示的情况时，用图解法：

$$\left(\frac{L}{V}\right)_{\min}=\frac{Y_1-Y_2}{X_1^*-X_2} \tag{5-33}$$

若平衡关系符合亨利定律 $Y^*=mX$，则可采用解析法按式（5-34）直接计算最小液-气比：

$$\left(\frac{L}{V}\right)_{\min}=\frac{Y_1-Y_2}{\dfrac{Y_1}{m}-X_2} \tag{5-34}$$

(二) 适宜液-气比

在吸收任务一定的情况下，吸收剂用量越小，溶剂的消耗、输送及回收等操作费用减少，但吸收过程的推动力减小，所需的填料层高度及塔高增大，设备费用增加。反之，若增大吸收剂用量，吸收过程的推动力增大，所需的填料层高度及塔高降低，设备费减少，但溶剂的消耗、输送及回收等操作费用增加。所以，吸收剂用量的大小，应从设备费用与操作费用两方面综合考虑，选择适宜的液-气比，使两种费用之和最小。根据生产实践经验，一般情况下取吸收剂用量为最小用量的 1.1～2.0 倍是比较适宜的，即：

$$\frac{L}{V}=(1.1\sim 2.0)\left(\frac{L}{V}\right)_{\min} \tag{5-35}$$

(三) 吸收剂的用量

由式(5-35)计算出适宜液-气比之后，根据气体处理量 V，即可确定吸收剂的用量 L。

但要注意 L 值必须保证操作时，填料表面能被液体充分润湿，否则应采用更大的液-气比来增大吸收剂的量，以满足充分润湿填料的要求。

【例 5-3】 某矿石焙烧炉排出含 SO_2 的混合气体，除 SO_2 外其余组分可看作惰性气体。冷却后送入填料吸收塔中，用清水洗涤以除去其中的 SO_2。吸收塔的操作温度为 20℃，压力为 101.3kPa。混合气的流量为 1000m³/h，其中含 SO_2 体积分数为 9%，要求 SO_2 的回收率为 90%。若吸收剂用量为理论最小用量的 1.2 倍，试计算：

(1) 吸收剂用量及塔底吸收液的组成 X_1；

(2) 当用含 SO_2 0.0003（摩尔比）的水溶液作吸收剂时，保持二氧化硫回收率不变，吸收剂用量比原情况增加还是减少？塔底吸收液组成变为多少？

已知 101.3kPa，20℃ 条件下 SO_2 在水中的平衡数据如表 5-2 所示。

表 5-2 SO_2 气液平衡组成表

SO_2 溶液浓度 X	气相中 SO_2 平衡浓度 Y	SO_2 溶液浓度 X	气相中 SO_2 平衡浓度 Y
0.0000562	0.00066	0.00084	0.019
0.00014	0.00158	0.0014	0.035
0.00028	0.0042	0.00197	0.054
0.00042	0.0077	0.0028	0.084
0.00056	0.0113	0.0042	0.138

解 按题意进行组成换算

进塔气体中 SO_2 的组成为：

$$Y_1=\frac{y_1}{1-y_1}=\frac{0.09}{1-0.09}=0.099$$

出塔气体中 SO_2 的组成为：

$$Y_2=Y_1(1-\eta)=0.099\times(1-0.9)=0.0099$$

进吸收塔惰性气体的摩尔流量为：

$$V = \frac{1000}{22.4} \times \frac{273}{273+20} \times (1-0.09) = 37.8 \text{kmol/h}$$

由表5-2中X-Y数据,采用内差法得到与气相进口组成Y_1相平衡的液相组成:

$$X_1^* = 0.0032$$

(1) 吸收剂用量及塔底吸收液的组成X_1

由式(5-33)得:

$$L_{\min} = V\frac{Y_1-Y_2}{X_1^*-X_2} = \frac{37.8(0.099-0.0099)}{0.0032} = 1052 \text{kmol/h}$$

实际吸收剂用量:

$$L = 1.2L_{\min} = 1.2 \times 1052 = 1262.4 \text{kmol/h}$$

塔底吸收液的组成X_1由全塔物料衡算式(5-31)得:

$$X_1 = X_2 + V(Y_1-Y_2)/L = 0 + \frac{37.8(0.099-0.0099)}{1262.4} = 0.00267$$

(2) 吸收率不变,即出塔气体中SO_2的组成Y_2不变,$Y_2 = 0.0099$,而$X_2 = 0.0003$ 所以由式(5-33)得新工况下:

$$L'_{\min} = V\frac{Y_1-Y_2}{X_1^*-X_2} = \frac{37.8(0.099-0.0099)}{0.0032-0.0003} = 1161 \text{kmol/h}$$

实际吸收剂用量 $L' = 1.2L_{\min} = 1.2 \times 1161 = 1393.2 \text{kmol/h}$

塔底吸收液的组成X_1由全塔物料衡算(5-47)得:

$$X'_1 = X_2 + V(Y_1-Y_2)/L = 0.0003 + \frac{37.8(0.099-0.0099)}{1393.2} = 0.00272$$

新工况与原工况相比

$$L'-L = 1393.2 \text{kmol/h} - 1262.4 \text{kmol/h} = 131 \text{kmol/h}$$

所以,新工况下吸收剂用量比原情况增加131kmol/h,塔底吸收液组成由原来的0.00267变为0.00272。

分析:吸收过程,当保持溶质回收率不变,吸收剂所含溶质组成越低,所需溶剂量越小,塔底吸收液浓度越低。

三、填料层高度的计算

填料层高度的计算可分为传质单元数法和等板高度法,因传质单元数法较为常用,本节以此法为例介绍填料层高度的确定。因工业吸收操作过程,经常处理的是含有少量溶质的混合气体,所以这里仅介绍溶质组成小于0.1的低浓度气体稳态吸收过程所需填料层高度的计算,依据传质速率、物料衡算和相平衡关系。传质单元高度与传质单元数如下。

1. 定义

气相总传质单元高度,以H_{OG}表示,即:

$$H_{OG} = \frac{V}{K_Y a \Omega} \tag{5-36}$$

式中 a——单位体积填料层内气液两相有效传质面积,直接测定有困难,实验测定时常把
a与传质系数K_Y等合在一起测定;

K_Y——体积吸收系数，kmol/(m³·s)；

Ω——塔的横截面积，m²。

填料层总高度 Z 相当于气相总传质单元高度 H_{OG} 的倍数，定义为"气相总传质单元数"，以 N_{OG} 表示，即：

$$N_{OG} = \int_{Y_2}^{Y_1} \frac{dY}{Y - Y^*} \tag{5-37}$$

于是总高度 Z 可写成如下形式：

$$Z = N_{OG} H_{OG} \tag{5-38}$$

同理，可得：

$$Z = N_{OL} H_{OL} = N_G H_G = N_L H_L$$

$H_{OL} = \dfrac{L}{K_X a \Omega}$ 液相总传质单元高度，m；$N_{OL} = \int_{X_2}^{X_1} \dfrac{dX}{X^* - X}$ 液相总传质单元数。

$H_G = \dfrac{V}{k_Y a \Omega}$ 气相传质单元高度，m；$N_G = \int_{Y_2}^{Y_1} \dfrac{dY}{Y - Y_i}$ 气相传质单元数。

$H_L = \dfrac{L}{k_X a \Omega}$ 液相传质单元高度，m；$N_L = \int_{X_2}^{X_1} \dfrac{dX}{X_i - X}$ 液相传质单元数。

由此，可写出填料层高度计算通用表达式

填料层高度 = 传质单元高度 × 传质单元数

2. 物理意义

以 N_{OG} 为例，由积分中值定理得：

$$N_{OG} = \int_{Y_2}^{Y_1} \frac{dY}{Y - Y^*} = \frac{Y_1 - Y_2}{(Y - Y^*)_m} = \frac{\text{气相组成变化}}{\text{平均传质推动力}} \tag{5-39}$$

$(Y_1 - Y_2)$ 为气相或液相组成的变化，即分离效果或分离要求，$(Y - Y^*)_m$ 为吸收过程的平均传质推动力。若吸收要求越高，吸收的推动力越小，传质单元数就越大。所以传质单元数反映了吸收过程的难易程度。当吸收要求一定时，欲减少传质单元数，则应设法增大吸收推动力。

传质单元高度反映了传质阻力的大小、填料性能的优劣以及润湿情况的好坏。吸收过程的传质阻力越大，填料层有效比表面越小，则每个传质单元所相当的填料层高度就越大。

3. 传质单元数的求法

计算填料层高度的关键是计算传质单元数，传质单元数有多种计算方法，现介绍几种常用的方法。仍然以气相总传质单元数的计算为例。

(1) 对数平均推动力法　当气液平衡线呈直线时，设为 $Y^* = mX + b$。因操作线也是直线，所以任意截面上的推动力 $\Delta Y = Y - Y^*$ 与 Y 也一定呈直线关系。仿照传热过程对数平均温度差的推导过程，有：

$$\frac{d(\Delta Y)}{dY} = \frac{\Delta Y_1 - \Delta Y_2}{Y_1 - Y_2} = \text{常数}$$

于是，气相总传质单元数：

$$N_{OG} = \int_{Y_2}^{Y_1} \frac{dY}{Y - Y^*} = \frac{Y_1 - Y_2}{\Delta Y_1 - \Delta Y_2} \int_{\Delta Y_2}^{\Delta Y_1} \frac{d(\Delta Y)}{\Delta Y} = \frac{Y_1 - Y_2}{\Delta Y_1 - \Delta Y_2} \ln \frac{\Delta Y_1}{\Delta Y_2}$$

令：

$$\Delta Y_m = \frac{\Delta Y_1 - \Delta Y_2}{\ln \frac{\Delta Y_1}{\Delta Y_2}}, \text{ 其中 } \Delta Y_1 = Y_1 - Y_1^*, \Delta Y_2 = Y_2 - Y_2^* \tag{5-40}$$

则有：

$$N_{OG} = \frac{Y_1 - Y_2}{\Delta Y_m} \tag{5-41}$$

式中 Y_1^*——与 X_1 相平衡的气相组成；

Y_2^*——与 X_2 相平衡的气相组成；

ΔY_m——气相对数平均推动力，塔顶与塔底两截面上吸收推动力的对数平均值。

同理液相总传质单元数的计算式：

$$N_{OG} = \frac{X_1 - X_2}{\frac{\Delta X_1 - \Delta X_2}{\ln \frac{\Delta X_1}{\Delta X_2}}} = \frac{X_1 - X_2}{\Delta X_m} \tag{5-42}$$

$$\Delta X_m = \frac{\Delta X_1 - \Delta X_2}{\ln \frac{\Delta X_1}{\Delta X_2}}, \Delta X_1 = X_1^* - X_1, \Delta X_2 = X_2^* - X_2 \tag{5-43}$$

式中 X_1^*——与 Y_1 相平衡的液相组成；

X_2^*——与 Y_2 相平衡的液相组成。

当 $\frac{\Delta Y_1}{\Delta Y_2} < 2$、$\frac{\Delta X_1}{\Delta X_2} < 2$ 时，相应的对数平均推动力可用算术平均推动力替代，产生的误差是工程允许的。

（2）图解积分法　当平衡线为曲线时，传质单元数一般用图解积分法求取，积分式 N_{OG} 之值，等于图 5-12(b) 中曲线下的阴影面积。

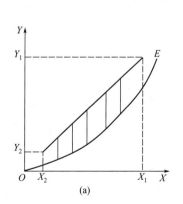
(a)

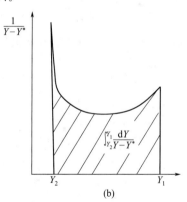
(b)

图 5-12　图解积分法求 N_{OG}

图解积分法的步骤如下。

① 在 Y_2 和 Y_1 之间的操作线上选取若干点，每一点代表塔内某一截面上气液两相的组成。分别从每一点作垂线，与平衡线相交，求出各点的传质推动力 $(Y - Y^*)$ 和 $1/(Y - Y^*)$，如图 5-12(a) 所示。

② 在 Y_2 到 Y_1 范围内作 Y-$[1/(Y - Y^*)]$ 曲线，如图 5-12(b) 所示。

③ 在 Y_2 到 Y_1 之间，Y-$[1/(Y - Y^*)]$ 曲线和横坐标所包围的面积为传质单元数 N_{OG}，

如图 5-12(b) 所示的阴影部分面积。

【例 5-4】 某生产车间使用一填料塔，用清水逆流吸收混合气中有害组分 A，已知操作条件下，气相总传质单元高度为 1.5m，进料混合气组成为 0.04（组分的 A 摩尔分率，下同），出塔尾气组成为 0.0053，出塔水溶液浓度为 0.0128，操作条件下的平衡关系为 $Y^* = 2.5X$（X、Y 均为摩尔比），试求：(1) L/V 为 $(L/V)_{\min}$ 的多少倍？(2) 所需填料层高度。

解 由已知条件变换得

$$Y_1 = \frac{0.04}{1-0.04} = 0.0417 \qquad Y_2 = \frac{0.0053}{1-0.0053} = 0.00533$$

$$X_1 = \frac{0.0128}{1-0.0128} = 0.01297 \qquad X_2 = 0$$

(1) L/V 为 $(L/V)_{\min}$ 的倍数

由物料衡算式(5-30) 得：

$$\frac{L}{V} = \frac{Y_1-Y_2}{X_1-X_2} = \frac{0.0417-0.00533}{0.01297-0} = 2.804$$

由最小液-气比式(5-34) 得：

$$\left(\frac{L}{V}\right)_{\min} = \frac{Y_1-Y_2}{\frac{Y_1}{m}-X_2} = m\left(1-\frac{Y_2}{Y_1}\right) = 2.5\left(1-\frac{0.00533}{0.0417}\right) = 2.18$$

故液-气比与最小液-气比的倍数为：

$$\left(\frac{L}{V}\right)\bigg/\left(\frac{L}{V}\right)_{\min} = \frac{2.804}{2.18} = 1.286$$

(2) 所需填料层高度

由式(5-38) 知填料层高度：

$$Z = N_{OG} H_{OG}$$

由式(5-41) 得：

$$N_{OG} = \frac{Y_1-Y_2}{\Delta Y_m} = \frac{0.0417-0.00533}{\Delta Y_m}$$

由式(5-40) 得：

$$\Delta Y_m = \frac{\Delta Y_1-\Delta Y_2}{\ln \frac{\Delta Y_1}{\Delta Y_2}} = \frac{(Y_1-Y_1^*)-(Y_2-Y_2^*)}{\ln \frac{Y_1-Y_1^*}{Y_2-Y_2^*}}$$

$$= \frac{(0.0417-2.5\times0.01297)-(0.00533-0)}{\ln \frac{0.0417-2.5\times0.01297}{0.00533}}$$

$$= 0.007$$

故传质单元数

$$N_{OG} = \frac{0.0417-0.00533}{\Delta Y_m} = \frac{0.0417-0.00533}{0.007} = 5.20$$

由式(5-38)即可求得填料层高度
$$Z = H_{OG} N_{OG} = 1.5 \times 5.20 = 7.8 \text{m}$$

分析：对对数平均推动力的方法，要求进出吸收塔的气、液浓度 X_1、X_2、Y_1、Y_2 都已知，才可求传质单元数。

【**例 5-5**】 在一直径为 0.8m 的填料塔内，用清水吸收某工业废气中所含的二氧化硫气体。已知混合气的流量为 45kmol/h，二氧化硫的体积分数为 0.032。操作条件下气液平衡关系为 $Y = 34.5X$，气相总体积吸收系数为 0.0562kmol/(m³·s)。若吸收液中二氧化硫的摩尔比为饱和摩尔比的 76%，要求回收率为 98%。求水的用量（kg/h）及所需的填料层高度。

解 (1) 水的用量（kg/h）

由已知条件，二氧化硫的组成 Y_1 为：
$$Y_1 = \frac{y_1}{1-y_1} = \frac{0.032}{1-0.032} = 0.0331$$

根据 $Y_2 = Y_1(1-\eta)$ 得：
$$Y_2 = 0.0331 \times (1-0.98) = 0.000662$$

由式(5-7)得：
$$X_1^* = \frac{Y_1}{m} = \frac{0.0331}{34.5} = 9.594 \times 10^{-4}$$

故
$$X_1 = 0.76 X_1^* = 0.76 \times 9.594 \times 10^{-4} = 7.291 \times 10^{-4}$$

惰性气体的流量为：
$$V = 45 \times (1-0.032) \text{kmol/h} = 43.56 \text{kmol/h}$$

所以根据方程式(5-30)得吸收剂的量为：
$$L' = \frac{V(Y_1 - Y_2)}{X_1 - X_2} = \frac{43.56 \times (0.0331 - 0.000662)}{7.291 \times 10^{-4} - 0} \text{kmol/h} = 1.938 \times 10^3 \text{kmol/h}$$

吸收剂质量流量为：
$$L = L' q_{m,L} = 1.938 \times 10^3 \times 18 \text{kg/h} = 3.488 \times 10^4 \text{kg/h}$$

(2) 求填料层高度

由式(5-38)知填料层高度：
$$Z = N_{OG} H_{OG}$$

其中传质单元高度：
$$H_{OG} = \frac{V}{K_Y a \Omega} = \frac{43.56/3600}{0.0562 \times 0.785 \times 0.8^2} \text{m} = 0.429 \text{m}$$

又
$$\Delta Y_1 = Y_1 - Y_1^* = 0.0331 - 34.5 \times 7.291 \times 10^{-4} = 0.00795$$
$$\Delta Y_2 = Y_2 - Y_2^* = 0.000662 - 34.5 \times 0 = 0.000662$$

故
$$\Delta Y_m = \frac{\Delta Y_1 - \Delta Y_2}{\ln \frac{\Delta Y_1}{\Delta Y_2}} = \frac{0.00795 - 0.000662}{\ln \frac{0.00795}{0.000662}} = 0.00293$$

由式(5-41)得传质单元数：

$$N_{OG} = \frac{Y_1 - Y_2}{\Delta Y_m} = \frac{0.0331 - 0.000662}{0.00293} = 11.07$$

所以填料层的高度：

$$Z = N_{OG} H_{OG} = 11.07 \times 0.429 \text{m} = 4.749 \text{m}$$

分析：这是一个比较综合的计算题，把物料衡算、回收率、操作线方程、最小液-气比及填料层高度的计算融为一起，要熟练掌握相应的公式。

第五节 解 吸

吸收操作中得到的吸收液如果不是最终产品，而溶质是目标产品或者是生产其他产品的化工原料，通常需要将其中的溶质气体与吸收剂分离，即进行解吸。这时就需要吸收与解吸联合起来。

工业生产中，常将离开吸收塔的吸收液送到解吸塔中，使吸收液中的溶质浓度由 X_1 降至 X_2，这种从吸收液中分离出被吸收溶质的操作，称为解吸过程。解吸后的液体再送到吸收塔循环使用，在解吸过程中得到了较纯的溶质，真正实现了原混合气各组分的吸收分离。故吸收-解吸流程才是一个完整的气体分离过程。

解吸过程是吸收的逆过程，是气体溶质从液相向气相转移的过程。适用于吸收操作的设备同样适用于解吸操作，前面所述关于吸收的理论与计算方法亦适用于解吸。但解吸的必要条件为气相溶质分压 p_A 或浓度 Y 小于液相中溶质的平衡分压 p_A^* 或平衡浓度 Y^*，即：$p_A < p_A^*$ 或 $Y < Y^*$，所以解吸的操作线 $A'B'$ 位于平衡线的下方，而推动力为 $(p_A^* - p_A)$ 或 $(Y^* - Y)$，是吸收过程的相反值，如图5-13所示。所以，只需将吸收速率式中推动力的前后项调换，所得公式便可用于解吸。

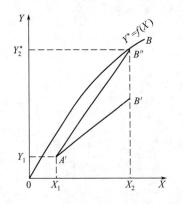

图5-13 解吸操作线及最小气液比

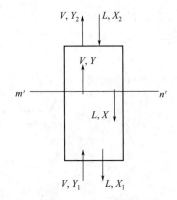

图5-14 逆流解吸塔示意图

当吸收液与载气在解吸塔中逆流接触时，吸收液流量，吸收液进出口组成及载气进塔组成通常由工艺规定，所要计算的是载气流量 V 及填料层高度。

一、最小气-液比和载气流量的确定

如图 5-14 所示，采用处理吸收操作线类似的方法，可得到解吸操作线方程：

$$Y = \frac{L}{V}X + \left(Y_1 - \frac{L}{V}X_1\right) \tag{5-44}$$

由式(5-44)可知，操作线在 X-Y 图上为一直线，斜率为 $\frac{L}{V}$，通过塔底 $A'(X_1, Y_1)$ 和塔顶 $B'(X_2, Y_2)$；并且与吸收操作线不同，是位于平衡线的下方，如图 5-13 所示。

当载气量 V 减少时，解吸操作线斜率 $\frac{L}{V}$ 增大，Y_2 增大，操作线 $A'B'$ 向平衡线靠近，当解吸平衡线为非下凹线时，$A'B'$ 的极限位置为与平衡线相交的点 B''，此时，对应的气-液比为最小气-液比，以 $\left(\frac{V}{L}\right)_{\min}$ 表示。

当平衡线为正常曲线时，最小气-液比为：

$$\left(\frac{V}{L}\right)_{\min} = \frac{X_2 - X_1}{Y_2^* - Y_1} \tag{5-45}$$

当解吸平衡线为下凹线时，由塔底点 A' 作平衡线的切线，同样可以确定 $\left(\frac{V}{L}\right)_{\min}$。

根据生产实际经验，实际操作气-液比为最小气-液比的 1.1~2.0 倍，即：

$$\frac{V}{L} = (1.1 \sim 2.0)\left(\frac{V}{L}\right)_{\min}$$

故实际载气流量：

$$V = L(1.1 \sim 2.0)\left(\frac{V}{L}\right)_{\min} \tag{5-46}$$

二、传质单元数法计算解吸填料层高度

当解吸的平衡线和操作线为直线时，与吸收塔填料层高度计算式同样的方法，可得到解吸填料层高度计算式：$Z = N_{OL} H_{OL}$

$$H_{OL} = \frac{L}{K_X a \Omega}$$

$$N_{OL} = \int_{X_1}^{X_2} \frac{dX}{X - X^*}$$

传质单元数可以采用平均推动力法：

$$N_{OL} = \frac{X_2 - X_1}{\dfrac{\Delta X_2 - \Delta X_1}{\ln \dfrac{\Delta X_2}{\Delta X_1}}} = \frac{X_2 - X_1}{\Delta X_m} \tag{5-47}$$

式中

$$\Delta X_m = \frac{\Delta X_2 - \Delta X_1}{\ln \dfrac{\Delta X_2}{\Delta X_1}} \tag{5-48}$$

$$\Delta X_1 = X_1 - X_1^*, \quad \Delta X_2 = X_2 - X_2^*$$

第六节 填料塔

填料塔为连续接触式的气、液传质设备。它的结构如图 5-15 所示，主要由壳体、液体分布器、填料支承板、塔填料、填料压板及液体再分布装置等部件构成。填料塔塔体为一圆形筒体，在塔体内充填一定高度的填料，液体自塔上部进入，通过液体分布器将液体均匀喷洒于填料表面，在填料层内液体沿填料表面向下流动；各层填料之间设有液体再分布器，将液体重新均匀分布，再进入下层填料；气体自塔下部进入，通过填料缝隙中的自由空间，由下而上流动，与逆流而下的液体在填料层内进行接触传质，最后从塔顶部排出。离开填料层的气体可能夹带少量雾滴，因此有时需要在塔顶安装除沫器。

填料塔结构简单、阻力小、生产能力大、效率高、操作弹性大，特别是近年优良性能新型散装和规整填料的开发、内件结构和设备的改进，改善了填料层内气液相的均匀分布与接触情况，使填料塔的应用日益广泛。但也有一些不足之处，如填料造价高；当液体负荷较小时不能有效地润湿填料表面，使传质效率降低；不能直接用于有悬浮物或容易聚合的物料；对侧线进料和出料等复杂精馏不太适合等。

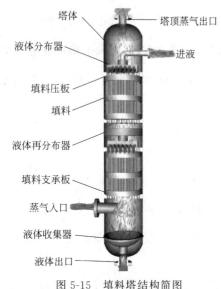

图 5-15 填料塔结构简图

一、填料

填料按装填方式可分为散装填料和规整填料两大类型。下面介绍几种常用的填料。

1. 散装填料

散装填料是将一个个具有一定几何形状和尺寸的颗粒体以随机的方式堆积在塔内，又称乱堆填料。散装填料根据结构特点不同，又可分为环形填料、鞍形填料和环鞍填料等。

（1）拉西环填料　拉西环填料是最早提出的工业填料，其结构如图 5-16(a) 所示，是外径与高度相等的圆环，可用陶瓷、塑料、金属等材质制成。拉西环填料的气液分布较差、传质效率低、阻力大、通量小，目前工业上用得较少。

（2）鲍尔环填料　鲍尔环是在拉西环的基础上改进而来的，如图 5-16(b) 所示。其结构为在拉西环的侧壁上开出两排长方形的窗口，被切开的环壁的一侧仍与壁面相连，另一侧向环内弯曲，诸舌叶的侧边与环中间相搭，可用陶瓷、塑料、金属制造鲍尔环。与拉西环相比，鲍尔环由于环内开孔，大大提高了环内空间及环内表面的利用率，气流阻力小，传质效率高，操作弹性大。鲍尔环是目前应用较广的填料之一，但价格较拉西环高。

（3）阶梯环填料　阶梯环是近年开发的一种填料，是鲍尔环的改进。如图 5-16(e) 所示，填料高度为鲍尔环高度的一半，在一端环壁上开有长方形孔，环内有两层交错 45°的十字形翅片，另一端为喇叭口。由于绕填料外壁流过的气体平均路径较鲍尔环短，而喇叭口又增加了填料的非对称性，使填料在床层中以点接触为主，床层均匀，空隙率大，气流阻力小，点接触有利于下流液体的汇聚与分散，利于液膜的表面更新，故传质效率高。阶梯环可用陶瓷、塑料、金属材料制作。

(a) 拉西环填料　　(b) 鲍尔环填料　　(c) 弧鞍形填料　(d) 矩鞍形填料　(e) 阶梯环填料　(f) 金属环矩鞍填料

图 5-16　几种常用填料

（4）鞍形类填料　鞍形类填料主要有弧鞍形填料、矩鞍形填料和环矩鞍填料，如图 5-16(c)、(d)、(f) 所示。

弧鞍形填料：弧鞍形填料的形状如马鞍，结构简单，用陶瓷制成，由于两面结构对称，在填料中互相重叠，使填料表面不能充分利用，影响传质效果。

矩鞍形填料：将弧鞍形改制成两面不对称，大小不等的矩鞍形。它在填料中不能互相重叠，因此填料表面利用率好，传质效果比相同尺寸的拉西环好。

环矩鞍填料：环矩鞍填料是结合了开孔环形填料和矩鞍填料的优点而开发出来的新型填料，即将矩鞍环的实体变为两条环形筋，而鞍形内侧成为有两个伸向中央的舌片的开孔环。这种结构有利于流体分布，增加了气体通道，因而具有阻力小、通量大、效率高的特点。

一般操作温度较高而物系无显著腐蚀性时，可选用金属环矩鞍或金属鲍尔环等填料；若温度较低时可选用塑料鲍尔环填料、塑料阶梯环填料；若物系具有腐蚀性、操作温度较高时，则宜采用陶瓷矩鞍填料。下面列出几种常用填料的特性数据以供选用，见表 5-3。

表 5-3　环形填料的特性参数

填料外径 (d) /mm	高×厚 ($H \times \delta$) /mm×mm	比表面 (a_t) /(m²/m³)	孔隙率 (ε) /(m³/m³)	个数 (n) /(个/m³)	堆积密度 (ρ_p) /(kg/m³)	干填料因子 (a_t/ε^3) /m⁻¹	填料因子 (Φ) /m⁻¹
钢拉西环(散装)							
6.4	6.4×0.8	789	0.73	3110000	2100	2030	2500
8	8×0.3	630	0.91	1550000	750	1140	1580
10	10×0.5	500	0.88	800000	960	740	1000
15	15×0.5	350	0.92	248000	660	460	600
25	25×0.8	220	0.92	55000	640	290	390
35	35×1	150	0.93	19000	570	190	260
50	50×1	110	0.95	7000	430	130	175
76	76×1.6	68	0.95	1870	400	80	105
金属鲍尔环							
16	15×0.8	239	0.928	143000	216	299	400
38	38×0.8	129	0.945	13000	365	153	130
50	50×1	112.3	0.949	6500	395	131	140

2. 规整填料

规整填料是按一定的几何构型排列、整齐堆砌的填料。规整填料种类很多，根据其几何结构可分为格栅填料、波纹填料、脉冲填料等。规整填料可使化工生产的塔压降低，操作气速提高，分离程度增加。同时，可按人为规定的路径使气液接触，因而使填料在大直径时仍能保持较高的效率，是填料发展的趋势，但造价相应较高。

（1）波纹填料　目前工业上应用的规整填料绝大部分为波纹填料，它是由许多波纹薄板组成的圆盘状填料，波纹与塔轴的倾角有 30°和 45°两种，组装时相邻两波纹板反向靠叠。各盘填料垂直装于塔内，相邻的两盘填料间交错 90°排列。波纹填料按结构可分为网波纹填料和板波纹填料两大类，如图 5-17 所示。

(a) 板波纹填料　　　　　　　　　　(b) 网波纹填料

图 5-17　波纹填料

波纹填料由于结构紧凑，比表面积大，且压降比乱堆填料小，因而空塔气速可以提高。同时液体在填料中的流动不断重新分布，改善了填料表面润湿状况。

（2）格栅填料　格栅填料是以条状单元体经一定规则组合而成的，具有多种结构形式，如图 5-18 所示。工业上应用最早的格栅填料为木格栅填料。目前应用较为普遍的有格里奇格栅填料、网孔格栅填料、蜂窝格栅填料等。格栅填料的比表面积较低，主要用于要求压降小、负荷大及防堵等场合。

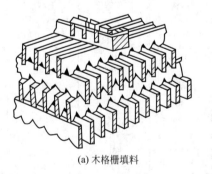 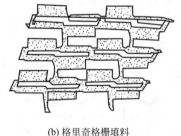

(a) 木格栅填料　　　　　　　　　　(b) 格里奇格栅填料

图 5-18　栅格填料

（3）脉冲填料　脉冲填料是由带缩颈的中空三棱柱填料单元排列成规整填料。一般采用交错收缩堆砌。气液两相流过交替收缩和扩大的通道，产生强烈湍流，从而强化了传质。其特点是处理量大、阻力小、气液分布均匀。

工业上常用规整填料的特性参数可参阅有关手册。

二、塔径的计算

塔径的计算公式：

$$D = \sqrt{\frac{4V_s}{\pi u}} \tag{5-49}$$

式中　V_s——操作条件下混合气体体积流量，m^3/s；

　　　u——适宜的空塔气速，m/s。

由式(5-49)可知，塔径的计算关键在于空塔气速的确定。

空塔气速的选择，需依据具体情况，综合考虑决定。

应予指出，由式(5-49)计算出塔径 D 后，还应按塔径系列标准进行圆整。圆整后，再核算操作空塔气速 u 与泛点率。

三、填料塔的内件

（一）填料支承装置

填料支承装置的作用是支承塔内的填料。常用的填料支承装置有如图 5-19 所示的栅板型、孔管型、驼峰型等。对于散装填料，通常选用孔管型、驼峰型支承装置；对于规整填料，通常选用栅板型支承装置。设计中，为防止在填料支承装置处压降过大甚至发生液泛，要求填料支承装置的自由截面积应大于 75%。

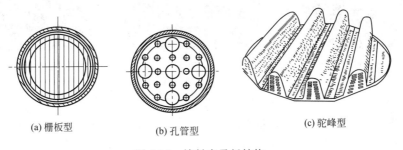

(a) 栅板型　　　　(b) 孔管型　　　　(c) 驼峰型

图 5-19　填料支承板结构

（二）填料压紧装置

填料上方安装压紧装置可防止在气流的作用下填料床层发生松动和跳动。填料压紧装置分为填料压板和床层限制板两大类，每类又有不同的型式，图 5-20 中列出了几种常用的填料压紧装置。填料压板自由放置于填料层上端，靠自身重量将填料压紧。它适用于陶瓷、石墨等制成的易发生破碎的散装填料。床层限制板用于金属、塑料等制成的不易发生破碎的散装填料及所有规整填料。床层限制板要固定在塔壁上，为不影响液体分布器的安装和使用，不能采用连续的塔圈固定，对于小塔可用螺钉固定于塔壁，而大塔则用支耳固定。

规整填料一般不会发生流化，但在大塔中，分块组装的填料会移动，因此也必须安装由平行扁钢构造的填料限制圈。

（三）液体分布装置

液体分布装置的种类多样，有喷头式、盘式、管式、槽式及槽盘式等，如图 5-21 所示。工业应用以管式、槽式及槽盘式为主。

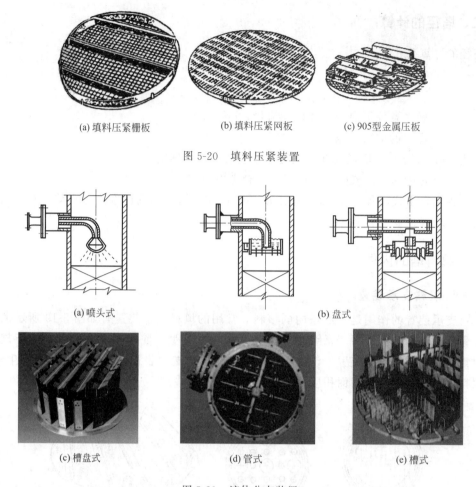

(a) 填料压紧栅板　　(b) 填料压紧网板　　(c) 905型金属压板

图 5-20　填料压紧装置

(a) 喷头式　　(b) 盘式

(c) 槽盘式　　(d) 管式　　(e) 槽式

图 5-21　液体分布装置

管式分布器由不同结构的开孔管制成。其突出的特点是结构简单，供气体流过的自由截面大，阻力小。但小孔易堵塞，操作弹性一般较小。管式液体分布器多用于中等以下液体负荷的填料塔中。

槽式液体分布器是由分流槽（又称主槽或一级槽）、分布槽（又称副槽或二级槽）构成的。一级槽通过槽底开孔将液体初分成若干流股，分别加入其下方的液体分布槽。分布槽的槽底（或槽壁）上设有孔道（或导管），将液体均匀分布于填料层上。槽式液体分布器具有较大的操作弹性和极好的抗污堵性，特别适用于大气液负荷及含有固体悬浮物、黏度大的液体的分离场合，应用范围非常广泛。

槽盘式分布器是近年来开发的新型液体分布器，它兼有集液、分液及分气三种作用，结构紧凑，气液分布均匀，阻力较小，操作弹性高达10∶1，适用于各种液体喷淋量，近年来应用非常广泛。

（四）液体收集及再分布装置

为减小壁流现象，当填料层较高时需进行分段，故需设置液体收集及再分布装置。

最简单的液体再分布装置为截锥式再分布器，如图5-22(a)所示。截锥式再分布器结构简单，安装方便，但它只起到将壁流向中心汇集的作用，无液体再分布的功能，一般用于直径小于 0.6m 的塔中。

在通常情况下，一般将液体收集器及液体分布器同时使用，构成液体收集及再分布装置。液体收集器的作用是将上层填料流下的液体收集，然后送至液体分布器进行液体再分布。常用的液体收集器为斜板式液体收集器，如图 5-22(b) 所示。

槽盘式液体分布器兼有集液和分液的功能，故槽盘式液体分布器是优良的液体收集及再分布装置。

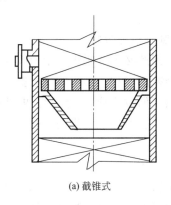
(a) 截锥式

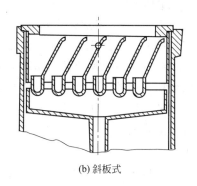
(b) 斜板式

图 5-22 液体收集及再分布装置

小 结

本章以吸收塔填料层高度的计算为主线，把传质单元高度、塔径、传质单元数、操作线方程、物料衡算、回收率、最小液-气比、气液平衡、传质速率方程等重要内容有机联系起来。

填料层高度的计算 $Z = H_{OG} N_{OG}$ 共两项，由物料衡算及传质速率方程等推导而得。各项的计算及相关公式总结如下。

(1) 传质单元高度 $H_{OG} = \dfrac{V}{K_Y a \Omega}$，m

其中 $\Omega = \dfrac{\pi}{4} D^2$；$D = \sqrt{\dfrac{4V_S}{\pi u}}$（注意：$V_S$ 为操作条件下混合气体体积流量）

(2) 传质单元数重点为对数平均推动力求解方法

$$N_{OG} = \dfrac{Y_1 - Y_2}{\Delta Y_m},$$

其中 $\Delta Y_m = \dfrac{\Delta Y_1 - \Delta Y_2}{\ln \dfrac{\Delta Y_1}{\Delta Y_2}}$，$\Delta Y_1 = Y_1 - Y_1^*$，$\Delta Y_2 = Y_2 - Y_2^*$

式中需要已知或求知进、出吸收塔的四个气、液浓度（Y_1、Y_2、X_1、X_2）。那么将会用到以下公式。

气液平衡的亨利定律：$Y^* = mX$

物料衡算或操作线方程，即 $V(Y_1 - Y_2) = L(X_1 - X_2)$ 或

$$Y = \dfrac{L}{V} X + \left(Y_2 - \dfrac{L}{V} X_2\right), Y = \dfrac{L}{V} X + \left(Y_1 - \dfrac{L}{V} X_1\right)$$

回收率：$Y_2 = Y_1(1 - \eta)$

最小液-气比：$\left(\dfrac{L}{V}\right)_{\min} = \dfrac{Y_1 - Y_2}{\dfrac{Y_1}{m} - X_2}$

操作液-气比：$\dfrac{L}{V} = (1.1 \sim 2.0)\left(\dfrac{L}{V}\right)_{\min}$

 **工程应用**

某焦化厂磷酸法氨回收工艺控制及故障分析

焦炉煤气中的氨既是化工原料，又是腐蚀性介质，因此必须从粗煤气中回收氨。焦炉煤气回收氨的主要方法有水洗氨法、硫酸吸氨法和磷酸吸氨法三种。其中磷酸吸氨法又称弗萨姆法。某焦化厂采用该法，用磷酸脱除焦炉煤气中的氨，回收生成 8%～18%的浓氨水作为烧结尾气脱硫的氨源。采用本法效果显著，检修成本低，生产环境也得到了改善，对节能减排更是具有重要意义。

一、工艺原理

磷酸与氨反应生成三种盐，分别为磷酸二氢铵、磷酸氢二铵、磷酸铵，三种盐均为白色晶体，可溶于水。但是稳定性却不同，磷酸二氢铵十分稳定，在 130℃以上分解；磷酸氢二铵不很稳定，在 70℃时即可分解；磷酸铵在常温下即可分解。因此系统溶液中主要含有磷酸二氢铵和磷酸氢二铵。可以用图 5-23 概括：

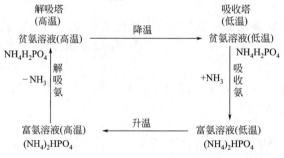

图 5-23 磷酸法氨回收工艺原理

二、系统的工艺控制

1. 氨的吸收

氨吸收主要是由化学平衡控制，即压力、温度和摩尔比。相对而言，温度、压力影响较小，因此在一定温度下，氨的吸收主要取决于 $(NH_4)_2HPO_4$ 的含量，即磷铵溶液液面的氨分压。所以控制铵盐的总量，一铵和二铵的质量比十分重要。一般喷洒液中含磷铵量约为 41%，氨与磷酸的摩尔比为 1.1～1.3。因此，吸收工序主要控制入塔贫液量以及贫液的摩尔比。如果溶液量减少，装置运行成本降低，经济性好。但富液摩尔比升高，当超过 1.8 时，吸收过程中酸分将增加，对系统设备的腐蚀性加剧。

2. 系统水平衡

控制系统水平衡的目的是控制磷酸的浓度，磷酸浓度对溶液结晶点和密度有较大影响，密度减小，影响除油器的操作，密度升高，溶液结晶点升高，引起结晶堵塞。水平衡的控制主要是调节进入吸收塔中的贫液温度，间接控制煤气出口温度。通过不同温度下出口的煤气带出的水量来控制系统的水平衡。但是随着煤气温度的升高，出口煤气中氨的含量会略有上升。另一调控手段是控制进解吸塔的富液温度，主要是贫富液换热器后出冷凝冷却器的富液温度。在冷凝冷却器中，第一次换热后的富液会和解吸塔出塔氨气进行换热，从而可以控制更多的水分随氨气离开系统。但是此方法会影响氨产品的浓度。同时也会受到冷凝冷却器以及解吸塔给料泵的能力的限制。因此，在工艺控制中较少采用此法。

3. 富液解吸

解吸效率对出塔贫液有重大影响。解吸的控制最主要调节的是进入解吸塔的蒸汽量。进塔富液流量增加，进入解吸塔的中压蒸汽量也随之增加。压力降低，解吸效率也会降低。蒸汽量增加，解吸塔压力会升高，造成设备腐蚀程度加剧。解吸塔压力的稳定需要有稳定的进塔富液流量、蒸汽量。在蒸汽量波动较小时，解吸塔压力的波动可以通过氨水流量调节阀来控制。即阀门关小时，提高冷凝冷却器底部氨水液位，从而减小冷却水与上部氨气的接触面积，从而减小氨气的冷凝量，进而控制解吸塔的压力。但是此法只是对解吸塔压力的微调，塔压的稳定主要还是靠蒸汽量。

4. 氨水浓度调节

氨水浓度与系统中贫富液摩尔比、含氨量以及解吸塔顶部温度等参数相关。本系统溶液参考值在富液摩尔比1.5～1.6，贫液摩尔比（1.32±0.05），贫液含氨量小于6.3，塔顶温度为（185±5）℃时，各参数对氨水浓度的调节主要参考表5-4。

表5-4 各参数对氨水浓度的调节情况

富液摩尔比	富液流量	贫液摩尔比	蒸汽流量	FV3302	氨水浓度
偏高	增加	偏高	增加	不变	不变
		偏低	减小	增加	增加
		不变	不变	减小	减小
偏低	减小	偏高	增加	增加	增加
		偏低	减小	不变	不变
		不变	不变	增加	增加
不变	不变	偏高	增加	增加	增加
		偏低	减少	减少	减少
		不变	不变	不变	不变

三、系统结晶堵塞导致系统停产故障及原因分析

系统结晶部位主要是在给料槽出口即氨水管路。造成结晶的原因主要是系统发生液泛带出大量的磷铵富液与氨水混合经过氨水冷却器后温度太低所致。水平衡的控制调节中表明，酸度对溶液结晶有重大影响。磷铵溶液进入到氨水，提高了酸度，当换热后温度降到40℃以下，发生结晶，堵塞管道，导致系统被动停产。因此防止系统发生液泛是控制氨水溶液结晶的最主要手段。

系统液泛主要表现形式为解吸塔压差增大即阻力升高，进入给料槽的氨水量明显增加。因为液泛发生后，气泡阻止了溶液自上而下的流动，相当于是在塔内形成了断塔盘，从而使富液不能流畅地向下流动而转向氨气出口管出去，造成给料槽氨水量增加的假象。引起液泛发生的主要原因有以下3个方面：①系统前端除油不好，导致有较多的焦油进入塔内，在塔盘上附着，使解吸塔阻力增加。②系统中的酸性气体过多。当富液摩尔比过高，溶液的pH大于7时，煤气中的酸性气体被吸收成挥发铵盐，当溶液进入解吸塔加热后，由于酸性气体的逸出而产生发泡液泛。③蒸汽，一般来说，蒸汽量过大会产生液泛。蒸汽压力的不稳定，也会造成解吸塔的液泛。

四、采取措施

① 严格控制富液的摩尔比小于 1.75、磷酸酸度大于 25，保持富液较高密度，以保证焦油和溶液的良好分离，并保证溶液呈酸性，以尽量减少吸收酸性气体。

② 加强除焦油器的操作。当溶液中焦油量大时，可提高除焦油器液位并及时从焦油槽中撇除焦油。定期对除焦油器和焦油槽进行清扫，以减少进入解吸塔富液中的焦油量。

③ 提高分离器的酸性气体排出量，即提高进分离器的富液温度，以减少富液中酸性气体量。

④ 稳定解吸塔加热蒸汽压力和保证适当的蒸汽流量。

⑤ 在溶液槽中连续加入适量消泡剂，减少溶液的发泡。

习题

一、填空题

1. 在气体流量，气相进出口组成和液相进口组成不变时，若减少吸收剂用量，则传质推动力将_____，操作线将_____平衡线。

2. 对一定操作条件下的填料吸收塔，如将塔料层增高一些，则塔的 H_{OG} 将____，N_{OG} 将_____（增加，减少，不变）。

3. 根据气液相平衡关系可判明过程进行的方向和限度。当气相中吸收质的分压 p_A 高于液相浓度 x_A 相应的平衡分压 p_A^*，即 $p_A > p_A^*$ 时，_____相中吸收质能够向_____相转移，即能够进行_____过程；反之，即 $p_A^* > p_A$，____相中吸收质向____相转移，即进行_____过程；当 $p_A = p_A^*$ 时，则过程达到极限。

4. 填料的种类很多，但按其结构可分为_____和规整填料。

二、选择题

1. 若亨利系数 E 值很大，依据双膜理论，则可判断过程的吸收速率为（　　）控制。
A. 气膜　　　　B. 液膜　　　　C. 双膜　　　　D. 无法判断

2. （　　），对吸收操作有利。
A. 温度低，气体分压大时　　　　B. 温度低，气体分压小时
C. 温度高，气体分压大时　　　　D. 温度高，气体分压小时

3. 通常所讨论的吸收操作中，当吸收剂用量趋于最小用量时，完成一定的分率（　　）。
A. 回收率趋向最高　　　　B. 吸收推动力趋向最大
C. 操作最为经济　　　　D. 填料层高度趋向无穷大

4. 已知吸收操作线端点 $T(X_2, Y_2)$ 及另一端点 $B(X_1, Y_1)$，与 Y_1 及 Y_2 平衡的组成分别为 X_1^*、X_2^*，那么最小液-气比应为_____。

A. $\left(\dfrac{L}{V}\right)_{\min} = \dfrac{Y_1 - Y_2}{X_1^* - X_2}$　　　　B. $\left(\dfrac{L}{V}\right)_{\min} = \dfrac{X_1^* - X_2}{Y_1 - Y_2}$

C. $\left(\dfrac{L}{V}\right)_{\min} = \dfrac{X_1 - X_2^*}{Y_1 - Y_2}$　　　　D. $\left(\dfrac{L}{V}\right)_{\min} = \dfrac{Y_1 - Y_2}{X_1 - X_2^*}$

三、计算题

气液相平衡

5-1　在吸收塔中用水吸收混于空气中的氨。已知入塔混合气中氨含量为 5.5%（质量分

数，下同），吸收后出塔气体中氨含量为 0.17%，试计算进、出塔气体中氨的摩尔比 Y_1、Y_2。

[答案：$Y_1=0.0993$；$Y_2=0.0029$]

5-2 某系统温度为 10℃，总压 101.3kPa，试求此条件下在与空气充分接触后的水中，每立方米水溶解了多少克氧气？（已知 10℃时，氧气在水中的亨利系数 E 为 3.31×10^6 kPa。）

[答案：$m_A=11.42\text{g/m}^3$]

5-3 在温度为 40℃、压力为 101.3kPa 的条件下，测得溶液上方氨的平衡分压为 15.0kPa 时，氨在水中的溶解度为 76.6g/1000g。试求在此温度和压力下的亨利系数 E、相平衡常数 m 及溶解度系数 H。

[答案：$E=200\text{kPa}$；$m=1.974$；$H=0.276\text{kmol/(m}^3\cdot\text{kPa)}$]

5-4 在 101.3kPa，20℃下，稀氨水的气液相平衡关系为：$y^*=0.94x$，若含氨 0.094 摩尔分数的混合气和组成 $x_A=0.05$ 的氨水接触，确定过程的方向。若含氨 0.02 摩尔分数的混合气和 $x_A=0.05$ 的氨水接触，又是如何？

[答案：含氨 0.094 时，进行吸收，从气相传质到液相；含氨 0.02 时，进行解吸过程，传质从液相到气相]

吸收过程的速率

5-5 在温度为 20℃、总压为 101.3kPa 的条件下，CO_2 与空气混合气缓慢地沿着 Na_2CO_3 溶液液面流过，空气不溶于 Na_2CO_3 溶液。CO_2 透过 1mm 厚的静止空气层扩散到 Na_2CO_3 溶液中，混合气体中 CO_2 的摩尔分率为 0.2，CO_2 到达 Na_2CO_3 溶液液面上立即被吸收，故相界面上 CO_2 的浓度可忽略不计。已知温度 20℃时，CO_2 在空气中的扩散系数为 $0.18\text{cm}^2/\text{s}$。试求 CO_2 的传质速率为多少？

[答案：$N_A=1.67\times10^{-4}\text{kmol/(m}^2\cdot\text{s)}$]

5-6 在总压为 100kPa、温度为 30℃时，用清水吸收混合气体中的氨，气相传质系数 $k_G=3.84\times10^{-6}\text{kmol/(m}^2\cdot\text{s}\cdot\text{kPa)}$，液相传质系数 $k_L=1.83\times10^{-4}\text{m/s}$，假设此操作条件下的平衡关系服从亨利定律，测得液相溶质摩尔分率为 0.05，其气相平衡分压为 6.7kPa。求当塔内某截面上气、液组成分别为 $y=0.05$，$x=0.01$ 时：(1) 以 $p_A-p_A^*$，$c_A-c_A^*$ 表示的传质总推动力及相应的传质速率、总传质系数；(2) 分析该过程的控制因素。

[答案：(1) $K_L=9.5\times10^{-6}\text{m/s}$，$N_A=1.438\times10^{-5}\text{kmol/(m}^2\cdot\text{s)}$；$K_G=3.67\times10^{-6}\text{kmol/(m}^2\cdot\text{s}\cdot\text{kPa)}$，$N_A=1.44\times10^{-5}\text{kmol/(m}^2\cdot\text{s)}$；(2) 传质过程为气膜控制过程。]

吸收塔的计算

5-7 在逆流吸收塔中，用清水吸收混合气体溶质组分 A，吸收塔内操作压强为 106kPa，温度为 30℃，混合气流量为 1300m^3/h，组成为 0.03（摩尔分数），吸收率为 95%。若吸收剂用量为最小用量的 1.5 倍，操作条件下平衡关系为 $Y^*=0.65X$。试求进入塔顶的清水用量 L 及吸收液的组成。

[答案：$L=49.2\text{kmol/h}$；$X_1=0.0317$]

5-8 一逆流操作的常压填料吸收塔，用清水吸收混合气中的溶质 A，入塔气体中含 A 1%（摩尔比），经吸收后溶质 A 被回收了 80%，此时水的用量为最小用量的 1.5 倍，平衡线的斜率为 1，气相总传质单元高度为 1m，试求填料层所需高度。

[答案：$Z=3.06\text{m}$]

5-9 在常压逆流吸收塔中，用清水吸收混合气体中溶质组分 A。进塔气体组成为 0.03

（摩尔比，下同），吸收率为99%；出塔液相组成为0.013。操作压力为101.3kPa，温度为27℃，操作条件下的平衡关系为$Y^* = 2X$（Y、X均为摩尔比）。已知单位塔截面上惰性气流量为54kmol/($m^2 \cdot h$)，气相总体积吸收系数为1.12kmol/($m^3 \cdot h \cdot kPa$)，试求所需填料层高度。

[答案：$Z = 9.886m$]

5-10 在逆流操作的填料塔中，用清水吸收焦炉气中氨，氨的浓度（标准状况）为8g/m^3，混合气处理量（标准状况）为4500m^3/h。氨的回收率为95%，吸收剂用量为最小用量的1.5倍。操作压强为101.33kPa，温度为30℃，气液平衡关系可表示为$Y^* = 1.2X$（Y、X为摩尔比）。气相总体积吸收系数$K_Y a = 0.06$kmol/($m^2 \cdot h$)，空塔气速为1.2m/s，试求：(1) 用水量L（kg/h）；(2) 塔径（m）；(3) 塔高（m）。

[答案：$L = 6120$kg/h；$D = 1.21$m；$Z = 5.07$m]

5-11 某制药厂现有一直径为0.6m，填料层高度为6m的吸收塔，用纯溶剂吸收某混合气体中的有害组分。现场测得的数据如下：$V = 500m^3/h$，$Y_1 = 0.02$、$Y_2 = 0.004$、$X_1 = 0.004$。已知操作条件下的气液平衡关系为$Y^* = 1.5X$。现因环保要求的提高，要求出塔气体组成低于0.002（摩尔比）。该制药厂拟采用以下改造方案：维持液-气比不变，在原塔的基础上将填料塔加高。试计算填料层增加的高度。

[答案：$\Delta Z = 3.054m$]

5-12 在逆流操作的填料塔内，用纯溶剂吸收混合气体中的可溶组分。已知：吸收剂用量为最小用量的1.5倍，气相总传质单元高度$H_{OG} = 1.11m$，操作条件下的平衡关系为$Y^* = mX$，要求A组分的回收率为90%，试求所需填料层高度。在上述填料塔内，若将混合气的流率增加10%，而其他条件（气、液相入塔组成、吸收剂用量、操作温度、压强）不变，试定性判断尾气中A的含量及吸收液组成将如何变化？已知$K_Y a \propto V^{0.7}$。

[答案：$Z = 5.15m$；X_1增大；Y_2增大]

四、思考题

1. 如何选择吸收剂？
2. 双膜理论的基本论点是什么？
3. 如何判断传质进行的方向？
4. 在气液两相的传质过程，什么情况属于气膜阻力控制？什么情况属于液膜阻力控制？
5. 传质单元高度和传质单元数有何物理意义？
6. 什么是最小液-气比？如何确定？
7. 吸收剂用量对吸收操作有何影响？如何确定？

本章符号说明

符号	意义	计量单位
a	填料的有效比表面积	m^2/m^3
c_A	溶液中溶质A的浓度	$kmol/m^3$
c	溶液总浓度	$kmol/m^3$
D	塔径	m
H_{OG}	气相总传质单元高度	m

k_G	气膜吸收系数	kmol/(m² · s · kPa)
k_L	液膜吸收系数	m/s
K_G	气相总吸收系数	kmol/(m² · s · kPa)
L	液体流量	kmol/s
m	相平衡常数	无量纲
N	传质速率	kmol/(m² · s)
N_{OG}	气相总传质单元数	无量纲
N_{OL}	液相总传质单元数	无量纲
P	操作总压力	kPa
p_A	溶质 A 的分压力	kPa
p_i	气液界面处溶质 A 的分压力	kPa
u	空塔气速	m/s
V	惰性气体体积流量	m³/h
x	液相摩尔分数	无量纲
X	液相摩尔比	无量纲
y	气相摩尔分数	无量纲
Y	气相摩尔比	无量纲
Z	填料层高度	m

希文

ε	空隙率	无量纲
θ	时间	s
μ	黏度	Pa · s
ρ	密度	kg/m³
Φ	填料因子	l/m
Ψ	液体密度校正系数	无量纲

第六章

蒸 馏

学习指导

学习目的

了解常用蒸馏方式的原理、特点。熟悉双组分连续精馏过程的相关计算（包括物料衡算、操作线、进料热状况的影响、理论板数确定、最佳进料位置确定、适宜回流比选择、实际板数确定等）。能够在了解板式塔的基本结构和特性的前提下进行板式塔的设计、操作和调节等。

学习要点

1. 重点掌握的内容

（1）精馏的原理。

（2）双组分连续精馏过程的相关计算。

（3）回流比的选择及回流比对蒸馏操作的影响。

（4）理论塔板数的计算。

2. 学习时应注意的问题

本章学习与吸收一章类比学习，都是质量传递的典型单元操作，都有操作线方程、平衡线方程，相关计算类似。

蒸馏在工业生产中用于分离液体混合物。其原理是依据液体混合物中各组分的挥发度不同进行组分分离。在一定的外界压力下，混合物中较易挥发的称为**易挥发组分**或**轻组分**；较难挥发的称为**难挥发组分**或**重组分**。在一定的温度下，混合液饱和蒸气压高的组分容易挥发，低的组分难挥发。

工业上，蒸馏操作按蒸馏操作方式可分为简单蒸馏、平衡蒸馏（闪蒸），精馏和特殊精馏；按蒸馏操作流程可分为间歇蒸馏和连续蒸馏；按物系中组分的数目可分为两组分精馏和多组分精馏；按操作压力可分为加压蒸馏、常压蒸馏和减压蒸馏；本章主要是介绍**常压下双组分的连续精馏**。

案例分析

许多生产工艺常常涉及互溶液体混合物的分离问题。如将原油分离成汽油、柴油和煤油等不同的油品；石油裂解气分离成纯度较高的乙烯、丙烯和丁二烯；将粗苯分离成苯、甲苯和二甲苯等；溶剂回收和废液排放前的达标处理等。

例如，稀的乙醇水溶液经普通精馏，只能得到乙醇组成为 0.894 的恒沸物。要想得到纯乙醇，需要在乙醇-水恒沸物中加入苯作为夹带剂，进行恒沸精馏。如图 6-1 所示。

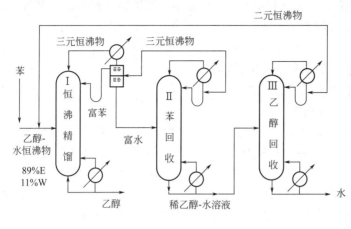

图 6-1 乙醇-水恒沸物的恒沸精馏流程

分离的方法有多种，工业上最常用的是蒸馏或精馏。蒸馏操作是通过对混合液加热建立气液两相体系的，所得到的气相还需要再冷凝液化。因此，蒸馏操作耗能较大。蒸馏过程中的节能是个值得重视的问题。

第一节　双组分溶液的气液相平衡

一、溶液的蒸气压与拉乌尔定律

在一个封闭容器中，如图 6-2 所示。在一定条件下，经长时间接触，当每个组分的分子从液相逸出与气相返回的速度相同时，达到动平衡，平衡时气液两相的组成之间的关系称为相平衡关系，此时液面上的压力就是饱和蒸气压。

一般情况下，某一纯组分液体的饱和蒸气压只是温度的函数，随温度升高而增大。液体的挥发能力大，其蒸气压就大。即饱和蒸气压也能够表示液体挥发能力。纯组分液体的饱和蒸气压与温度关系可通过安托因方程表示，即：

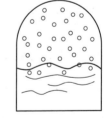

图 6-2 气、液平衡

$$\lg p^0 = A - \frac{B}{t+C} \quad (6-1)$$

式中　p^0——纯组分液体的饱和蒸气压，kPa；
　　　t——温度，℃；
A、B、C——安托因常数，可由手册查找。

在一定的温度下，液体混合物也有一定的蒸气压，其各组分的蒸气压与其单独存在时的蒸气压不同，对于双组分的混合液，由于 B 的存在，使 A 组分在气相中的蒸气压比其纯态下的饱和蒸气压要小。液面上方的压强由 A 和 B 一起组成。

对于溶剂与溶质组成的稀溶液，1880 年，法国人拉乌尔根据实验提出：在一定的温度下，当气液两相达到平衡时，溶剂 A 在气相中的蒸气分压 p_A 等于纯溶剂的饱和蒸气压 p_A^0 与该组分在溶液中的摩尔分数 x_A 的乘积，即：

$$p_A = p_A^0 x_A \tag{6-2}$$

式中　p_A^0——同温度下纯溶剂 A 的饱和蒸气压，kPa；

　　　p_A——溶剂 A 在气相中的蒸气分压，kPa；

　　　x_A——液相中溶剂 A 的摩尔分数。

拉乌尔定律对大多数溶液都不适用。只有溶液浓度很低时，拉乌尔定律才适用。由实验发现，如果性质近似的物质所组成的溶液如苯-甲苯、正己烷-正庚烷、甲醇-乙醇等在全部浓度范围内，拉乌尔定律都能适用。这是因为它们的分子结构及分子大小非常接近，分子间的相互作用力几乎相等。例如甲苯分子的存在对苯分子的挥发几乎没有影响。这就同稀溶液中溶剂分子类似，其蒸气压符合拉乌尔定律。像这样的溶液称理想溶液。**理想溶液**是在全部浓度范围内符合拉乌尔定律的溶液。

所以理想溶液中两个组分的蒸气分压都可以用拉乌尔定律表示，对于组分 B，则有：

$$p_B = p_B^0 x_B = p_B^0 (1 - x_A) \tag{6-3}$$

式中　p_B^0——同温度下纯组分 B 的饱和蒸气压，kPa；

　　　p_B——气相中组分 B 的蒸气分压，kPa；

　　　x_B——液相中组分 B 的摩尔分数。

二、理想溶液气液相平衡

（一）理想溶液的 t-y-x 关系式

1. 温度（泡点）-液相组成关系式

当总压不太高时，可认为气相为理想气体，服从道尔顿分压定律，即气相各组分的分压 p_A、p_B 之和等于总压 $p_总$。

$$p_A + p_B = p_总 \tag{6-4}$$

由式(6-2)、式(6-3) 知式(6-4) 可写成：

$$p_A^0 x_A + p_B^0 (1 - x_A) = p_总 \tag{6-5}$$

式中，摩尔分数 x_A 下标 A 表示双组分中易挥发组分，其下标一般省略，解得：

$$x = \frac{p_总 - p_B^0}{p_A^0 - p_B^0} \tag{6-6}$$

当总压 $p_总$ 一定时，气液两相在温度 t 达到平衡时的液相组成 x 可用上式计算。p_A^0、p_B^0 是温度的函数。因此上式是液相组成 x 与温度（泡点）的关系式。

2. 恒压下 t-y-x 关系式

由拉乌尔定律表达式 $p_A = p_A^0 x_A$ 以及分压 p_A 与总压 $p_总$ 的关系式 $p_A = p_总 y_A$，可得：

$$y_A = \frac{p_A^0 x_A}{p_总} \tag{6-7}$$

若略去 y_A 及 x_A 的下标 A，则得到恒压下 t-y-x 关系式：

$$y = \frac{p_A^0 x}{p_总} \tag{6-8}$$

若已知气液相平衡 t 下的液相组成 x，用式(6-8)就可求出与 x 平衡的气相组成 y。该式是气相组成 y 与温度（露点）的关系式。

【例 6-1】 已知正戊烷与正己烷的饱和蒸气压和温度的关系如表 6-1 所示，求总压为 101.33kPa 时 t-y-x 数据，并作图表示。

表 6-1　正戊烷-正己烷的饱和蒸气压和温度的关系

温度/℃	p_A^0/kPa	p_B^0/kPa	温度/℃	p_A^0/kPa	p_B^0/kPa
36.1	101.33	31.98	55	185.18	64.44
40	115.62	37.26	60	214.35	76.36
45	136.05	45.02	65	246.89	89.96
50	159.16	54.04	68.7	273.28	101.33

解　选一温度 t，可查出此温度下各组分在纯态时的蒸气压 p_A^0，p_B^0。总压 $p_{总}$ 为定值，故利用式(6-6)可算出温度与液相组成的关系，即得标绘泡点线的数据。按式(6-7)可求出标绘露点线的数据。其计算结果列于表 6-2 中。

表 6-2　正戊烷-正己烷溶液的 t-y-x 计算数据

温度/℃	x_A	y_A	温度/℃	x_A	y_A
36.1	1.0	1.0	55	0.31	0.57
40	0.82	0.93	60	0.18	0.38
45	0.62	0.83	65	0.07	0.17
50	0.45	0.71	68.7	0	0

根据以上结果标绘，即得到图 6-3 所示的 t-y-x 图。

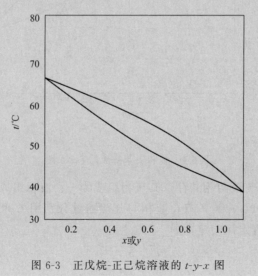

图 6-3　正戊烷-正己烷溶液的 t-y-x 图

（二）双组分理想溶液气-液相图分析

1. t-y-x 图

如图 6-4 所示苯与甲苯混合物在压力为 101.325kPa 时的平衡温度-组成 t-y-x 图。图中以 x（或 y）为横坐标，以 t 为纵坐标。图中有两条曲线，上方的曲线为 t-y 线，表示混合物的平衡温度 t 与气相组成 y 之间的关系，称为**饱和蒸气线**或**露点线**；下方的曲线为 t-x 线，表示混合物的平衡温度 t 与液相组成 x 之间的关系，称为**饱和液体线**或**泡点线**。上述的

两条曲线将 t-y-x 图分成三个区域。饱和液体线以下的区域代表未沸腾的液体，称为**冷液区**；饱和蒸气线上方的区域代表过热蒸气，称为**过热蒸气区**；两曲线包围的区域表示气液两相同时存在，称为**气液共存区**。

在恒定的压力下，若将温度为 t_1、组成为 x_1（图中点 A）的混合液加热，当温度升高到 t_2（点 B）时，溶液开始沸腾，此时产生第一个气泡，该温度即为泡点温度 t_B，简称**泡点**。继续升温到 t_3（点 C）时，气液两相共存，其气相组成为 y、液相组成为 x，两相互成平衡。同样，若将温度为 t_5、组成为 y_1（点 E）的过热蒸气冷却，当温度降到 t_4（点 D）时，过热蒸气开始冷凝，此时产生第一个液滴，该温度即为露点温度 t_D，简称**露点**。继续降温到 t_3（点 C）时，气液两相共存。

如图 6-4 所示是苯和甲苯混合溶液的 t-y-x 图。气液两相呈平衡时，气液两相的温度相同，但气相组成（易挥发组分）大于液相组成，$y > x$ 这就是蒸馏原理的基础；若气液两相组成相同时，则露点温度总是大于泡点温度。

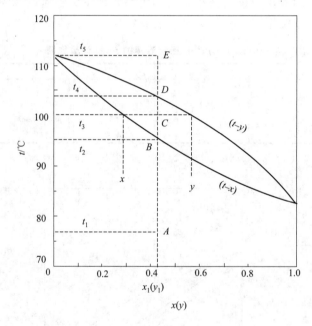

图 6-4　苯和甲苯溶液的 t-y-x 图

如图 6-4C 点所示，气液两相共存，其气相组成为 y、液相组成为 x 互成平衡，若液相组成 x 在 L 点，气相组成 y 在 V 点，液相与气相的量分别用 L 和 V 表示，单位为 kmol，则液气两量的比值由杠杆定律确定，即：

$$\frac{L}{V} = \frac{y - x_C}{x_C - x} \tag{6-9}$$

式中　x_C——C 点的横坐标。

2. y-x 图

溶液中组分 A 的摩尔分数在蒸馏计算中除了上述 t-y-x 图外，还经常利用气液相平衡图 y-x。

图 6-5 所示为总压 101kPa 下，苯-甲苯混合物系的 y-x 图。图中以 x 为横坐标，y 为纵坐标。y-x 图可通过 t-y-x 的数据作出。图中直线为正方形对角线，为参考线，其方程为

$x=y$。对于理想物系,一些溶液达到平衡时,气相中易挥发组分浓度总是大于液相的,故其平衡线位于对角线的上方。平衡线离对角线越远,表示溶液越容易分离。图中的曲线代表在一定的外压下,液相组成和与之平衡的气相组成间的关系,称为**平衡曲线**。若已知液相组成 x_1,可由平衡曲线得出与之平衡的气相组成 y_1,反之亦然。

y-x 曲线是在恒定压力下测得的,但实验表明,在总压变化范围为 20%~30% 以下,y-x 曲线变动不超过 2%。因此,在总压变化不大时,外压对 y-x 曲线的影响可忽略。

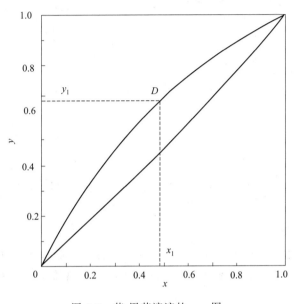

图 6-5　苯-甲苯溶液的 y-x 图

三、双组分非理想溶液的气液相图分析

非理想溶液即与拉乌尔定律有偏差的溶液,可分为两大类,即对拉乌尔定律具有正偏差的溶液和对拉乌尔定律具有负偏差的溶液。

(一) 具有正偏差的非理想溶液

由于体系内的组分在混合前后,分子作用不同,因缔合和解离等原因引起混合前后分子数目的改变导致溶液中各组分产生分压偏离拉乌尔定律。

各种实际溶液与理想溶液的偏差程度各不相同,例如乙醇-水、苯-乙醇等物系是具有很大正偏差的例子,表现为溶液在某一组成时其两组分的饱和蒸气压之和出现最大值。与此对应的溶液泡点比两纯组分的沸点都低,为具最低恒沸点的溶液。如图 6-6 中 y-x 图。图中点 M 代表气液两相组成相等。常压下恒沸组成为 0.894,最低恒沸点为 78.15℃,在该点溶液的相对挥发度 $\alpha=1$。因此,用普通蒸馏的方法分离乙醇-水溶液最多只能得到接近于恒沸组成的产品,这就是工业酒精浓度为 95% 的原因。要得到无水酒精,需要用特殊精馏的方法。

(二) 具有负偏差的非理想溶液

具有负偏差的溶液中,相异分子间的吸引力较相同分子间的吸引力大,分子不易汽化,故溶液上方各组分的蒸气分压较理想情况时小。当相异分子间的吸引倾向大到一定程度时,会出现最低蒸气压和相应的最高恒沸点。如氯仿-丙酮溶液和硝酸-水是具有很大负偏差的非理想溶液。如图 6-7 为 $P=101.33\text{kPa}$ 时，硝酸-水混合液的 y-x 图。产生的蒸气组成与液相组成相同，交点 M 所指示的温度为恒沸点，具有该组成的混合物称为恒沸物。图中点 M 溶液的相对挥发度 $\alpha=1$，对应的恒沸组成为 0.383，其最高恒沸点为 121.9℃，比水的沸点 100℃，硝酸的沸点 86℃ 都高。

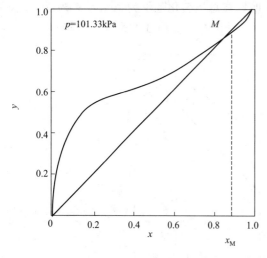

图 6-6　常压下乙醇-水溶液的 y-x 图　　　　图 6-7　常压下硝酸-水溶液的 y-x 图

同一溶液的恒沸组成随压力改变，在常压下不能用普通精馏方法去分离恒沸物，理论上是可以用加压和减压的方法去改变其恒沸物的组成进行分离的，但在实际使用时，还必须考虑经济上的可能性。

需指出，非理想溶液不一定都具有恒沸点，如甲醇-水混合液属于正偏差系统，但无恒沸点。二硫化碳-四氯化碳混合液属于负偏差系统，也无恒沸点。

四、气液相平衡方程

（一）挥发度 v

挥发度是表示物质挥发能力大小的物理量。纯组分液体的饱和蒸气压也能反映其挥发能力。理想溶液中各组分的挥发能力不受其他组分存在的影响，所以可以用各组分纯态时的饱和蒸气压表示。所以挥发度 v 等于饱和蒸气压 p^0，于是对组分 A，B 可分别表示为：

$$v_A = p_A^0 \qquad v_B = p_B^0 \tag{6-10}$$

（二）相对挥发度 α 及其相平衡方程

溶液中两组分挥发度之比，称为相对挥发度 $\alpha_{A\text{-}B}$，常以 α 表示：

$$\alpha = \frac{v_A}{v_B} = \frac{p_A^0}{p_B^0} \tag{6-11}$$

因为饱和蒸气压 p^0 是温度的函数，所以 α 也是温度的函数。在一定的温度下，若

$$p_A^0 > p_B^0$$

则：　　　　　　　　　　　　　　$\alpha > 1$

将式(6-11)、式(6-6)、式(6-8)三式整理得理想溶液的气液相平衡方程式：

$$y = \frac{\alpha x}{1+(\alpha-1)x} \tag{6-12}$$

理想溶液的相对挥发度 α 等于同温度下纯组分 A 和纯组分 B 的蒸气压之比,虽然纯组分蒸气压 p_A^0,p_B^0 都随温度而变化,但两者比值的变化通常不大。α 随温度升高而略有降低,但随温度变化不大。因此当温度变化不大时,可以取最低温度的 α 值与最高温度的 α 值之几何平均值,将其视为常数。这样,用气液相平衡方程式计算 y-x 数据更方便。α 为常数时,一个 α 值能画出一条 y-x 相平衡曲线。当 $\alpha=1$ 时相平衡曲线与对角线 $y=x$ 重合。α 越大,y-x 曲线越远离对角线,与同一 x 值对应的 y 值就越大,表明两组分越容易分离。溶液的泡点越高,两组分的相对挥发度 α 就越小。因此,总压增大,泡点也增大,α 将减小。

【例 6-2】 计算含苯 0.5(摩尔分率)的苯-甲苯混合液在总压 101.3kPa 下的泡点温度。苯(A)-甲苯(B)的饱和蒸气压数据如表 6-3 所示。

表 6-3 例 6-2 附表

温度/℃	80.1	85.0	90.0	95.0	100.0	105.0	110.6
p_A^0/kPa	101.3	116.9	135.5	155.7	179.2	204.2	240.0
p_B^0/kPa	40.0	46.0	54.0	63.3	74.3	86.0	101.3

解 求解本题的关键是明确用气液平衡关系求泡点温度时,需采用试差法。设泡点温度 95℃,查附表得:

$$p_A^0 = 155.7\text{kPa} \quad p_B^0 = 63.3\text{kPa}$$

$$x = \frac{p - p_B^0}{p_A^0 - p_B^0} = \frac{101.3 - 63.3}{155.7 - 63.3} = 0.411 < 0.5$$

计算结果表明,所设泡点温度偏高。再设泡点温度 92.2℃,由表 6-3 数据插值求得:

$$p_A^0 = 144.4\text{kPa} \quad p_B^0 = 58.1\text{kPa}$$

$$x = \frac{p - p_B^0}{p_A^0 - p_B^0} = \frac{101.3 - 58.1}{144.4 - 58.1} = 0.501 \approx 0.5$$

泡点温度 92.2℃。

第二节 蒸馏和精馏原理

一、简单蒸馏和平衡蒸馏

(一)简单蒸馏

简单蒸馏装置如图 6-8 所示。混合液加入到蒸馏釜中,在恒压下加热至沸腾,使液体不断汽化,生成的蒸气在冷凝器中冷凝成液体。在蒸馏过程中,釜内溶液中易挥发组分不断下降,相应的蒸气中易挥发组分浓度也随之降低。所以,简单蒸馏过程是一个不稳定过程,馏出液常常按不同浓度范围分罐收集,最后从釜中排出残液。

(二) 平衡蒸馏

如图 6-9 所示，平衡蒸馏又称为闪蒸（flash distillation），是连续稳定过程，将原料用泵连续送入加热器中，加热至一定温度经节流阀骤然减压到规定压力，部分料液会迅速汽化，气液两相就在分离器中分开，气体上升，液体下降，在顶部得到易挥发组分浓度较高的产品，在底部得到难挥发组分浓度较高的产品。

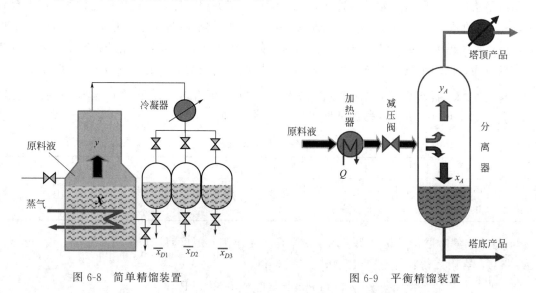

图 6-8　简单精馏装置　　　　　　图 6-9　平衡精馏装置

平衡蒸馏为稳定连续过程，生产能力大，不能得到高纯产物，常用于只需粗略分离的物料，在石油炼制及石油裂解分离的过程中常使用多组分溶液的平衡蒸馏。

许多情况下，要求的混合液分离为几乎纯净的组分，显然简单蒸馏和平衡蒸馏达不到这样的要求。需要采用精馏装置才能完成这样的任务。

二、精馏原理

(一) 精馏塔内气液两相的流动、传热与传质

精馏装置主要由精馏塔、冷凝器及再沸器组成。精馏塔有板式塔和填料塔组成，填料塔在吸收章节已介绍，本章以板式塔为例介绍精馏过程及设备，连续精馏装置如图 6-10 所示。

通常，原料液经预热器预热到指定温度后，从塔的中部附近的进料板连续进入塔内，沿塔向下流到蒸馏釜。釜中液体被加热而部分汽化，蒸气中易挥发组分的组成 y 大于液相中易挥发组分的组成 x，即 $y>x$。蒸气沿塔向上流动，与下降液体逆流接触，因气相温度高于液相温度，气相进行部分冷凝，同时把热量传递给液相，使液相进行部分汽化。因此，难挥发组分从气相向液相传递，易挥发组分从液相向气相传递。结果，上升气相的易挥发组分逐渐增多，难挥发组分逐渐减少；而下降液相中易挥发组分逐渐减少，难挥发组分逐渐增多。由于在塔的进料板以下（包括进料板）的塔板中，上升气相从下降液相中提出了易挥发组分，故称为**提馏段**。

提馏段的上升气相经过进料板继续向上流动，到达塔顶冷凝器，冷凝为液体。冷凝液的一部分回流入塔顶，称为回流液，其余作为塔顶产品（馏出液）排出。塔内下降的回流液与上升气相逆流接触，气相部分冷凝，而同时液相进行部分汽化。难挥发组分从气相向液相传

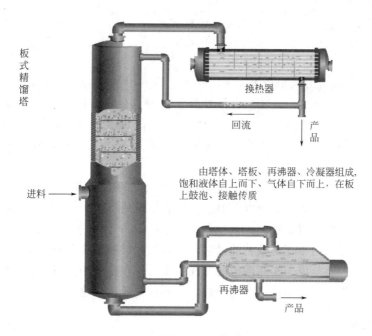

图 6-10 精馏塔中物料流动示意图

递，易挥发组分从液相向气相传递。结果，上升气相中易挥发组分逐渐增多，而下降液相中难挥发组分逐渐增多。由于塔的上半段上升气相中难挥发组分被除去，而得到了精制，故称为**精馏段**。

（二）塔板上气液两相的传热与传质

板式塔中气液两相主要是在每块塔板上接触而进行传热与传质。如图 6-11(a) 所示，在精馏塔中任取相邻三块塔板，从上往下分别为第 $n-1$ 板，第 n 板，第 $n+1$ 板。

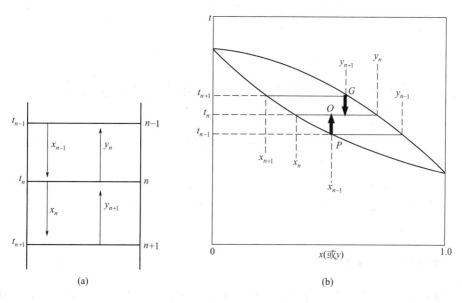

图 6-11 相邻塔板上的温度与气液组成

在精馏塔中，越往上气液两相中易挥发组分就越多，温度就越低，即：

$$y_{n-1} > y_n > y_{n+1}$$
$$x_{n-1} > x_n > x_{n+1}$$
$$t_{n-1} < t_n < t_{n+1}$$

x_{n-1} 的液相与 y_{n+1} 的气相在第 n 板上接触，因气相温度 t_{n+1} 高于液相温度 t_{n-1}，气相发生部分冷凝，把热量传递给液相，使液相发生部分汽化。难挥发组分 B 从气相向液相传递，而易挥发组分 A 从液相向气相传递。则上升气相中的组分 A 增多，B 组分减少，而下降液相中组分 A 减少，组分 B 增多。即气相组成变大，$y_{n+1} \to y_n$，液相组成减小，$x_{n-1} \to x_n$，如图 6-11(b) 所示。

在理想情况下，如果气液两相接触良好，且时间足够长，离开第 n 板的气液两相可能达到平衡状态，平衡温度为 t_n，气相组成 y_n 与液相组成 x_n 为平衡关系。这种使气液两相达到平衡状态的塔板称为**理论板**。

实际情况是，气液两相在塔板上的接触时间有限，接触不够充分。在未达到平衡状态之前就离开了塔板。也就是说，实际塔板的分离程度要比理论板小。精馏塔设计时，先求出理论板数，再根据塔板效率大小确定实际板数。实际板数要比理论板数多。

（三）回流的作用

由塔内精馏操作分析可知，为实现精馏分离操作，除了具有足够层数塔板的精馏塔以外，还必须从塔顶引入下降液流（即回流液）和从塔底产生上升蒸气流，以提供所需要的冷量和热量，建立气液两相体系。因此，塔底上升蒸气流和塔顶液体回流是精馏过程连续进行的必要条件。

塔底再沸器连续将液体部分汽化，产生上升的蒸气，送回塔内亦称气相回流；所产生的液体作为塔底产品，亦称釜残液。塔顶蒸气进入冷凝器中被全部冷凝，称此冷凝器为全凝器（部分冷凝为液体的冷凝器称为分凝器，若不特别指明，一般指全凝器）。并将部分冷凝液用泵送回塔顶作为回流液体，其余部分作为塔顶产品，亦称为馏出液。

回流是精馏与普通蒸馏的本质区别。

第三节　双组分连续精馏的计算与分析

工业生产中的蒸馏操作以精馏为主，在多数情况下采用连续精馏，因此，本节着重讨论连续精馏塔的工艺计算。

当生产任务要求将一定数量和组成的原料分离成指定组成的产品时，精馏塔计算内容有：馏出液及釜液的流量、塔板数或填料高度、进料口位置、塔高、塔径等。塔高和塔径的计算将在以后详细讨论。

一、全塔的物料衡算

在工程上精馏计算常采用复杂精馏塔的模型及通用化工计算软件，对塔进行严格计算。为简化问题便于分析，本处以简单连续精馏塔为主，介绍精馏过程设计及操作分析问题。如图 6-12 所示。

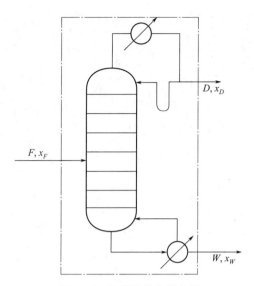

图 6-12 精馏塔的物料衡算

总物料衡算：

$$F = D + W \tag{6-13}$$

易挥发组分物料衡算：

$$Fx_F = Dx_D + Wx_W \tag{6-14}$$

式中　F——原料液流量，kmol/h；
　　　D——塔顶产品（馏出液）流量，kmol/h；
　　　W——塔底产品（釜液）流量，kmol/h；
　　　x_F——原料中易挥发组分的摩尔分数；
　　　x_D——馏出液中易挥发组分的摩尔分数；
　　　x_W——釜液中易挥发组分的摩尔分数。

对精馏过程中所要求的分离过程除用产品的组成表示以外，有时还用采出率或回收率表示。

馏出液的采出率：

$$\frac{D}{F} = \frac{x_F - x_W}{x_D - x_W} \tag{6-15}$$

釜液的采出率：

$$\frac{W}{F} = \frac{x_D - x_F}{x_D - x_W} \tag{6-16}$$

塔顶易挥发组分的回收率：

$$\eta_D = \frac{Dx_D}{Fx_F} \times 100\% \tag{6-17}$$

塔底难挥发组分的回收率：

$$\eta_W = \frac{W(1 - x_W)}{F(1 - x_F)} \tag{6-18}$$

【例 6-3】　在连续精馏塔内分离二硫化碳-四氯化碳混合液。原料液处理量为 5000kg/h，原料液中二硫化碳含量为 0.35（质量分数，下同），若要求釜液中二硫化碳含量不大于 0.06，二硫化碳的回收率为 90%。试求塔顶产品量及组成，分别以摩尔流量和摩尔分数表示。

解　二硫化碳的摩尔质量为 76kg/kmol，四氯化碳的摩尔质量为 154kg/kmol。

原料液摩尔组成 $x_F = \dfrac{0.35/76}{0.35/76 + 0.65/154} = 0.52$

釜液摩尔组成 $x_W = \dfrac{0.06/76}{0.06/76 + 0.94/154} = 0.114$

原料液的平均摩尔质量 $\overline{M} = 0.52 \times 76 + 0.48 \times 154 = 113.44 \text{kg/kmol}$

原料液摩尔流量 $F = 5000/113.44 = 44.08 \text{kmol/h}$

塔顶易挥发组分的回收率，$\eta_D = \dfrac{Dx_D}{Fx_F} \times 100\%$ 知

$$Dx_D = \eta_D F x_F = 0.9 \times 44.08 \times 0.52 = 20.63$$

代入有关数据得 $Wx_W = (1 - \eta_D) F x_F \Rightarrow 0.114W = (1 - 0.9) \times 44.08 \times 0.52 = 2.292$

$$W = 20.1 \text{kmol/h}$$

由全塔物料衡算，可得 $D = F - W = 44.08 - W = 44.08 - 20.1 = 23.98 \text{kmol/h}$

$$Dx_D = 20.63 \Rightarrow x_D = \dfrac{20.63}{D} = \dfrac{20.63}{23.98} = 0.86$$

二、恒摩尔流假定

恒摩尔流的假定条件是混合物中各组分的摩尔汽化潜热相等，各板上液体显热的差异可忽略，塔设备保温良好，热损失可忽略。由于蒸馏操作比较复杂，为讨论方便起见，可作出下述恒摩尔流假定。

（一）恒摩尔气流

精馏操作时，在精馏塔的精馏段内，每层板的上升蒸气摩尔流量都相等。

精馏段 $V_1 = V_2 = V_3 = \cdots = V$

同理，在提馏段内每层板的上升蒸气摩尔流量也都相等。即

提馏段 $V'_1 = V'_2 = V'_3 = \cdots = V'$

式中 V——精馏段内每层塔板上上升的蒸气摩尔流量，kmol/h；

V'——提精馏段内每层塔板上上升的蒸气摩尔流量，kmol/h。

（二）恒摩尔液流

精馏操作时，在塔的精馏段内，每层板下降的液体摩尔流量都是相等的，即：

精馏段 $L_1 = L_2 = L_3 = \cdots = L$

同理，在提馏段内每层板的下降液体摩尔流量也都相等的，即：

提馏段 $L'_1 = L'_2 = L'_3 = \cdots = L'$

式中 L——精馏段内每层塔板下降液体的摩尔流量，kmol/h；

L'——提馏段内每层塔板下降液体的摩尔流量，kmol/h。

由于进料热状况的影响，两段上升蒸气的摩尔流量 V 和 V' 不一定相等，下降液体的摩尔流量 L 和 L' 也不一定相等，视进料的热状态而定。上述假定称为恒摩尔流假定。它表明塔板上气液两相接触时，若有 1mol 的蒸气冷凝就应有 1mol 液体汽化，假定才能成立。因此，必须满足下述条件：

① 各化学性质类似的组分，其摩尔汽化潜热相等；

② 相对于各组分的摩尔汽化潜热而言,气液相交换的显热可以忽略;
③ 塔设备保温良好,热损失可以忽略。

恒摩尔流量是一种假设,但在有些精馏操作系统中能基本满足上述条件,故可在设计计算中采用。

在连续精馏塔中,由于原料液不断进入塔内,因此,精馏段和提馏段的操作关系不同。下面分别说明。

【例 6-4】 氯仿($HCCl_3$)和四氯化碳(CCl_4)的理想溶液在一连续操作的精馏塔中分离,此物系的平均相对挥发度 $\alpha=1.66$。馏出液的摩尔流量为 8.26kmol/h,其中氯仿的摩尔分数为 0.95。塔顶的蒸气进入全凝器,冷凝为泡点液体。部分作馏出液采出,其余作为回流液回流入塔。回流液流量 L 与馏出液流量 D 的比值 L/D 称为回流比,以 R 表示。试求:(1) 塔顶第一理论板下降液体的组成;(2) 若塔顶液体回流比 $R=2$,试求精馏段每层塔板下降液体的流量 L 及上升蒸气的流量 V;(3) 若进料为饱和液体,以流量 20kmol/h 进入精馏塔中部。试求提馏段每层塔板下降液体的流量及上升蒸气的流量。

解 (1) 因塔顶冷凝器为全凝器,则冷凝前后组成不变,只是相发生改变,
即
$$y_1 = x_D = 0.95$$

因第一层板为理论板,则 y_1、x_1 为平衡关系。将 $y_1=0.95$、$\alpha=1.66$ 代入气液相平衡方程,
$$y_1 = \frac{\alpha x_1}{1+(\alpha-1)x_1} \Rightarrow x_1 = \frac{y_1}{\alpha-(\alpha-1)y_1} = \frac{0.95}{1.66-(1.66-1)\times 0.95} = 0.92$$

(2) 由 $R = \frac{L}{D} \Rightarrow L = RD = 2 \times 8.26 = 16.52 \text{kmol/h}$

精馏段每层塔板上升蒸气流量 V 等于馏出液量 D 与回流液量 L 之和。
即
$$V = L + D = 16.52 + 8.26 = 24.78 \text{kmol/h}$$

(3) 饱和液体进料条件下,提馏段下降液体的流量 L' 等于进料流量 F 与精馏段下降液体流量 L 之和。
即
$$L' = F + L = 20 + 16.52 = 36.52 \text{kmol/h}$$

在饱和液体进料条件下,提馏段上升蒸气流量 V' 等于精馏段上升蒸气的流量 V。
即
$$V' = V = 24.78 \text{kmol/h}$$

三、进料热状态参数 q

进料热状态分为五种:冷液进料,饱和液体进料,气液混合物进料,饱和蒸气进料,过热蒸气进料。塔板上的液体和蒸气都是饱和状态,不同的进料热状态,对精馏段和提馏段的下降液体及上升蒸气量会有明显的影响。

由于进料(流量为 F)所引起的提馏段下降液体流量 L' 与精馏段的 L 不同,其差值为 $(L'-L)$。单位进料流量所引起的提馏段与精馏段下降液体流量之差值以 q 表示为:

$$q = \frac{L'-L}{F} \tag{6-19}$$

从式(6-19)可知,有了 q 值,就可以从已知的 F、L、L 求出 L'、V'。不同的进料热状态的 q 值不同,故 q 称为进料热状态参数。不同进料热状态的影响如图 6-13 所示。

① 饱和液体进料时,$L'=F+L$,$V'=V$,故 $q=1$。

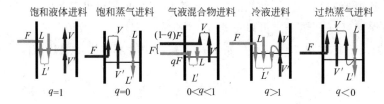

图 6-13 5 种进料热状态下精馏段与提馏段的气液流量关系

② 饱和蒸气进料时，$L'=L$，$V=V'+F$，故 $q=0$。
③ 气液混合物进料时，若进料量 F 中含有液相量为 L_F，气相量为 V_F，则有

$$F=L_F+V_F$$

由图 6-13 气液混合进料对应的图知 $L'=L+L_F$，$V=V'+V_F$。

由 $q=\dfrac{L'-L}{F}$ 知 $L'=L+qF$，与式 $L'=L+L_F$ 对比可得

$$L_F=qF$$

则
$$L'=L+qF$$
$$V=V'+(1-q)F \tag{6-20}$$

式中，q 可以理解为气液混合进料中液体所占的比例为 q，则气体所占的比例为 $(1-q)$，所以 q 值范围是 $0<q<1$。

④ 冷液进料时 $L'=F+L+$ 部分液化量，则 $L'>F+L$，代入式(6-19)，知 $q>1$。
⑤ 过热蒸气进料时，$L'=L-$ 部分汽化量，则 $L'<L$，代入式(6-19)，知 $q<0$。

四、操作线方程与 q 线方程

操作线方程是表示两层塔板之间，下层塔板的上升蒸气组成 y_n 与上层塔板下降液体组成 x_{n-1} 之间的关系式。它对塔板数的计算有用。连续精馏塔的精馏段与提馏段之间，因有原料不断引入塔中，故两段的操作关系有所不同。

（一）精馏段操作线方程

在二元精馏计算中可去掉组分下标，例如以 x_n，y_n 分别表示第 n 块板上的液、气相轻组分组成（摩尔分数）。塔内按恒摩尔流假设处理，精馏段气、液两相物质摩尔流量分别为 V、L。塔顶蒸气全部被冷凝，采出液相产品为 D，回流量为 L。并定义回流量与采出量之比 L/D 为回流比 R。如图 6-14 精馏段所示。

在图 6-14 中进料以上虚线划定的范围物料衡算，即可获得精馏段操作线方程（塔顶为全凝器）

总物料衡算： $\qquad V=L+D \tag{6-21}$

易挥发组分物料衡算： $\qquad Vy_{n+1}=Lx_n+Dx_D \tag{6-22}$

式中 y_{n+1}——精馏段中第 $n+1$ 层板上升的蒸气组成，摩尔分数；
  x_n——精馏段中第 n 层板下降的液体组成，摩尔分数。

两式联立得：

$$y_{n+1}=\dfrac{L}{V}x_n+\dfrac{D}{V}x_D=\dfrac{L}{L+D}x_n+\dfrac{D}{L+D}x_D \tag{6-23}$$

为引入（液相）回流比 $R=\dfrac{L}{D}$，上式分子分母同时除以 D，则式(6-23)整理为：

$$y_{n+1}=\dfrac{L/D}{L/D+D/D}x_n+\dfrac{D/D}{L/D+D/D}x_D$$

即
$$y_{n+1}=\dfrac{R}{R+1}x_n+\dfrac{x_D}{R+1} \tag{6-24}$$

式(6-23)、式(6-24)都为精馏段操作线方程常用表达式，式(6-24)关联操作回流比 R 对塔内分离的影响。回流比 R 为一常数，显然，该式也是直线方程，其斜率为 $R/(R+1)$，截距为 $x_D/(R+1)$，恒过 (x_D,x_D)，在 y-x 相图中可用点截式画直线。

（二）提馏段操作线方程

在恒摩尔流假定成立的情况下，对图 6-15 虚线范围作物料衡算。

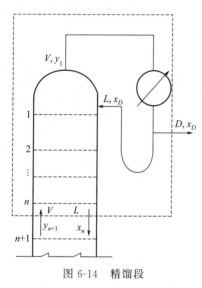

图 6-14　精馏段

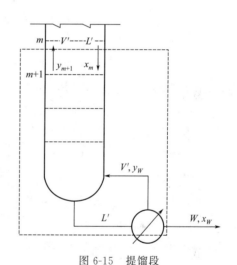

图 6-15　提馏段

$$L'=V'+W \tag{6-25}$$
$$V'y_{m+1}=L'x_m-Wx_W \tag{6-26}$$

式中　y_{m+1}——精馏段中第 $m+1$ 层板上升的蒸气组成，摩尔分数；

x_m——精馏段中第 m 层板下降的液体组成，摩尔分数。

两式联立有

$$y_{m+1}=\dfrac{L'}{V'}x_m-\dfrac{W}{V'}x_W=\dfrac{V'+W}{V'}x_m-\dfrac{W}{V'}x_W \tag{6-27}$$

为引入气相回流比 $R'=V'/W$，上式分子分母同时除以 W，则式(6-27)整理为：

$$y_{m+1}=\dfrac{(V'+W)/W}{V'/W}x_m-\dfrac{W/W}{V'/W}x_W$$

得
$$y_{m+1}=\dfrac{R'+1}{R'}x_m-\dfrac{x_W}{R'} \tag{6-28}$$

式(6-27)、式(6-28)为提馏段操作线方程常用表达式，亦为直线方程。式(6-28)所示直线斜率为 $\dfrac{R'+1}{R'}$，斜率大于 1，恒过 (x_W,x_W)。

【例 6-5】 在一连续操作的精馏塔中分离苯-甲苯溶液,其平均相对挥发度 $\alpha=2.46$。进料流量为 250kmol/h,其中苯的摩尔分数为 0.4。馏出液流量为 100kmol/h,其中苯的摩尔分数为 0.97。塔顶泡点回流,试回答下列问题:(1) 计算塔顶第一层理论板的下降液体组成;(2) 精馏段每层塔板下降液体的流量为 200kmol/h,试求塔顶第二层理论板的上升蒸气组成;(3) 若为冷液进料,其进料热状态参数 $q=1.2$,试求提馏段每层塔板上升蒸气的流量及塔釜的气相回流比 R';(4) 写出本题条件下的提馏段操作线方程;(5) 试求塔釜上一层塔板的下降液体组成。

解 (1) 已知 $x_D=0.97$,$y_1=x_D=0.97$,$\alpha=2.46$,代入相平衡方程

$$y_1=\frac{\alpha x_1}{1+(\alpha-1)x_1} \Rightarrow x_1=\frac{y_1}{\alpha-(\alpha-1)y_1}=\frac{0.97}{2.46-1.46\times 0.97}=0.929$$

(2) 已知 $D=100\text{kmol/h}$,$L=200\text{kmol/h}$,则塔顶回流比 $R=\dfrac{L}{D}=\dfrac{200}{100}=2$。已知 $x_1=0.929$,$x_D=0.97$,用精馏段操作线方程计算 y_2。

$$y_2=\frac{R}{R+1}x_1+\frac{x_D}{R+1}=\frac{2}{2+1}\times 0.929+\frac{0.97}{2+1}=0.943$$

(3) 精馏段每层塔板上升蒸气的流量 $V=L+D=200+100=300\text{kmol/h}$,并已知 $F=250\text{kmol/h}$,$q=1.2$。

提馏段每层塔板上升蒸气的流量为

$$V'=V+(q-1)F=300+(1.2-1)\times 250=350\text{kmol/h}$$

釜液流量 $W=F-D=250-100=150\text{kmol/h}$

塔釜的气相回流比 $R'=\dfrac{V'}{W}=\dfrac{350}{150}=2.33$

(4) 提馏段操作线方程为 $y=\dfrac{R'+1}{R'}x-\dfrac{x_W}{R'}$

$$Fx_F=Dx_D+Wx_W \Rightarrow x_W=\frac{Fx_F-Dx_D}{W}=\frac{250\times 0.4-100\times 0.97}{150}=0.02$$

将 $R'=2.33$、$x_W=0.02$ 代入提馏段操作线方程,求得提馏段方程为

$$y=1.43x-0.00858$$

(5) 塔釜上一层塔板的下降液体组成

先用相平衡方程计算塔釜上升蒸气组成(再沸器相当于一块理论板)

$$y_W=\frac{\alpha x_W}{1+(\alpha-1)x_W}=\frac{2.46\times 0.02}{1+1.46\times 0.02}=0.0478$$

用提馏段操作线方程计算塔釜上一层塔板下降液体的组成

$$x=\frac{y_W+0.00858}{1.43}=\frac{0.0478+0.00858}{1.43}=0.0394$$

(三) q 线方程

q 线方程又叫进料方程,是精馏段操作线和提馏段操作线交点的轨迹方程。联立两操作线方程及 q 的表达式,即式(6-19)、式(6-23)、式(6-27),同时因在交点处两操作线方程中的变量相同,因此精馏段操作线方程和提馏段操作线方程可略去方程中变量 y、x 下标,得:

$$y = \frac{q}{q-1}x - \frac{x_F}{q-1} \qquad (6\text{-}29)$$

式(6-29)称为 q 线方程。在连续稳定操作条件下，q 为定值，该方程亦为直线方程，其斜率为 $q/(q-1)$，恒过 (x_F, x_F)，用点斜式画直线。在 y-x 图上为一条直线且与两操作线相交于一点。

（四）操作线与 q 线的绘制

1. 精馏段操作线

首先在正方形对角线上根据 (x_D, x_D) 确定一定点 D，在 y 轴上确定截距 $x_D/(R+1)$ 对应的位置 I，过 ID 用点截式画直线。如图 6-16 所示。

2. q 线

在正方形对角线上根据 (x_F, x_F) 确定一定点 F，过 F 点利用斜率 $q/(q-1)$，用点斜式画直线。如图 6-16 所示。

3. 提馏段操作线

在正方形对角线上根据 (x_W, x_W) 确定一定点 W，设精馏段与 q 线相交于 f 点，因三线相交于同一点，故提馏段也过 f 点，利用两点式连线 fW 两点作直线，即为提馏段操作线。如图 6-16 所示。

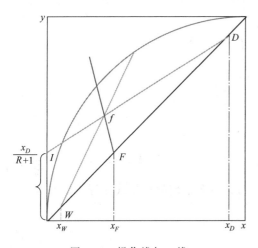

图 6-16 操作线与 q 线

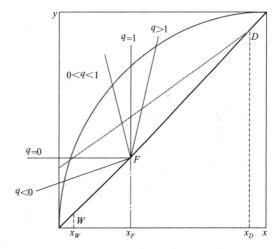

图 6-17 5 种进料状态下的 q 线方位

（五）进料状况对操作线的影响

q 线为恒过 (x_F, x_F)，斜率为 $q/(q-1)$ 的直线。当饱和液体进料时，$q=1$，q 线为垂直线；当饱和蒸气进料时，$q=0$，q 线为水平线。5 种进料热状态下的 q 线在 y-x 图中的方位如图 6-17 所示。

由图 6-17 可知，q 值对精馏段操作线无影响，对提馏段操作线有影响，随 q 值减小，提馏段操作线斜率增大，说明提馏段液、气比在增大，气、液两相组成更接近平衡线，则每块理论板的传质推动力减小。完成相同分离任务，所需理论板数会增加。

五、理论塔板数的求法

根据气液两相的平衡关系和操作线方程可求出理论塔板数，常用的方法有逐板计算法和图解法。

（一）逐板计算法

计算中常假设进料为饱和液体，塔顶为全凝器，泡点回流，如图 6-18 所示。

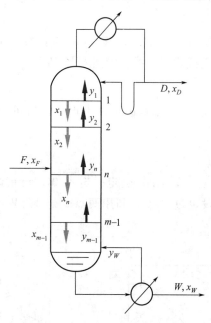

图 6-18 逐板计算法示意图

因塔顶采用全凝器，则：

$$y_1 = x_D$$

离开每层理论板气、液组成互成平衡，因此 x_1 可以利用相平衡方程 $y_1 = \dfrac{ax_1}{1+(a-1)x_1}$ 求得。由第二块理论板上升的蒸气组成 y_2 与 x_1 的关系由精馏段操作线方程决定 y_2，即：

$$y_2 = \frac{R}{R+1}x_1 + \frac{1}{R+1}x_D$$

同理，x_2 与 y_2 平衡，……，依次类推。可得到：

$$y_1 = x_D \xrightarrow{\text{相平衡方程}} x_1 \xrightarrow{\text{操作线方程}} y_2 \xrightarrow{\text{相平衡方程}} x_2 \cdots\cdots$$

如此交替使用相平衡方程和精馏段操作线方程重复计算，当计算到 $x_n \leqslant x_q$（x_q 为两操作线交点下的液相组成，泡点进料时 $x_q = x_F$）时，说明该板为加料板（属于提馏段），计算过程中每使用一次平衡关系，表示需要一层理论板，则精馏段需要 $n-1$ 层理论板。

此后，改用提馏段操作线方程和相平衡方程，继续用同样的方法重复计算，一直计算到液相组成 $x_m \leqslant x_W$ 为止，在计算中共使用了 m 次相平衡方程，则全塔总的理论塔板数为 m（包括再沸器在内）。对于间接加热的再沸器，离开它的气液两相达到平衡是一块实际塔板，也相当于最后一块理论板。所以提馏段所需的理论板应为计算中使用平衡关系的次数减 1。即提馏段所需的理论板数为 $m-(n-1)$（包括再沸器），或者为 $(m-1)-(n-1)$（不包括再沸器）。

逐板计算法虽然计算过程繁琐，但是计算结果准确。若采用电子计算机进行逐板计算则十分方便。因此该方法是计算理论板的基本方法。

【例 6-6】 某苯与甲苯混合物中含苯的摩尔分数为 0.4，流量为 100kmol/h，拟采用精馏操作，在常压下加以分离，要求塔顶产品苯的摩尔分数为 0.9，苯的回收率不低于 90%，原料液泡点加入塔内，塔顶设有全凝器，液体在泡点下进行回流，回流比为 1.875。已知在操作条件下，物系的相对挥发度为 2.47，试采用逐板计算法求理论塔板数。

解 由苯的回收率可求出塔顶产品的流量为：

$$D = \frac{\eta_D F x_F}{x_D} = \frac{0.9 \times 100 \times 0.4}{0.9} = 40 \text{kmol/h}$$

由物料衡算式可得塔底产品的流量与组成为：

$$W = F - D = 100 - 40 = 60 \text{kmol/h}$$

$$x_W = \frac{F x_F - D x_D}{W} = \frac{100 \times 0.4 - 40 \times 0.9}{60} = 0.0667$$

泡点进料，$V' = V = (R+1)D = (1.875+1) \times 40 = 115 \text{kmol/h}$

$$R' = \frac{V'}{W} = \frac{115}{60} = 1.92$$

相平衡方程

$$y = \frac{ax}{1+(a-1)x} = \frac{2.47x}{1+1.47x} \Rightarrow x = \frac{y}{2.47-1.47y}$$

精馏段操作线方程

$$y = \frac{R}{R+1}x + \frac{1}{R+1}x_D = \frac{1.875}{1.875+1}x + \frac{0.9}{1.875+1} = 0.652x + 0.313$$

提馏段操作线方程

$$y = \frac{R'+1}{R'}x - \frac{x_W}{R'} = \frac{1.92+1}{1.92}x - \frac{0.0667}{1.92} = 1.52x - 0.0347$$

第一块板上升蒸气组成 $y_1 = x_D = 0.9$

第一块下降液体组成 x_1

$$x_1 = \frac{0.9}{2.47-1.47 \times 0.9} = 0.785$$

第二块上升的蒸气组成 y_2 由精馏段操作线方程求出

$$y_2 = 0.652 \times 0.785 + 0.313 = 0.825$$

交替使用相平衡方程和精馏段操作线方程可得

$$x_2 = 0.656 \longrightarrow y_3 = 0.74 \longrightarrow x_3 = 0.536 \longrightarrow y_4 = 0.648 \longrightarrow$$

$$x_4 = 0.427 \longrightarrow y_5 = 0.58 \longrightarrow x_5 = 0.359$$

因 $x_5 < 0.4$，所以原料由第五块板加入。下面计算要改用提馏段操作线方程代替精馏段操作线方程，即

$$y_6 = 1.52 \times 0.359 - 0.0347 = 0.51 \longrightarrow x_6 = 0.296$$
$$y_7 = 0.415 \longleftarrow \qquad\qquad\qquad x_7 = 0.186$$
$$y_8 = 0.247 \longleftarrow \qquad\qquad\qquad x_8 = 0.117$$
$$y_9 = 0.142 \longleftarrow \qquad\qquad\qquad x_9 = 0.0629 < 0.0667$$

因 $x_9 < x_W$，故总理论板数为 9（包括再沸器），精馏段理论塔板数为 4，第五块为进料板。

（二）图解法

理论板的图解法也是逐板计算法，只不过由作图过程代替计算过程，由于作图误差，此准确性比逐板计算法稍差，但由于图解法求理论板数过程简单，故在双组分精馏塔的计算中运用很多。

如图 6-19 在 y-x 图上作气液相平衡线和对角线，再作精馏段操作线、q 线和提馏段操作线，在平衡线和操作线间画梯形。在适宜位置进料，完成规定分离要求所需塔板数会减少。对给定理论板，则分离程度会提高。在图解法中跨过两操作线交点的塔板就是这一适宜进料板或最佳进料板，如图 6-19 中第 4 块理论板。精馏塔在正常运行时，沿塔高建立起各组分的组成分布，显然，塔顶轻组分最浓，塔釜重组分组成最高，各组分组成沿高度变化。图解步骤如下：

① 在直角坐标中绘出体系相平衡曲线 y-x，同时连对角线。

② 如图 6-16 分别绘出精馏段操作线、q 线和提馏段操作线。两操作线交点横坐标为 x_q。

③ 因 $y_1 = x_D$，故从塔顶 y_1 对应的 a 点开始作水平线交平衡曲线于 1，求得呈平衡的液相组成 x_1，由 1 点作垂线交精馏段操作线于 g 点，求得第二板蒸气组成 y_2；同上，在平衡线与精馏段操作线之间作梯级。当求得 $x_n < x_q$ 时，即梯级跨越两操作线交点，垂足应由精馏段操作线改换成落在提馏段操作线上，即在平衡线与提馏段操作线之间作梯级，直到液相组成 $x_m < x_W$ 时结束。此时梯级数 $N = 9$（含再沸器）为所求的理论塔板数，精馏段理论塔板数为 3，提馏段理论塔板数为 5（不包含再沸器）。

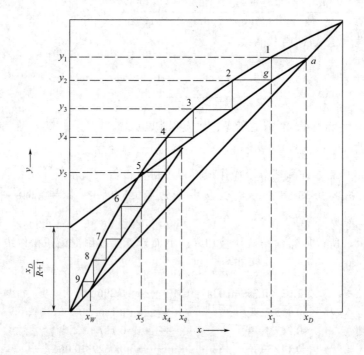

图 6-19 理论板数图解法示意图

六、回流比的影响及选择

回流是保证精馏塔连续稳定操作的基本条件,是精馏过程的重要变量,它的大小影响精馏的投资费用和操作费用,也影响精馏塔的分离程度。对于一定的分离任务,回流比不能随意设定,而有两个极限值,上限为全回流,下限为最小回流比,适宜回流比介于两者之间,一般取 $R=(1.1 \sim 2)R_{min}$。回流比 R 是精馏过程的设计和操作的重要参数。R 直接影响精馏塔的分离能力和系统的能耗,同时也影响设备的结构尺寸。如图 6-20 所示。

当回流比增大时,精馏段操作线截距 $\dfrac{x_D}{R+1}$ 减小,则精馏段操作线远离平衡线,由 $R_1 \to R_2$ 对应的线变化,如图 6-20 所示。使得精馏塔内各板传质推动力增大,使各板分离能力提高。为此,完成相同分离要求,所

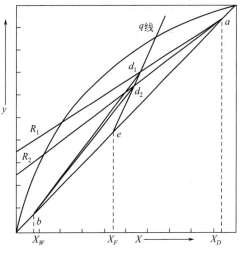

图 6-20 回流比对理论板数的影响

需理论板数将会减少,可降低塔的高度。然而由于 R 的增加,导致塔内气、液两相流量增加,从而引起再沸器热流提高,从而使精馏过程能耗增加,气相流量 V 及 V' 将影响塔径的设计。

(一) 全回流和最小理论塔板数

精馏塔在操作过程中,精馏塔塔顶上升蒸气经全凝器冷凝后,冷凝液全部回流至塔内的操作称为全回流,如图 6-21(a) 所示。

全回流时,通常不进料,塔顶、塔底不采出,没有产品,即 $F=0$,$D=0$,$W=0$。因此回流比 $R=\dfrac{L}{D} \to \infty$,精馏段斜率 $\dfrac{R}{R+1} = \dfrac{1}{1+\dfrac{1}{R}} \xrightarrow{R \to \infty} 1$,截距 $\dfrac{x_D}{R+1} \xrightarrow{R \to \infty} 0$。此时操作线方程为 $y_{n+1} = x_n$,两操作线斜率均为 1,并与对角线重合,无精馏段和提馏段之分。

由于全回流操作时,操作线和平衡线之间的距离最远,塔内气、液两相间的传质推动力最大,使每块理论板分离能力达到最大,完成相同的分离要求,所需理论板数最少,并称其为最小理论板数 N_{min},如图 6-21(b) 所示。

最少理论板数 N_{min} 由以下芬斯克方程求得:对双组分精馏,设全塔 A,B 两组分的平均相对挥发度常数为 α_m,则:

$$N_{min} = \dfrac{\lg\left(\dfrac{x_D}{1-x_D}\right)\left(\dfrac{1-x_W}{x_W}\right)}{\lg \alpha_m} \tag{6-30}$$

全回流是回流比的操作上限,在正常精馏过程中是不采用的,只是在精馏塔的开工阶段和对精馏塔性能研究的实验过程中才使用。有时操作过程出现异常时,也可以临时改为全回流以便稳定操作,便于进行问题分析和过程的调节、控制,待操作稳定后,慢慢调整到正常

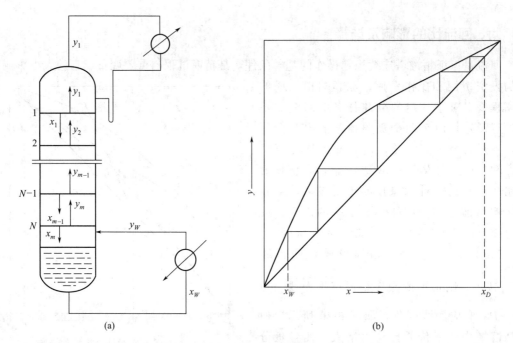

图 6-21 全回流时示意图及理论塔板数

回流比操作。

（二）最小回流比 R_{min}

随着回流比 R 的减小，则精馏过程的能耗下降，塔径 D 也会随之减小。但因 R 减小，使操作线交点向平衡线移动，导致过程传质推动力减小，使得完成相同的分离要求所需理论板数 N 随之增加，使塔增高。

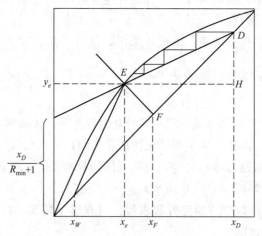

图 6-22 最小回流比 R_{min}

当回流比继续减小，使两操作线交点落在平衡曲线上，如图 6-22 中 E 点所示。此时完成规定分离要求所需理论板数为 ∞。此工况下的回流比为该设计条件下的最小回流比 R_{min}。在图 6-22 中构造直角三角形 $\triangle DHE$，设 $\angle DEH = \partial°$，则精馏段操作线的斜率 $= \tan\partial = \dfrac{\overline{DH}}{\overline{EH}} = \dfrac{x_D - y_e}{x_D - x_e}$，同时斜率 $= \dfrac{R_{min}}{R_{min}+1}$，则：

$$\frac{R_{\min}}{R_{\min}+1}=\frac{x_D-y_e}{x_D-x_e} \tag{6-31}$$

整理可得:
$$R_{\min}=\frac{x_D-y_e}{y_e-x_e} \tag{6-32}$$

式中 x_e、y_e 为 q 线与平衡线交点 E 点的坐标,可在图中读得,也可由相平衡方程与 q 线方程联立确定。

【例 6-7】 正戊烷-正己烷混合物（理想溶液）连续精馏,其中 $x_F=0.4$, $x_D=0.98$（均为摩尔分数）,已知平均相对挥发度 $\alpha=2.92$。试计算两种进料状态下的最小回流比：(1) 冷液进料 ($q=1.2$)；(2) 饱和液体进料。

解 （1）冷液进料, $q=1.2$

相平衡方程
$$y_e=\frac{\alpha x_e}{1+(\alpha-1)x_e}=\frac{2.92x_e}{1+1.92x_e}$$

q 线方程
$$y_e=\frac{q}{q-1}x_e-\frac{x_F}{q-1}=\frac{1.2}{1.2-1}x_e-\frac{0.4}{1.2-1}=6x_e-2$$

由以上两式联立得 $x_e=0.451$, $y_e=0.706$

$$R_{\min}=\frac{x_D-y_e}{y_e-x_e}=\frac{0.98-0.706}{0.706-0.451}=1.07$$

（2）饱和液体进料, $q=1$

q 线为垂直线,故 $x_e=x_F=0.4$,代入相平衡方程,得:
$$y_e=\frac{2.92x_e}{1+1.92x_e}=\frac{2.92\times 0.4}{1+1.92\times 0.4}=0.66$$

$$R_{\min}=\frac{x_D-y_e}{y_e-x_e}=\frac{0.98-0.66}{0.66-0.4}=1.23$$

（三）适宜回流比的选择

根据上述讨论可知,对于一定的分离任务,全回流时所需的理论塔板数最少,但得不到产品,实际生产不能采用。而在最小回流比下进行操作,所需的理论塔板数又无穷多,生产中亦不可采用。因此,实际的回流比应在全回流和最小回流比之间。适宜的回流比是指操作费用和设备费用之和为最低时的回流比。

精馏的操作费用包括冷凝器冷却介质和再沸器加热介质的消耗量及动力消耗的费用等,而这两项取决于塔内上升的蒸气量。当回流比增大时,根据 $V=(R+1)D$、$V'=V+(q-1)F$,这些费用将显著地增加,操作费和回流比的大致关系如图 6-23 中曲线 2 所示。

设备折旧费主要指精馏塔、再沸器、冷凝器等费用。如设备类型和材料已选定,此项费用主要取决于设备尺寸。当 $R=R_{\min}$ 时,塔板数为无穷多,相应的设备费亦为无限大；当 R 稍稍增大,塔板数即从无限大急剧减少；再继续增大 R,由于塔内上升蒸气量增加,使得塔径、再沸器、冷凝器等的尺寸相应增大,导致设备费有所上升。设备费和回流比的大致关系如图 6-23 中 1 所示。

总费用（操作费用和设备费用之和）和 R 的大致关系如图 6-23 中 3 所示。其最低点所对应的回流比为最适宜回流比。

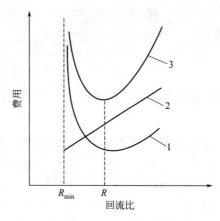

图 6-23 回流比对精馏费用的影响
1—设备费用；2—操作费用；3—总费用

在精馏设计中，通常采用实践总结出来的适宜回流比，其范围为最小回流比的 1.1～2.0 倍，即：

$$R=(1.1\sim 2.0)R_{min} \tag{6-33}$$

七、理论塔板简捷计算方法

将许多不同精馏塔的回流比、最小回流比、理论板数及最小理论板数即 R，R_{min}，N，N_{min} 四个参数进行定量的关联。常见的这种关联如图 6-24 所示，称为吉利兰图（Gillilad）。

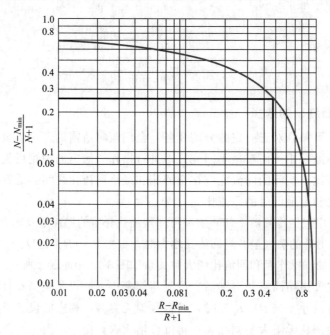

图 6-24 吉利兰图

图中曲线可近似表示为式（6-34）形式：

$$\frac{N-N_{min}}{N+1}=0.75-0.75\left(\frac{R-R_{min}}{R+1}\right)^{0.5668} \tag{6-34}$$

简捷法具体步骤是：根据精馏给定条件计算 R_{min}，由（6-34）芬斯克方程式及给定条件计算 N_{min}，计算横坐标 $X = \dfrac{R - R_{min}}{R + 1}$，再用吉利兰关联图查出纵坐标 $\dfrac{N - N_{min}}{N + 1}$，求解理论板数值。

N 及 N_{min} 均含再沸器理论板。

第四节 特殊精馏

一、水蒸气蒸馏

水蒸气蒸馏操作是将水蒸气通入不溶或难溶于水、但有一定挥发度（性）的有机物质中，使该有机物质在低于100℃的温度下，随着水蒸气一起蒸馏出来。如图6-25所示。

根据道尔顿分压定律，两种互不相溶的液体混合物的蒸气压等于两液体单独存在时的蒸气压之和。因为当组成混合物的两液体的蒸气压之和等于大气压力时混合物就开始沸腾（此时的温度为共沸点）。所以互不相溶的液体混合物的沸点，要比每一物质单独存在时的沸点低。

因此，在不溶于水的有机物质中，进行水蒸气蒸馏时，在比该物质的沸点低得多的温度，而且是比100℃还要低的温度就可使该物质和水一起蒸馏出来。

二、恒沸精馏

一些具有恒沸点的非理想溶液，两组分的相对挥发度

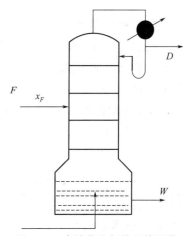

图 6-25 直接蒸汽加热的精馏塔

等于1，不能采用常规蒸馏方法将其完全分离；同时有些相对挥发度接近1的体系，若采用常规精馏，需要的理论板数不仅多，而且回流比也大，很不经济。对上述两种情况，可分别采用恒沸精馏和萃取精馏方法进行分离。

对于具有恒沸点的非理想溶液，通过加入质量分离剂即夹带剂与原溶液其中一个或几个组分形成更低沸点的恒沸物，从而使原溶液易于采用蒸馏进行分离的方法，称为恒沸精馏。乙醇-水恒沸精馏流程如图6-26所示。乙醇-水常压下恒沸点为78.3℃，其恒沸点组成是乙醇0.894，水0.006（摩尔分数，下同）。当加入夹带剂苯时，即可形成更低沸点的三元恒沸物。其组成是：苯0.544；乙醇0.23；水0.226，沸点为64.6℃。在较低温度下，苯与乙醇、水不互溶而分层，可将苯分离出来。

如图6-26所示，塔1为恒沸精馏塔，乙醇、水原料从塔中部适当位置进入，恒沸剂从顶部加入。在蒸馏中，苯与进料中乙醇、水形成三元恒沸物从塔顶排出，从塔底获得无水乙醇，塔顶三元恒沸物及其他组分蒸气混合蒸气经冷凝后分层，苯相返回塔1顶，水相进入塔2回收残余苯，而苯形成三元恒沸物返回塔1。塔2釜液送入塔3回收废水中的乙醇。乙醇以二元恒沸物形式返回塔1进料，重新分离。

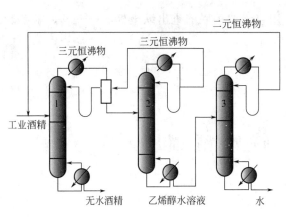
图 6-26　乙醇-水恒沸精馏

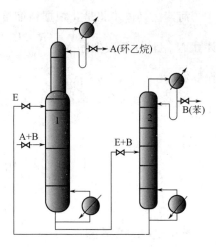
图 6-27　环乙烷-苯萃取精馏

三、萃取精馏

组分的相对挥发度非常接近 1，但不形成共沸物的混合物，不宜采用常规蒸馏方法进行分离。而通过加入质量分离剂（或称之萃取剂），其本身挥发性很小，不与混合物形成共沸物，却能显著地增大原混合物组分间的相对挥发度，以便采用精馏方法加以分离，称此精馏为萃取精馏。

环乙烷-苯的萃取精馏流程如图 6-27 所示。常压下环乙烷与苯相对挥发度接近 1，若加入糠醛萃取剂后，则使苯由易挥发组分变为难挥发组分，且相对挥发度发生显著改变，其值远离 1。如表 6-4 所示。

表 6-4　不同糠醛浓度下环乙烷对苯的相对挥发度

糠醛组成 x（摩尔分数）	0	0.2	0.4	0.6	0.7
环乙烷对苯相对挥发度 α	0.98	1.38	1.385	2.35	2.7

由表 6-4 可见，只要加入适量的糠醛，即可使环乙烷与苯混合物易于采用精馏方法加以分离。

萃取剂糠醛在塔上部适当位置加入，进料在塔中部适当位置加入，在糠醛作用下，环乙烷成为易挥发组分，从塔顶获得环乙烷产品。糠醛和苯从塔底排出，进入第二塔，从塔顶分离出苯产品，塔底回收萃取剂糠醛，返回前塔循环使用。为避免糠醛进入环乙烷中，在糠醛入塔上方，也必须保证适宜塔板数，以脱出蒸气中的糠醛。

选择萃取剂时，应考虑保证用量少、不污染产品、经济且效果显著，为此，选择萃取剂必须考虑一些基本要求。

第五节　板　式　塔

塔设备是化工、石油等工业中广泛使用的重要生产设备。塔设备的基本功能在于提供气、液两相以充分接触的机会,使质、热两种传递过程能够迅速有效地进行;还要能使接触之后的气、液两相及时分开,互不夹带。因此,蒸馏和吸收操作可在同样的设备中进行。

根据塔内气液接触部件的结构型式,塔设备可分为板式塔与填料塔两大类。板式塔是逐级接触,混合物浓度发生阶跃式变化,而填料塔则不同,气、液两相是微分接触,气、液的组成则发生连续变化。板式塔内沿塔高装有若干层塔板(或称塔盘),液体靠重力作用由顶部逐板流向塔底,并在各块板面上形成流动的液层;气体则靠压强差推动,由塔底向上依次穿过各塔板上的液层而流向塔顶。气、液两相在塔内进行逐级接触,两相的组成沿塔高呈阶梯式变化。本节主要介绍板式塔的塔板类型。

一、板式塔结构

板式塔结构如图 6-28(a) 所示。塔体为一圆式筒体,塔体内装有多层塔板。塔板设有气、液相通道,如筛孔及降液管、底隙、溢流堰等。

气、液相流程:再沸器加热釜液产生气相在塔内逐级上升,上升到塔顶由塔顶冷凝器冷凝,部分凝液返回塔顶作回流液。液体在逐级下降中与上升气相进行接触传质。具体接触过程如图 6-28(b) 所示。液体横向流过塔板,经溢流堰溢流进入降液管,液体在降液管内释放夹带的气体,从降液管底隙流至下一层塔板。塔板下方的气体穿过塔板上气相通道,如筛孔、浮阀等,进入塔板上的液层鼓泡,气、液接触进行传质。气相离开液层而奔向上一层塔板,进行多级的接触传质。

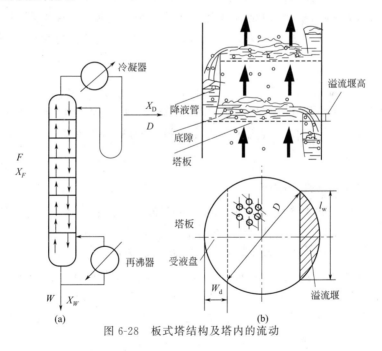

图 6-28 板式塔结构及塔内的流动

二、塔内气、液两相的流动

(一)塔内气、液两相流动

1. 液泛

气、液两相在塔内总体上呈逆行流动,并在塔板上维持适宜的液层高度,气、液两相适宜接触状态,进行接触传质。如果由于某种原因,使得气、液两相流动不畅,使板上液层迅速积累,以致充满整个空间,破坏塔的正常操作,称此现象为液泛,根据液泛发生原因不同,可分为两种不同性质的液泛。

液沫夹带造成返混,降低塔板效率。少量夹带不可避免,只有过量的夹带才能引起严重后果。液沫夹带有两种原因引起,其一是气相在液层中鼓泡,气泡破裂,将液沫弹溅至上一层塔板。可见,增加板间距可减少夹带量。另一种原因是气相运动是喷射状,将液体分散并可携带一部分液沫流动,此时增加板间距不会奏效。随气速增大,使塔板阻力增大,上层塔板上液层增厚,塔板液流不畅,液层迅速积累,以致充满整个空间,即液泛。由此原因诱发的液泛为液沫夹带液泛。开始发生液泛时的气速称为液泛气速,如图 6-29 所示。

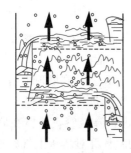

图 6-29 塔板液泛

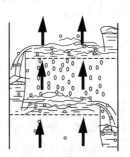

图 6-30 塔板漏液

当塔内气、液两相流量较大,导致降液管内阻力及塔板阻力增大时,均会引起降液管液层升高。当降液管内液层高度难以维持塔板上液相畅通时,降液管内液层迅速上升,以致达到上一层塔板,逐渐充满塔板空间,即发生液泛,并称为降液管内液泛。两种液泛互相影响,其最终现象相同。

2. 漏液

板式塔少量漏液不可避免,当气速进一步降低时,漏液量增大,导致塔板上难以维持正常操作所需的液面,无法操作。此漏液为严重漏液,如图 6-30 所示,称相应的孔流气速为漏液点气速。

(二) 塔上气、液流动状态

从筛板和浮阀塔板的生产实践发现,从严重漏液到液泛整个范围内存在有五种接触状态,即鼓泡状态、蜂窝状态、泡沫状态、喷射状态及乳化状态。

泡沫状态由于低气速下产生的不连续鼓泡群传质面积小,比较平静,而靠小径塔壁是稳定的蜂窝状,其泡沫层湍动较差,不利于传质。高速液流剪切作用下使气相形成小气泡均匀分布在液体中,形成均匀两相流体,即乳化态流体,不利于两相的分离,此状态在高压高液流量时易出现。故这三种不是传质的适宜状态,工业生产中一般希望呈现泡沫态和喷射态两种状态。

随气速的增大,接触状态由鼓泡、蜂窝状两状态逐渐转变为泡沫状,由于孔口处鼓泡剧烈,各种尺寸的气泡连串迅速上升,将液相拉成液膜展开在气相内,因泡沫剧烈运动,使泡沫不断破裂和生成,以及产生液滴群。泡沫为传质创造了良好条件,是工业上重要的接触状态之一。

当液相流量较小而进一步提高气速时,则泡沫状将逐渐转变为喷射状。从筛孔或阀孔中吹出的高速气流将液相分散成高度湍动的液滴群，液相由连续相转变为分散相，两相间传质面为液滴群表面。由于液体横向流经塔板时将多次分散和凝聚，表面不断更新，为传质创造了良好的条件，是工业塔板上另一重要的气、液接触状态。

为此，在设计和操作中，尽可能保证一良好接触状态，是非常重要的。

三、塔板型式

按照塔内气液流动的方式，可将塔板分为错流塔板与逆流塔板两类。

错流塔板：塔内气液两相成错流流动，即流体横向流过塔板，而气体垂直穿过液层，但对整个塔来说，两相基本上成逆流流动。错流塔板降液管的设置方式及堰高可以控制板上液体流径与液层厚度，以期获得较高的效率。但是降液管占去一部分塔板面积，影响塔的生产能力；而且，流体横过塔板时要克服各种阻力，因而使板上液层出现位差，此位差称为液面落差。液面落差大时，能引起板上气体分布不均，降低分离效率。错流塔板广泛用于蒸馏、吸收等传质操作中。

逆流塔板亦称穿流板，板间不设降液管，气液两相同时由板上孔道逆向穿流而过。栅板、淋降筛板等都属于逆流塔板。这种塔板结构虽简单，板面利用率也高，但需要较高的气速才能维持板上液层，操作范围较小，分离效率也低，工业上应用较少。本教材只介绍错流塔板。

（一）泡罩塔板

泡罩塔如图 6-31 所示，塔板上设有许多供蒸气通过的升气管，其上覆以钟形泡罩，升气管与泡罩之间形成环形通道。泡罩周边开有很多称为齿缝的长孔，齿缝全部浸在板上液体中形成液封。操作时，气体沿升气管上升，经升气管与泡罩间的环隙，通过齿缝被分散成许多细小的气泡，气泡穿过液层使之成为泡沫层，以加大两相间的接触面积。流体由上层塔板降液管流到下层塔板的一侧，横过板上的泡罩后，开始分离所夹带的气泡，再越过溢流堰进入另一侧降液管，在管中气、液进一步分离，分离出的蒸气返回塔板上方，流体流到下层塔板。一般小塔采用圆形降液管，大塔采用弓形降液管。泡罩塔已有一百多年历史，但由于结构复杂、生产能力较低、压强降等特点，已较少采用，然而因它有操作稳定、技术比较成熟、对脏物料不敏感等优点，故目前仍有采用。

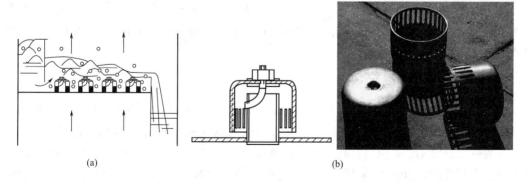

图 6-31 泡罩塔板

其传质元件为泡罩，泡罩分圆形和条形两种，多数选用圆形泡罩，其尺寸一般为 $\phi 80mm$、$\phi 100mm$、$\phi 150mm$ 三种直径，泡罩边缘开有纵向齿缝，中心装升气管。升气管直接与塔板连接固定。塔板下方的气相进入升气管，然后从齿缝吹出与塔板上液相接触进行传质。由于升气管作用，避免了低气速下的漏液现象。为此，该塔板操作弹性、塔效率也比较高，运用较为广泛。最大的缺点是结构复杂，塔压降低，生产强度低，造价高。

（二）浮阀塔板

浮阀是20世纪第二次世界大战后开始研究，50年代开始启用的一种新型塔板，后来又逐渐出现各种型式的浮阀，其型式有圆形、方形、条形及伞形等。较多使用圆形浮阀，而圆形浮阀又分为多种型式。在带有降液管的塔板上开有若干直径较大（标准孔径为39mm）的均布圆孔，孔上覆以可在一定范围内自由活动的浮阀。浮阀型式很多，常用的有F-1型、V-4型、T型浮阀。一些浮阀如图6-32所示。

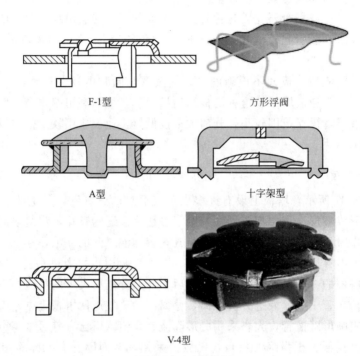

图6-32 浮阀塔板

浮阀取消了泡罩塔的泡罩与升气管，改在塔上开孔，阀片上装有限位的三条腿，浮阀可随气速的变化上、下自由浮动，提高了塔板的操作弹性，降低塔板的压降，同时具有较高塔板效率，在生产中得到广泛的应用。

（三）筛板塔

筛板是在带有降液管的塔板上钻有3~8mm直径的均布圆孔，液体流程与泡罩塔相同，蒸气通过筛孔将板上液体吹成泡沫。筛板上没有突起的气液接触元件，因此板上液面落差很小，一般可以忽略不计，只有在塔径较大或液体流量较高时才考虑液面落差的影响。筛板塔盘去掉泡罩和浮阀，直接在塔板上，按一定尺寸和一定排列方式开圆形筛孔，作为气相通道。气相穿过筛孔进入塔板上液相，进行接触传质。如图6-33所示。其结构简单，造价低廉，塔板阻力小。

开始由于人们对筛板塔性能缺乏了解，操作经验不足，则认为筛板塔盘易漏液、操作

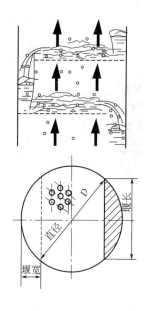

图 6-33 筛板塔

弹性小、易堵塞，使其应用受到限制。后经研究和操作使用发现，只要设计合理操作适当，筛板塔仍可满足生产所需要弹性，而且效率较高。若将筛孔增大，堵塞问题也可解决。目前，已发展为广泛应用的一种塔型。

（四）喷射型塔板

筛板上气体通过筛孔及液层后，夹带着液滴垂直向上流动，并将部分液滴带至上层塔板，这种现象称为雾沫夹带。雾沫夹带的产生固然可增大气液两相的传质面积，但过量的雾沫夹带造成液相在塔板间返混，进而导致塔板效率严重下降。在浮阀塔板上，虽然气相从阀片下方以水平方向喷出，但阀与阀间的气流相互撞击，汇成较大的向上气流速度，也造成严重的雾沫夹带现象。此外，前述各类塔板上存在或低或高的液面落差，引起气体分布不均，不利于提高分离效率。基于这些缺点，开发出若干种喷射型塔板，在这类塔板上，气体喷出的方向与液体流动的方向一致或相反。充分利用气体的动能来促进两相间的接触，提高传质效果。气体不必再通过较深的液层，因而压强降显著减小，且因雾沫夹带量较小，故可采用较大的气速。

将塔上冲压成斜向舌形孔，张角 20°左右，如图 6-34（a）所示。气相从斜孔中喷射出来，一方面将液相分散成液滴和雾沫，增大了两相传质面，同时驱动液相减小液面落差。液相在流动方向上，多次被分散和凝聚，使表面不断更新，传质面湍动加剧，提高了传质效率。

若将舌形板做成可浮动舌片与塔板铰链，如图 6-34（b）所示，称其为浮舌塔板，可进一步提高其操作弹性。

除以上介绍塔型，还有其他多种型式的塔板，如斜孔塔板、网孔塔板、垂直筛孔塔板、多降液管塔板、林德筛板、无溢流栅板和筛板等。

四、塔板流型

液相在塔板上横向流过时分程的型式称为流型。液相从受液盘直接流向降液管的型式为

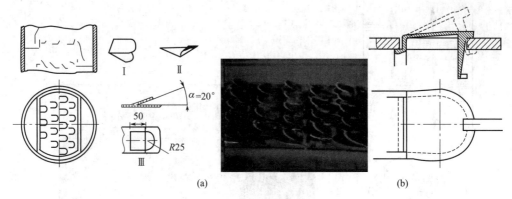

图 6-34 喷射塔板

单流型,如图 6-35(a) 所示。当液体流量增大至一定程度时,液体流动阻力增大。当流道较长时,则在液体流动方向形成较大液面落差,使得塔板上阻力分布不均,从而造成气相通过塔板的分布不均。亦将引起液相倾向性漏液,不利于传质。

当液体流量大,塔径也随之增大时,则可采用双流型,如图 6-35(b) 所示。设两个降液管,使液相从两侧流向中心降液管,或从中心流向两侧的降液管,这样减少了单程液相流量,缩短了流道长度,增大流通截面,从而使阻力减少,塔板液面落差减小,使塔板压降分布比较均匀。

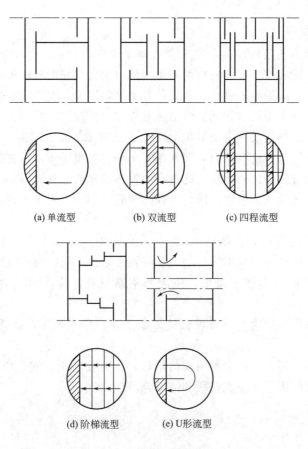

图 6-35 带溢流的液流型式

同理，当流体流量继续增大，塔径扩大时，可选择四程流型，阶梯流型如图 6-35(c)、(d) 所示。反之，当流量小，塔径小时，为保证液相在塔板的停留时间，可选择 U 形流程，如图 6-35(e) 所示。

设计可参考相关资料选择流型。但是由于多流型比较复杂，尤其不对称流型更是如此，所以，一般情况下尽可能使用单流程，单流程 $D>2.2$m 时，考虑多流型。

五、塔径和塔高

（一）塔径 D

当流型初步确定之后，即可确定气体通道截面的型式。气体流量已由设计条件给定 V_S，m^3/s。若能确定 V_S 引起塔板液泛的最小气速 u_f，即液泛气速。由 u_f 确定设计点的操作空塔气速 $u=(0.6\sim0.8)u_f$。进而求得气相通道截面积 A 和塔截面积 A_T 及塔径 D。

液泛气速 u_f 与系统气、液两相物性、流动参数及塔板结构有关。由气相中的悬浮液滴的力分析可得：

$$u_f = C\sqrt{\frac{\rho_L-\rho_V}{\rho_V}} \tag{6-35}$$

式中　u_f——液泛气速，m/s；
　　　C——气体负荷因子；
ρ_L，ρ_V——气、液相密度，kg/m^3。

史密斯关联图，如图 6-36 所示，关联了气、液两相流动参数 $F_{L,V}$，塔板间距 H_T 与气体负荷因子 C 的关系，获得液体表面张力 $\sigma_{20}=20$mN/m 时气体负荷因子 C_{20}，如图 6-36 所示。

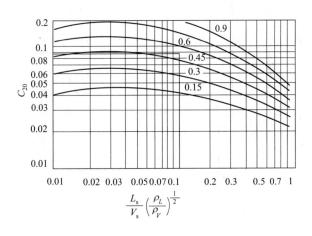

图 6-36　筛板塔液泛关联图

当液相的表面张力 σ 偏离 20mN/m 时，则进行校正可得：

$$C = C_{20}\left(\frac{\sigma}{20}\right)^{0.2} \tag{6-36}$$

于是可求得实际工况下的液泛气速 u_f。将实际设计气速 u 与液泛气速之比 u/u_f 称为泛点率，设计一般泛点率为 0.6~0.8，从而求得设计塔气速 u：$u=(0.6$~$0.8)u_f$。

设计点操作空塔气速 u，其相应的流通截面为 A。以单流型为例，其截面如图 6-37 中 A 所示。A 的面积等于全塔截面 A_T 减去降液管所占的面积 A_d，即：

$$A = A_T - A_d \tag{6-37}$$

于是可导得：

$$\frac{A}{A_T} = 1 - \frac{A_d}{A_T} \tag{6-38}$$

$$A = V_S/u \tag{6-39}$$

式中　V_S——气相流量，m^3/s，已由设计条件给定；
　　　A——气相通道截面积，m^2。

初始塔径：

$$D_c = \sqrt{\frac{4A_T}{\pi}} \tag{6-40}$$

由式(6-38)~式(6-40) 可见，设计者只要选定降液管与塔截面的面积比 A_d/A_T，即可确定塔径 D。由图 6-37 可知，其比选择过大，使有效传质区偏小，对传质不利。若选择过小，不利于液相中气泡的分离而产生气泡夹带，同时易引起降液管内的液泛，选择不当对塔的分离和生产能力均有影响。根据工程经验，A_d/A_T 取 0.06~0.12 为宜。由于堰长比 l_W/D 与 A_d/A_T 存在一定函数关系，故相应可取 l_W/D 为 0.6~0.75，如图 6-38 所示，D 为标准塔径。

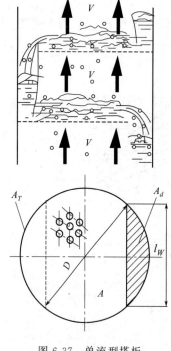

图 6-37　单流型塔板

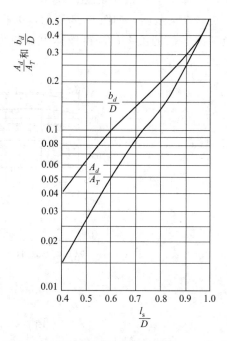

图 6-38　弓形降液管宽度与面积与 A_T 关系

由计算获得初始塔径 D_c，由以下规定值确定标准塔塔径。

最常用的塔径标准值：0.4m、0.5m、0.6m、0.7m、0.8m、1.0m、1.2m、1.4m、1.6m、1.8m、2.0m、2.2m……以 0.2m 递增。应当指出，如此算出的塔径只是初估值，

预后还要根据流体动力学原理进行核算。

（二）塔高

精馏塔总高是塔板的有效高度和其因工艺要求及安装需要辅助高度之和。

有效高度

$$Z_e = N_p H_T \tag{6-41}$$

式中　Z_e——塔的有效高度，m；

　　　N_p——实际塔板数；

　　　H_T——板间距，m。

对进料板、回流液入口处以及产品采出口处、设置人孔处的板间距均要适当增大 Z_e。塔顶及塔釜均需留有一定空间，便于液沫的分离，塔釜釜液占有一定的空间。此外，因再沸器安装要求高度，由裙座将抬起一定高度，这些高度之和称为辅助高度。

六、溢流装置

一套溢流装置包括降液管和溢流堰。降液管有圆形和弓形两种。圆形降液管的流通截面小，没有足够的空间分离液体中的气泡，气相夹带（气泡被液体带到下层塔板的现象）较严重，降低塔板效率。所以，除小塔外，一般不采用圆形降液管。弓形降液管具有较大的容积，又能充分利用塔板面积，应用较为普遍。

降液管的布置规定了板上液体流动的途径。一般有几种型式，即 U 形流、单溢流、双溢流及阶梯流。

总之，液体在塔板上的流径越长，气液接触时间就越长，越有利于提高分离效果；但是液面落差也随之加大，不利于气体均匀分布，使分离效果降低。由此可见流径的长短与液面落差的大小对效率的影响是相互矛盾的。选择溢流型式时，应根据塔径大小及液体流量等条件，进行全面的考虑。

目前，凡直径在 2.2m 以下的浮阀塔，一般都采用单溢流。在大塔中，由于液面落差大会造成浮阀开启不均，使气体分布不均及出现泄漏现象，应考虑采用双溢流以及阶梯流。

七、塔板布置

塔板有整块式与分块式两种。一般塔径为 300～800mm 时，采用整块式塔板。当塔径≥900mm 时，能在塔内进行装拆，可用分块式塔板，以便通过人孔装拆塔板。塔径为 800～900mm 时，可根据制造与安装的具体情况，任意选用这两种形式的塔板中任一种。

塔板面积可分为以下四个区域。

（1）鼓泡区　即为塔板上气液接触的有效区域。

（2）溢流区　即降液管及受液盘所占的区域。

（3）破沫区　即前两区域之间的面积。

此区域内不装浮阀，主要为在液体进入降液管之前，有一段不鼓泡的安定地带。以免液体大量夹带泡沫进入降液管。破沫区也叫安定区，其宽度 W_s 可按下述范围选取，即：当 $D < 1.5$m 时，$W_s = 60 \sim 75$mm；当 $D > 1.5$m 时，$W_s = 80 \sim 110$mm；直径小于 1m 的塔，W_s 可适当减小。

(4) 无效区　即靠近塔壁的部分，需要留出一圈边缘区域，供支持塔板的边梁之用。这个无效区也叫边缘区，其宽度视塔板支承的需要而定，小塔在 30～50mm，大塔可达 50～75mm。为防止液体经无效区流过而产生"短路"现象，可在塔板上沿塔壁设置挡板。

八、筛孔及其排列

（一）筛孔直径

工业筛板塔的筛孔直径为 3～8mm，一般推荐用 4～5mm。太小的孔径加工制造困难，且易堵塞。近年来有采用大孔径（ϕ10～25mm）的趋势，因为大孔径筛板具有加工制造简单、造价低、不易堵塞等优点。只要设计与操作合理，大孔径的筛板也可以获得满意的分离效果。

此外，筛孔直径的确定，还应根据塔板材料的厚度 δ 考虑加工的可能性，当用冲压法加工时，若板材为碳钢，其厚度 δ 可选为 3～4mm，$d_0/\delta \geqslant 1$；若板材为合金钢，其厚度 δ 可选为 2～2.5mm，$d_0/\delta \geqslant 1.5～2.0$。

（二）孔中心距

一般取孔中心距 t 为 (2.5～5)d_0。t/d_0 过小，易使气流相互干扰；过大则鼓泡不均匀，都会影响传质效率。推荐 t/d_0 的适宜范围为 3～4。

（三）筛孔的排列

鼓泡区内的排列有正三角形与等腰三角形两种方式，按照筛孔中心连线与液流方向的关系，又有顺排与叉排之分。叉排时气液接触效果较好，故一般情况下都采用叉排方式。对于整块式塔板，多采用正三角形叉排，孔心距 t 为 75～125mm；对于分块式塔板，宜采用等腰三角形叉排，此时常把同一横排的筛孔中心距 t 定为 75mm，而相邻两排间的距离 t' 可取为 65mm、80mm、100mm 等几种尺寸。

九、塔板效率

理论塔板是衡量实际塔板分离效果的标准，而实际塔板分离效果接近这个标准的程度，便通过塔板效率来表达。

（一）塔板效率的表示方法

1. 总板效率

E_T 总板效率又称全塔效率，是指达到指定分离效果所需理论板层数与实际板层数的比值，即：

$$E_T = \frac{N_T}{N_P} \tag{6-42}$$

式中　N_T——塔内所需理论板层数；

　　　N_P——塔内实际板层数。

板式塔内各层塔板的接触效率并不相同，总板效率简单地反映了整个塔内所有塔板的平均效率。设计中为便于求算实际板层数，都采用总板效率。

2. 单板效率

E_M 单板效率又称为默弗里（Murphree）板效率，是指气相或液相经过一层实际塔板前后的组成变化与经过一层理论塔板前后的组成变化的比值。第 n 层塔板的效率有如下两种表达方式。

按气相组成变化表示的单板效率为：

$$E_{MV} = \frac{y_n - y_{n+1}}{y_n^* - y_{n+1}} \tag{6-43}$$

按液相组成变化表示的单板效率为：

$$E_{ML} = \frac{x_{n-1} - x_n}{x_{n-1} - x_n^*} \tag{6-44}$$

式中　y_n^*——与 x_n 成平衡的气相组成；

x_n^*——与 y_n 成平衡的液相组成。

一般说来，同一层塔板的 E_{MV} 与 E_{ML} 数值并不相同。在一定的简化条件下通过对第 n 层塔板作物料衡算可以得到 E_{MV} 与 E_{ML} 的关系，即：

$$E_{MV} = \frac{E_{ML}}{E_{ML} + \frac{mV}{L}(1 - E_{ML})} \tag{6-45}$$

式中　m——第 n 层塔板所涉及浓度范围内的平衡线斜率；

$\frac{V}{L}$——气、液两相摩尔流量之比，即操作线斜率。

可见，只有当操作线与平衡线平行时，E_{MV} 与 E_{ML} 才会相等。

3. 点效率

E_0 点效率是指塔板上各点处的局部效率。以气相点效率 E_{0V} 为例，设流经塔板某点上方的液相浓度为 x，与 x 成平衡的气相浓度为 y^*。由下部进入该位置的气相浓度为 y_{n+1}，经与液相接触后由该处液面离去的气相浓度为 y，则该局部位置上的气相点效率定义为：

$$E_{0V} = \frac{y - y_{n+1}}{y^* - y_{n+1}} \tag{6-46}$$

当板上液体处于完全混合的条件下时，点效率 E_{0V} 与板效率 E_{MV} 具有相同的数值。直径很小的以及逆流式的塔板上的情况与此接近。

（二）塔板效率的影响因素

塔板效率反映实际板上传质过程进行的程度。传质系数、传质推动力、传质面积和两相接触时间应是决定塔板上各点处气、液接触效率的几个重要因素。板效率是板上各点处接触效果的综合体现，因而，决定板效率高低的另一重要因素是板上液体的返混程度，此外雾沫夹带及漏液现象，造成液相在塔板之间的返混，也使达到一定分离指标所需的板的层数增多，总板效率下降。进一步分析上述各因素，可归纳出以下几个方面。

1. 物系性质

物系性质主要指黏度、密度、表面张力、扩散系数、相对挥发度等。液体的黏度、密度直接影响板上液流的湍动程度，进而影响传质系数和气液接触面积。表面张力影响泡沫生成的数量、大小及其稳定性，因而也影响接触面积的大小。相对挥发度等相平衡常数的影响体现在传质推动力和过程速率的控制因素之中。

2. 塔板型式与结构

塔板结构因素主要包括板间距、堰高、塔径以及液体在板上的流径长度等。各种结构因素对操作状况及塔板效率的影响前已有所讨论。

3. 操作条件

操作条件是指温度、压强、气体上升速度、溢流强度、气液流量比等因素，其中气速的影响尤为重要。在避免大量雾沫夹带和避免发生淹塔现象的前提下，增大气速对于提高塔板效率一般是有利的。

小 结

（1）相平衡

① 拉乌尔定律　　　　　$p_A = p_A^0 x_A \qquad p_B = p_B^0 x_B$

② 相对挥发度　　　　　$\alpha = \dfrac{v_A}{v_B} = \dfrac{p_A^0}{p_B^0}$

③ 理想溶液的气液相平衡方程式　$y = \dfrac{\alpha x}{1+(\alpha-1)x}$

（2）物料衡算

① 全塔物料衡算　　　　$F = D + W, \quad F x_F = D x_D + W x_W$

② 精馏段操作线方程　　$y_n = \dfrac{R}{R+1} x_{n-1} + \dfrac{1}{R+1} x_D$

③ 提馏段操作线方程　　$y_{n+1} = \dfrac{R'+1}{R'} x_n - \dfrac{1}{R'} x_W$

④ q 线方程　　　　　$y = \dfrac{q}{q-1} x - \dfrac{x_F}{q-1}$

⑤ $L' = L + qF \qquad V = V' + (1-q)F$

（3）精馏段操作

① 回流比 R　　　　　$R = L/D$

② 最小回流比　　　　　$R_{\min} = \dfrac{x_D - y_e}{y_e - x_e}$

工程应用

精馏设备常见的操作故障与处理

1. 板式精馏塔常见的操作故障与处理

（1）"液泛"　"液泛"的结果是塔顶产品不合格，塔压差超高，釜液减少，回流罐液面上涨。主要原因是气液相负荷过高，进入了液泛区；降液管局部垢物堵塞，液体下流不畅；加热过于猛烈，气相负荷过高；塔板及其流道冻堵等。

如果由操作不当所致，及时调整气液相负荷、加热量等就会恢复正常。塔顶凝液的回流比不能过大，以免引起恶性循环，可通过加大采出量来维持液面。如果由于冻堵液引起压差升高时釜温并不高，只有加解冻剂才有效。先要用分段测压差等方法判断冻堵位置，再注入适量解冻剂,观察压差变化,若压差下降,说明有效,否则要改位置重来;若解冻剂不起作用,就可能是垢物堵塞,只有减负荷运行或停车检修。

(2) 加热故障　加热故障主要是加热剂和再沸器两方面的原因。用蒸汽加热时,可能是蒸汽压力低、减温减压器发生故障、有不凝性气体、凝液排出不畅等。用其他气体热介质加热时的故障与此类似。用液体热介质加热时,多数是因为堵塞、温差不够等。再沸器故障主要有泄漏、液面不准、堵塞、虹吸遭破坏、强制循环量不足等,需要对症处理。

(3) 泵不上量　回流泵的过滤器堵塞、液面太低、出口阀开得过小、轻组分浓度过高等情况都有可能造成泵不上量。泵在启动时不上量,往往是预冷效果不好,物料在泵内汽化所致,应找出原因针对处理。釜液泵不上量大多数是因为液面太低、过滤器堵塞、轻组分没有脱净所致,应就其原因对症处理。

(4) 塔压力超高　加热过猛、冷却剂中断、压力表失灵、调节阀堵塞、调节阀开度漂移、排气管冻堵等,都是塔压力超高的原因。不管什么原因,首选应加大排出气量,同时减少加热计量,把压力控制住再做进一步的处理。

2. 精馏系统常见设备的操作故障及处理

(1) 泵密封泄漏　回流泵或釜液泵密封在操作过程中有可能出现泄漏的情况,发现后要尽快切换到备用泵,备用泵应处于备用状态,以便及时切换。

(2) 换热器泄漏　塔顶冷凝器或再沸器常有内部泄漏现象,严重时造成产品污染,使运行周期缩短。除可用工艺参数的改变来判断外,一般靠分析产品组成来发现。处理方法视具体情况而定,当泄漏污染了塔内物料,影响到产品质量或正常操作时,停车检修是最简单的方法。

(3) 塔内件损坏　精馏塔易损坏的内件有阀片、降液管、填料、填料支撑件、分布器等,损坏形式大多为松动、移位、变形,严重时构件脱落、填料吹翻等。这类情况可从工艺参数的变化反映出来,如负荷下降、板效率下降、产物不合格,工艺参数偏离正常值,特别是塔顶与塔底压差异常等。设备安装质量不高,操作不当是主要原因,特别是超负荷、超压差运行很可能造成内件损坏,应尽量避免。处理方法是减小操作负荷或停车检修。

(4) 安全阀启跳　安全阀在超压时启跳属于正常动作,未达到规定的启跳压力就启跳属不正常启跳,应该重定安全阀。

(5) 仪表失灵　精馏塔上仪表失灵比较常见。某块仪表出现故障可根据相关的其他仪表来遥控操作。

(6) 电动机故障　运行中电动机常见的故障现象有振动、轴承温度高、漏油、跳闸等,处理方法是切换下来检修或更换。

习题

一、填空题

1. 若精馏塔塔顶某块理论板上气相露点为 t_1,液相泡点为 t_2,塔底某块理论板上气相露点为 t_3,液相泡点为 t_4,4个温度的关系为_____。

2. 若进料气液比为 1∶4(摩尔分数),则进料热状况参数 q 为_____。

3. 精馏操作时,若进料的组成、流量和汽化率不变,增大回流比,则精馏段操作线方程的斜率_____,提馏段操作线斜率_____。

4. 求理论塔板数必须用_____方程和_____方程。

二、选择题

1. 连续精馏过程，若 $q>1$，则为_____进料热状态。
   A. 饱和液体　　　　B. 饱和蒸气　　　　C. 气液混合　　　　D. 冷液体
2. 关于精馏，下列说法正确的是_____。
   A. y-x 曲线离对角线越近越容易分离　　　　B. 相对挥发度 α 越大越容易分离
   C. 泡点越高，相对挥发度 α 越大　　　　D. 总压越大，相对挥发度 α 越大
3. 精馏的操作线为直线，主要是因为_____。
   A. 理论板假定　　　B. 塔顶泡点回流　　C. 恒摩尔流假定　　D. 泡点进料
4. 连续精馏过程，若 $q<0$，则为_____进料热状态。
   A. 过热蒸气　　　　B. 饱和蒸气　　　　C. 气液混合　　　　D. 冷液体
5. 全回流时，y-x 图上精馏段和提馏段_____。
   A. 均在对角线之上　B. 均与对角线重合　C. 均在对角线之下　D. 分在对角线之上和之下
6. 连续精馏依据的是各组分的_____不同。
   A. 泡点　　　　　　B. 沸点　　　　　　C. 露点　　　　　　D. 凝固点
7. 40℃，正戊烷与正己烷的饱和蒸气压为 115.62kPa 和 37.26kPa，其相对挥发度。_____
   A. 3.1　　　　　　B. 0.32　　　　　　C. 0.75　　　　　　D. 0.24
8. 已知蒸馏 q 线的方程式为 $y=0.64$，则原料液的进料状况为_____。
   A. 饱和液体　　　　B. 气液混合　　　　C. 饱和蒸气　　　　D. 过冷液体
9. 回流比增大，下列对叙述正确的是_____。
   A. 理论塔板数增大　　　　　　　　　　B. 提馏段操作线的斜率增大
   C. 精馏段操作线的斜率减小　　　　　　D. 理论塔板数不变时，可提高产品的纯度
10. 提馏段操作线的斜率_____。
    A. 大于1　　　　　B. 小于1　　　　　C. 等于1　　　　　D. 等于0
11. 加料热状况参数 q 值减小，需将_____。
    A. 精馏段操作线斜率增大　　　　　　　B. 精馏段操作线斜率减小
    C. 提馏段操作线斜率增大　　　　　　　D. 提馏段操作线斜率减小

三、计算题

相平衡

6-1 甲醇（A）-乙醇（B）溶液（可视为理想溶液）在温度20℃下达到气液平衡，若液相中甲醇和乙醇各为 100g，试计算气相中甲醇与乙醇的分压以及总压，并计算气相组成。已知20℃时甲醇的饱和蒸气压为 11.83kPa，乙醇为 5.93kPa。

[答案：$P_A=6.98$kPa，$P_B=6.98$kPa，$P_总=6.98$kPa，$y=0.742$]

6-2 甲醇和丙醇在80℃时的饱和蒸气压分别为 181.1kPa 和 50.93kPa。甲醇-丙醇溶液为理想溶液。试求：(1) 80℃时甲醇与丙醇的相对挥发度 α；(2) 在80℃下气液两相平衡时的液相组成为 0.5，试求气相组成；(3) 计算此时的气相总压。

[答案：(1) $\alpha=3.556$，(2) $y=0.781$，(3) $P_总=116$kPa]

物料衡算及恒摩尔流量假设

6-3 由正庚烷与正辛烷组成的溶液在常压连续精馏塔内进行分离。原料的流量为 5000kg/h，其中正庚烷的质量分数为 0.3。要求馏出液中能回收原料中 88% 的正庚烷，釜液中正庚烷的质量分数不超过 0.05。试求馏出液与釜液的摩尔流量，及馏出液中正庚烷的摩尔分数。

[答案：$D=13.9$kmol/h，$W=31.81$kmol/h，$x_D=0.948$]

6-4 在一连续操作的精馏塔中分离苯-甲苯溶液。进料量为 100kmol/h，进料中苯的组成为 0.4（摩尔分数），饱和液体进料。馏出液中苯的组成为 0.95（摩尔分数），釜液中苯的组成为 0.04（摩尔分数），回流比 $R=3$。试求从冷凝器回流入塔顶的回流液摩尔流量以及从塔釜上升的蒸气摩尔流量。

[答案：$L=119$kmol/h，$V'=158$kmol/h]

操作线方程与 q 线方程

6-5 在一常压下连续操作的精馏塔中分离某双组分溶液。该物系的平均相对挥发度 $\alpha=2.92$。(1) 离开塔顶第二理论板的液相组成 $x_2=0.75$（摩尔分数），试求离开该板的气相组成 y_2；(2) 从塔顶第一理论板进入第二理论板的液相组成 $x_1=0.088$（摩尔分数），若精馏段的液-气比 L/V 为 2/3，试用进、出第二理论板的气液两相的物料衡算，计算从下面第三理论板进入第二理论板的气相组成，如习题 6-5 附图所示；(3) 若为泡点回流，试求塔顶回流比 R；(4) 试用精馏段操作线方程，计算馏出液组成 x_D。

[答案：(1) $y_2=0.898$，(2) $y=0.811$，(3) $R=2$，(4) $x_D=0.934$]

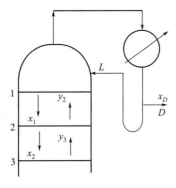

习题 6-5 附图

6-6 在一连续操作的精馏塔中分离某双组分溶液。其进料组成为 0.3，馏出液组成为 0.95，釜液组成为 0.04，均为易挥发组成的摩尔分数。进料热状态参数 $q=1.2$，塔顶液相回流比 $R=2$。试写出本题条件下的精馏段及提馏段操作线方程。

[答案：(1) $y=0.667x+0.317$，(2) $y=1.68x-0.027$]

6-7 某连续操作的精馏塔，泡点进料。已知操作线方程如下：

精馏段 $y=0.8x+0.172$

提馏段 $y=1.3x-0.018$

试求塔顶液体回流比 R、馏出液组成、塔釜气相回流比 R'、釜液组成及进料组成。

[答案：(1) $R=4$，(2) $x_D=0.86$，(3) $R'=3.33$，(4) $x_W=0.06$，(5) $x_F=0.38$]

6-8 在一连续操作的精馏塔中分离含 50%（摩尔分数）正戊烷的正戊烷-正己烷混合物。进料为气液混合物，其中气液比为 1:3（摩尔比）。常压下正戊烷-正己烷的平均相对

挥发度 $\alpha = 2.923$，试求进料中的气相组成与液相组成。

[答案：$y = 0.6929$，$x = 0.4357$]

理论板数计算

6-9　想用一连续操作的精馏塔，分离含甲醇 0.3 摩尔分数的水溶液。要求得到含甲醇 0.95 摩尔分数的馏出液及含甲醇 0.03 摩尔分数的釜液。回流比 $R = 1.0$，操作压力为 101.325kPa。

在饱和液体进料及冷液进料（$q = 1.07$）的两种条件下，试用图解法求理论板数及加料板位置。101.325kPa 下的甲醇-水溶液相平衡数据，见附录。

[答案：(1) 加料板为第 8 板，(2) 加料板为第 7 板]

6-10　想用一常压下连续操作的精馏塔分离苯的质量分数为 0.4 的苯-甲苯混合液。要求馏出液中苯的摩尔分数为 0.94，釜液中苯的摩尔分数为 0.06。塔顶液相回流比 $R = 2$，进料热状态参数 $q = 1.38$，苯-甲苯溶液的平均相对挥发度 $\alpha = 2.46$。试用逐板法计算理论板数及加料板位置。

[答案：加料板为第 7 板]

6-11　某连续精馏塔，泡点加料，已知操作线方程如下：

精馏段：$y = 0.8x + 0.172$，提馏段：$y = 1.3x - 0.018$，气液相平衡方程 $y = \dfrac{2x}{1-x}$，试用图解法求所需的理论塔板数。

[答案：需要理论塔板数是 9 块（包括再沸器）]

最小回流比

6-12　想用一连续操作的精馏塔分离含甲醇 0.3 摩尔分数的水溶液，要求得到含甲醇 0.95 摩尔分数的馏出液。操作压力为 101.325kPa。在饱和液体进料及冷液进料（$q = 1.2$）的两种条件下，试求最小回流比 R_{min}。101.325kPa 下的甲醇-水溶液相平衡数据见附录。

[答案：(1) $R_{min} = 0.782$，(2) $R_{min} = 0.696$]

6-13　用常压下操作的连续精馏塔中分离苯-甲苯混合液。进料中含苯 0.4 摩尔分数，要求馏出液含苯 0.97 摩尔分数。苯-甲苯溶液的平均相对挥发度为 2.46。试计算下列两种进料热状态下的最小回流比：(1) 冷液进料，其进料热状态参数 $q = 1.38$；(2) 进料为气液混合物，气液比为 3∶4。

[答案：(1) $R_{min} = 1.29$，(2) $R_{min} = 2.29$]

本章符号说明

符号	意义	计量单位
F	原料流量	kmol/h
W	釜液流量	kmol/h
D	馏出液流量	kmol/h
L	精馏段下降液体的流量	kmol/h
V	精馏段上升蒸气流量	kmol/h
L'	提馏段下降液体的流量	kmol/h
V'	提馏段上升蒸气流量	kmol/h
H_T	板间距	m

N_T	理论塔板数	
p^0	纯物质的蒸气压	Pa
q	进料热状态参数	
R	回流比	
T	热力学温度	K
t	温度	℃
v	混合液中组分的挥发度	
x	液相中易挥发组分的摩尔分数	
y	气相中易挥发组分的摩尔分数	
Z	塔的有效段高度	m

希文

α	相对挥发度

第七章

干 燥

学习指导

学习目的

能利用所学知识分析热空气温度、流速对干燥速率的影响，会操作干燥设备，并能测定流化床干燥速率曲线。

学习要点

1. 重点掌握的内容
(1) 湿空气的性质、I-H图及其应用。
(2) 干燥过程的基本原理及干燥过程。
(3) 干燥过程中的物料衡算、热量衡算、干燥速率。
2. 学习时应注意的问题

本章以热空气作干燥介质除去物料中的水分为讨论对象，所以必须熟练掌握空气状态参数的计算方法、物料中所含水分的性质与相关计算。同时把握主线，本章主要对象为湿空气（绝干空气和水蒸气）、湿物料（绝干物料和水分）。

干燥通常是指从湿物料中除去水分或其他湿分的单元操作。在化工、食品、制药、纺织、采矿、建材、农产品加工等行业中常需要将湿固体物料中的湿分除去，以便运输、储藏或达到生产规定的含湿率要求。

案例分析

以工业上碳酸氢铵的生产为例，前期氨水和二氧化碳在碳化塔中进行反应，生产含有碳酸氢铵的悬浮液，然后通过离心过滤机将液体和固体分离，再通过如图7-1所示气流干燥器将水分进一步除去，干燥后的气固混合物由旋风分离器和袋滤器进行分离，得到最终产品。

在生物、制药工程操作中，许多固体原料、半成品和成品中都含有许多水分或其他溶剂，如：柠檬酸、苹果酸、丙氨酸、酶制剂、单细胞蛋白、维生素、抗菌素等都需去湿。生产中常用的去湿方法有以下三种。

(1) 机械去湿法　通过沉降、过滤、离心分离、挤压等方法去湿。适用于湿物料中含有较多液体，而先采用此法除去其中的大部分液体。此法能量消耗较少，但除湿不彻底，一般用于物料的初步去湿。

(2) 加热去湿法　对湿物料加热，使所含湿分汽化，并及时移走所生成的蒸气的过程即为加热去湿法。这种除湿法称为物料的干燥，它是食品生物工业中不可缺少的一种单元操作。如淀粉的制造、酒糟、酵母、麦芽以及砂糖等的干燥都是典型的例子。此法热能消耗较多，可获得含湿分较少的固体干物料。

(3) 化学去湿法　利用吸湿剂（如无水氯化钙、硅胶、石灰等）除去物料中少量湿分的

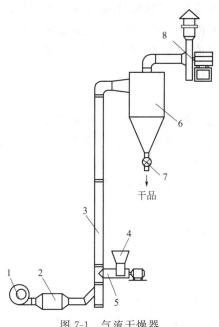

图 7-1　气流干燥器

1—鼓风机；2—预热器；3—气流干燥管；4—加料斗；5—螺旋加料器；6—旋风分离器；7—卸料阀；8—引风机

方法。此法因吸湿剂吸湿能力有限，只限于试验室小批量除去物料中的微量湿分，且费用较高。

本章重点讨论加热去湿法。

第一节　概　　述

一、湿物料的干燥方法

干燥操作可按不同的原则进行分类。

（一）按热能传给湿物料的方式分类

1. 传导干燥

利用热传导方式将热量通过干燥器的壁面传给湿物料，使其中的湿分汽化的方法。

2. 对流干燥

使热空气或热烟道气等干燥介质与湿物料接触，以对流方式向物料传递热量，使湿分汽化，并带走所产生的蒸气。

3. 红外线辐射干燥

以热辐射方式将辐射能投射到湿物料表面，物料吸收辐射能后转化为热能，使湿分汽化。红外线干燥特别适用于涂料的涂层、纸张、印染物等片状薄层物料的干燥。其生产强度比传导和对流干燥大几十倍，且干燥时间短，干燥均匀。但电能消耗大。

4. 介电加热干燥

包括高频干燥和微波干燥。其实也是一种辐射现象。将湿物料置于高频电场内，利用高频电场的交变作用使物料分子发生激烈的旋转运动而产生热量,而使湿分汽化。这种加热属于物料内部加热方式,干燥时间短,干燥均匀,尤其适用于食品、医药、生物制品等当加热不匀时易引起变形、表面结壳或变质的物料的干燥,或内部湿分较难除去的物料的干燥。但是电能消耗大,设备和操作费用都很高。

5. 冷冻干燥

又称真空冷冻干燥或冷冻升华干燥。使含水物料温度降至冰点以下,使水分冷冻成冰,然后在较高真空度下使冰直接升华而除去水分。冷冻干燥早期用于生物的脱水,并在医药、血液制品、各种疫苗、生物制品及食品等方面的应用中得到迅速发展。此法需要很低的压力或高真空,因此系统设备较复杂,投资费用和操作费用都较高,使用范围和规模也就受到相应的限制。

(二) 按操作压力的不同分类

按操作压力的不同分为常压干燥和真空干燥。

真空干燥具有如下特点。

① 操作温度低,干燥速度快,热的经济性好。
② 适用于维生素、抗菌素等热敏性产品,以及易氧化、易燃易爆的物料。
③ 适用于含有溶剂或有毒气体的物料,溶剂回收容易。
④ 在真空干燥下的产品含水量可以很低,因此也适用于要求含水量很低的产品。
⑤ 由于加料口与产品排出口等处的密封问题,大型化、连续化生产有困难。

(三) 按操作方式不同分类

1. 连续干燥

工业生产中多为连续干燥,因其生产能力大,产品质量较均匀,热效率较高,劳动条件也较好。

2. 间歇干燥

间歇干燥的投资费用较低,操作控制灵活方便,且适用于小批量、多品种或要求干燥时间较长的物料的干燥。

工业上应用最多的是对流加热干燥法,本章主要介绍以热空气为干燥介质来除去物料中湿分为水的对流加热干燥。

二、对流干燥过程的传热与传质

如图 7-2 所示为对流干燥流程示意图。预热后的空气与湿物料接触,热空气中的热量以对流方式传给湿物料,使其湿分汽化而得到干燥产品,而汽化的湿分则随着降温了的空气作为废气一起排出。

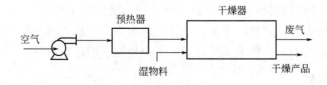

图 7-2 对流干燥流程示意图

在对流加热干燥过程中，热空气将热量传给物料，为传热过程；物料将湿分传给空气，为传质过程。所以，对流干燥过程是兼有热、质传递的过程，干燥的速率与传热、传质速率有关。水汽传递的推动力为物料表面的水汽分压 p_W 与空气主体的水汽分压 p_V 的分压差 $\Delta p = p_W - p_V$，压差越大，干燥过程进行得越迅速，同时干燥介质将汽化的水汽及时带走，这是干燥得以进行的必要条件。如图 7-3 所示，在干燥器中，空气作为干燥介质，既是载热体，又是载湿体。

干燥过程所需空气用量、热量消耗及干燥时间的确定均与湿空气的性质有关，为此，需要了解湿空气的物理性质及相互关系。

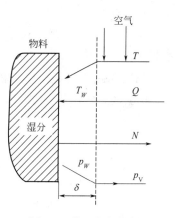

图 7-3　热空气与物料间的传热与传质

第二节　湿空气的性质和湿度图

一、湿空气的性质

湿空气是绝干空气和水汽的混合物，如大气。在对流干燥过程中，湿空气预热后与湿物料发生热量和质量交换，湿空气的水汽含量、温度及焓都会发生变化，而其中绝干空气的绝对质量流量是不会变的。在讨论干燥器的物料与热量衡算之前，应首先了解表示湿空气性质或状态的参数及它们相互之间的关系。

因干燥过程中操作压力较低，故可将湿空气按理想气体处理。

湿空气的性质主要有以下几种。

（一）湿空气中的水蒸气分压 p_V

湿空气中水蒸气在与湿空气相同的温度下，单独占据的体积所产生的压力，称为湿空气中水蒸气的分压，用 p_V 表示。它与湿空气的总压力 $p_总$ 及绝干空气分压 p_g 间的关系为：

$$p_总 = p_g + p_V \tag{7-1}$$

式中　p——湿空气的总压强，kPa；
　　　p_g——湿空气中绝干空气的分压，kPa；
　　　p_V——湿空气中水蒸气的分压，kPa。

当总压一定时，水汽分压 p_V 越大，则湿空气的含量就越高。当水蒸气分压等于该空气温度下的饱和蒸气压 p_S 时，表明湿空气被水汽饱和而达最大值，湿空气也不再具有吸收水蒸气的能力。

（二）湿度 H

湿度（humidity）是表示湿空气中水汽含量的参数，又称湿含量或绝对湿度，是指湿空气中水汽质量与绝干空气的质量之比，即：

$$H = \frac{\text{湿空气中水蒸气的质量}}{\text{湿空气中绝干空气的质量}} = \frac{n_W M_W}{n_g M_g} = 0.622 \frac{n_W}{n_g} \tag{7-2}$$

式中　n_g、n_W——湿空气中绝干空气、水蒸气的摩尔数，mol；
　　　M_g、M_W——绝干空气和水蒸气的摩尔质量，g/mol。

根据理想气体状态方程及道尔顿分压定律，式(7-2)可表示如下：

$$H = 0.622 \frac{p_V}{p_\text{总} - p_V} \tag{7-3}$$

由式(7-3)可知，空气的湿度 H 与湿空气的总压 $p_\text{总}$ 及其中的水汽分压 p_V 有关。当总压 $p_\text{总}$ 一定时，湿度 H 仅与水汽分压 p_V 有关。

当水汽分压 p_V 等于该空气温度下水的饱和蒸气压 p_S，即 $p_V = p_S$ 时，湿空气达饱和状态而不再具有吸收水蒸气的能力。此时，空气的湿度称为**饱和湿度**，即：

$$H_S = 0.622 \frac{p_S}{p_\text{总} - p_S} \tag{7-4}$$

式中　H_S——湿空气的饱和湿度，kg/kg；
　　　p_S——湿空气温度 t 下水的饱和蒸气压，kPa。

式(7-4)表明，当总压力 p 一定时，湿空气的饱和湿度 H_S 只取决于温度 t。

（三）相对湿度 φ

在一定的总压 $p_\text{总}$ 下，湿空气中水蒸气分压 p_V 与同温度下湿空气中水蒸气饱和蒸气压 p_S 之比为相对湿度 φ（relative humidity），即：

$$\varphi = \frac{p_V}{p_S} \times 100\% \tag{7-5}$$

由式(7-5)可知，当 $p_V = 0$ 时，$\varphi = 0$，表明该空气为绝干空气；当 $p_V = p_S$ 时，$\varphi = 1$，表明空气已达到饱和状态；当 $p_V < p_S$ 时，$\varphi < 1$，为未饱和湿空气。φ 值越小，表明该空气偏离饱和程度越远，吸收水蒸气能力越强。由此可见，湿度 H 只能表示湿空气中水汽含量的绝对值，而相对湿度 φ 则表示湿空气中水汽含量的相对值，反映了湿空气干燥能力的大小。

由式(7-5)可知，$p_V = \varphi p_S$，代入式(7-3)得：

$$H = 0.622 \frac{\varphi p_S}{p_\text{总} - \varphi p_S} \tag{7-6}$$

由上式可知，总压 $p_\text{总}$ 一定时，空气的湿度 H 随着空气的相对湿度 φ 及温度 t 而变。

（四）湿空气的比体积 v_H

简称湿比体积（humid volume），其定义为：

$$v_H = \frac{\text{湿空气的体积}}{\text{湿空气中绝干空气的质量}} \quad \text{m}^3/\text{kg} \tag{7-7}$$

在标准状况（101.325kPa，273.15K）下，据气体的标准摩尔体积为 22.41m³/kmol，可得，总压力为 $p_\text{总}$（kPa）、温度为 T（K）、湿度是 H 的湿空气的比体积为：

$$v_H = 22.41(n_g + n_W) \frac{T}{273} \times \frac{101.33}{p_\text{总}} = 22.41 \left(\frac{1}{M_g} + \frac{H}{M_W} \right) \frac{T}{273} \times \frac{101.33}{p_\text{总}} \tag{7-8}$$

把 $M_g=28.95$kg/kmol，$M_W=18.02$kg/kmol 代入上式，即得湿空气的比体积计算式：

$$\nu_H = (0.774+1.244H)\frac{T}{273} \times \frac{101.33}{p_{总}} \qquad (7-9)$$

（五）湿空气的比热容 c_H

简称湿比热容（humid heat），是指 1kg 绝干空气和 H（kg）水汽温度升高或降低 1K 所吸收或放出的热量，单位为 kJ/(kg·K)，即：

$$c_H = c_g + c_V H \qquad (7-10)$$

式中 c_g——绝干空气的平均等压比热容，kJ/(kg·K)；

c_V——水蒸气的平均等压比热容，kJ/(kg·K)。

温度在 273～393K 范围内，绝干空气及水汽的平均定压比热容分别为 $c_g=1.01$kJ/(kg·K)、$c_V=1.88$kJ/(kg·K)。代入上式得湿空气的比热容计算式：

$$c_H = 1.01 + 1.88H \qquad (7-11)$$

即湿空气的比热容只随空气的湿度 H 而变化。

（六）湿空气的焓 I

是指 1kg 绝干空气和所带有的 H（kg）水汽的焓之和，单位为 kJ/kg，即：

$$I = I_g + HI_V \qquad (7-12)$$

式中 I_g——绝干空气的焓，kJ/kg；

I_V——水蒸气的焓，kJ/kg。

取 0℃的绝干空气的焓及 0℃液态水的焓为基准，则绝干空气的焓就是其显热，而水汽的焓为由 0℃的水经汽化为 0℃的水汽所需的潜热及水汽在 0℃以上的显热之和。故对温度为 t、湿度为 H 的湿空气，焓 I 的计算式为：

$$I = I_g + HI_V = c_g t + H(r_0 + c_V t) = (1.01+1.88H)t + 2492H \qquad (7-13)$$

式中 r_0——0℃时水的比汽化热，$r_0=2492$kJ/kg；

c_V——水汽的等压比热容，$c_V=1.88$kJ/(kg·℃)。

即湿空气的焓随空气的温度 t、湿度 H 而变化。

【例 7-1】 某常压空气的温度为 30℃、湿度为 0.0256kg/kg，试求：

（1）相对湿度、水汽分压、比体积、比热容及焓；

（2）若将上述空气在常压下加热到 50℃，再求上述各性质参数。

解 （1）30℃时的性质

相对湿度：由手册查得 30℃时水的饱和蒸气压 $p_S=4.247$kPa。由式(7-6)求相对湿度，将数据代入，即

$$0.0256 = \frac{0.622 \times 4.247\varphi}{101.3 - 4.247\varphi}$$

解得 $\varphi = 94.3\%$

水汽分压：$p_V = \varphi p_S = 0.9430 \times 4.247 = 4.005$kPa

比体积：由式(7-9)求比体积，即 $\nu_H = (0.774 + 1.244 \times 0.0256)\frac{303}{273} \times \frac{101.33}{101.33} = 0.8944$m³/kg

比热容：由式(7-11)求比热容，即
$$c_H = 1.01 + 1.88H = 1.01 + 1.88 \times 0.0256 = 1.058 \text{kJ}/(\text{kg} \cdot ℃)$$

焓：由式(7-13)求湿空气的焓，即
$$I = (1.01+1.88H)t + 2492H = (1.01+1.88\times0.0256)\times30 + 2492\times0.0256 = 95.53 \text{kJ/kg}$$

(2) 50℃时的性质参数

相对湿度：查出 50℃时水蒸气的饱和蒸气压为 12.34kPa。当空气被加热时，湿度并没有变化，若总压恒定，则水汽的分压也将不变，故

$$\varphi = \frac{p_V}{p_S} \times 100\% = \frac{4.005}{12.34} = 32.45\%$$

水汽分压：因空气湿度没变，故水汽分压仍为 4.005kPa。

比体积：因常压下湿空气可视为理想气体，故 50℃时的比体积为

$$v_H = 0.8944 \times \frac{273+50}{273+30} = 0.9534 \text{m}^3/\text{kg}$$

比热容：由于比热容只是湿度的函数，因此，湿空气被加热后，其比热容不变，为 1.058kJ/(kg·℃)。

焓：$I = (1.01+1.88\times0.0256)\times50 + 2492\times0.0256 = 116.7\text{kJ/kg}$

由上计算可看出，湿空气被加热后虽然湿度没有变化，但相对湿度降低了，所以在干燥操作中，总是先将空气加热后再送入干燥器内，目的是降低相对湿度以提高吸湿能力。

（七）湿空气的温度

1. 湿空气的干球温度 t

在湿空气中，用普通温度计测得的温度，称为湿空气的干球温度（dry bulb temperature）。它是干空气的真实温度。

2. 湿空气的湿球温度 t_w

如图 7-4 所示为湿球温度计。干球温度计的感温球露在空气中，所测温度为空气的干球温度 t，通常简称为空气的温度。湿球温度计的感温球用湿纱布包裹，纱布下端浸在水中，因毛细管作用，能使纱布保持湿润，所测得的温度为空气的湿球温度 t_w（wet bulb temperature）。不饱和湿空气的湿球温度 t_w 恒低于其干球温度 t。

湿球温度计测温原理如下：将湿球温度计置于具有一定流速（通常大于 5m/s）的不饱和空气中，假设开始时湿纱布的水温与湿空气的温度 t 相同，即空气与湿球上的水之间没有热量传递。但由于湿球表面水的饱和蒸气压 p_S 大于空气中水汽分压 p_V，有水分汽化到空气中去。水分汽化所需热量首先来自于湿纱布中水本身温度下降而放出的显热供给，因此，湿纱布上的水温下降，与空气间产生了温度差，引起对流传热。其传热速率随着两者温差的增大而提高，即随着水温继续下降，对流传热量增加。最后，当空气传给湿纱布的热量恰好等于湿纱布表面汽化水分所需的热量时，湿纱布中的水分温度不再下降，达到一个稳定的温度。这个稳定的温度就是该空气状态（温度为 t，湿度为 H）下的湿球温度 t_w。

湿球温度并不代表空气的真实温度，而是湿纱布上水的温度，它与流过湿纱布的大量空气的温度 t 和湿度 H 所决定。当空气的温度 t 一定时，如湿度 H 越大，则湿球温度 t_w 也越高；对饱和湿空气，有湿球温度 t_w、干球温度 t 以及露点 t_d 三者相等。因此，湿球温度是

湿空气的状态参数。

上述大量不饱和空气与少量水接触的过程可认为空气的干球温度和湿度保持不变。当达到平衡时，空气向湿纱布表面的传热速率为：

$$Q = \alpha A(t - t_w) \tag{7-14}$$

式中　Q——传热速率，kW；

　　　α——空气与湿纱布表面间的对流给热系数，kW/(m²·℃)；

　　　A——湿纱布的表面积，m²。

同时，湿球表面的水汽向空气主体的对流传质速率为：

$$N = k_H A(H_w - H) \tag{7-15}$$

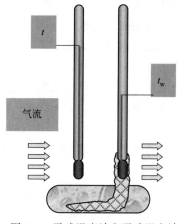

图 7-4　干球温度计和湿球温度计

式中　N——传质速率，kg/s；

　　　k_H——以湿度差为推动力的对流传质系数；

　　　H_w——湿球表面处的空气在湿球温度 t_w 下的饱和湿度，kg/kg。

在达到稳定状态后，湿纱布与空气间进行的传质、传热过程可用式(7-16)表示：

$$\alpha A(t - t_w) = k_H A(H_w - H) r_w \tag{7-16}$$

整理得：

$$t_w = t - \frac{k_H r_w}{\alpha}(H_w - H) \tag{7-17}$$

式中　r_w——湿球温度 t_w 下水的比汽化热，kJ/kg。

式(7-17)即为湿球温度 t_w 与湿空气温度 t 及湿度 H 之间的函数关系式。式中 α/k_H 为对流传热系数与同一气膜的传质系数之比，单位为 kJ/(kg·℃)。实验证明，α 与 k_H 都与 Re 的 0.8 次方成正比，所以 α/k_H 值与流速无关，只与物系性质有关。对于空气-水物系，$\alpha/k_H \approx 1.09$ kJ/(kg·℃)。由此可得，可用干、湿球温度计来测定空气的湿度。

3. 湿空气的露点（t_d）

不饱和湿空气在总压 $p_总$ 及湿度 H 保持不变的情况下，将其冷却、降温而达到饱和状态时的温度称为该不饱和湿空气的露点温度 t_d，简称露点。

若 $t > t_d$，湿空气处于不饱和状态，可作为干燥介质使用；若 $t = t_d$，湿空气处于饱和状态，不能作为干燥介质使用；若 $t < t_d$，则湿空气处于过饱和状态，与湿物料接触时会析出露水。

当达露点时，空气的相对湿度 $\varphi = 100\%$，对应湿空气的湿度 H 就是其露点下的饱和湿度 H_S，即 $H = H_S$。即可得，在一定总压 $p_总$ 下，空气的湿度 H（或水蒸气分压 p_W）越大，则露点 t_d 就越高。若测得湿空气的露点 t_d，由 t_d 查得水的饱和蒸气压 p_S，用式(7-4)就可求得一定总压下的湿空气的湿度 H，这是露点法测定空气湿度的依据。由此可知，空气的露点是反映空气湿度的一个特征温度。

4. 绝热饱和温度 t_{as}

如图 7-5 所示为绝热饱和塔。过程如下：当大量的循环水与一定量的连续流过、状态一定的未饱和湿空气（温度为 t，湿度为 H）充分接触时，由于水滴表面的水汽分压高于空气中的水汽分压，水向空气中汽化，水温开始降低，与空气之间产生了温度差，有热量从空气向水传递，而水是汽化到空气中去了，即空气的焓基本不变。这样空气和水之间不断进行传质和传热过程，直至水温不再降低而达到一个稳定的温度 t_{as}，传递过程达到静态平衡。此时，湿空气在上述条件下达到饱和时的温度称为湿空气的绝热饱和温度 t_{as}，对应的饱和湿度为 H_{as}。

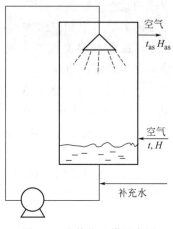

图 7-5　绝热饱和塔示意图

由上可知，在达到绝热饱和时，由于空气释放的显热等于水分汽化所需的潜热，总焓不变，即有：

$$c_H(t-t_{as}) = r_0(H_{as}-H)$$

整理可得：

$$t_{as} = t - \frac{r_0}{c_H}(H_{as}-H) \tag{7-18}$$

式(7-18)表明，湿空气的绝热饱和温度 t_{as} 是在绝热冷却，增湿过程中达到的极限冷却温度，只由湿空气的 t 和 H 决定。因此，t_{as} 也是空气的状态参数。

实验证明，对空气-水系统，$\alpha/k_H \approx c_H$，即可认为 $t_{as} \approx t_w$。

由上分析可知，绝热饱和温度 t_{as} 和湿球温度 t_w 都不是湿空气本身的温度，但又都与 t 和 H 有关。对于空气和水系统，它们在数值上近似相等。两者不同之处在于：①湿球温度是大量空气与少量水接触后，水的稳定温度，而绝热饱和温度是大量水与少量空气接触后，空气的稳定温度；②水温达到湿球温度时气、水处于动态平衡，依然存在传质、传热过程，而气体达到绝热饱和温度时的平衡是静态平衡，不存在传质、传热过程。

综上所述，表示湿空气性质的温度，有干球温度 t、露点 t_d、湿球温度 t_w 及绝热饱和温度 t_{as}。对空气-水系统，有 $t_{as} \approx t_w$，其他温度关系如下：

不饱和湿空气　　　　　　　　　　$t > t_w > t_d$
饱和湿空气　　　　　　　　　　　$t = t_w = t_d$

二、湿空气的湿度图及其应用

在一定的总压下，表示湿空气性质的各项参数 p_V、φ、H、I、t、t_d、t_w、c_H、ν_H 等，只要规定其中任意两个相互独立的参数，湿空气的状态就被确定。但在具体的计算过程中，用公式计算比较繁琐，而且有时还需用试差法求解。工程上为了方便，将各种参数之间的关系标绘在坐标图上，这样，只要知道湿空气任意两个独立参数，就能从图上迅速查到其他的参数，这种图称为湿度图。常用的有湿度-温度图（H-t）和焓-湿图（I-H）两种湿度图，这里介绍常用的焓湿图的构成与应用，如图 7-6 所示。

（一）焓湿图 I-H 的构成

如图 7-6 所示的 I-H 图，是在总压力 $p = 101.325$ kPa 下，以湿空气的焓 I 为纵坐标、湿度 H 为横坐标绘制的。图中共有五种线，分别如下：

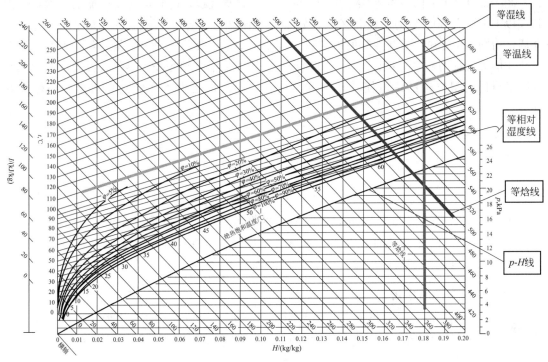

图 7-6 湿空气的 I-H 图

1. 等湿度线（等 H 线）

等 H 线是一组与纵轴平行的直线。在同一条等 H 线上,虽不同的点代表不同状态的湿空气,但都具有相同的湿度 H。

2. 等焓线（等 I 线）

等 I 线是一系列与水平线呈 45°的斜线。在同一条等 I 线上不同的点都具有相同的 I 值。空气的绝热降温增湿过程近似为等 I 过程。因此,等 I 线也是绝热降温增湿过程中空气状态点变化的轨迹线。

空气绝热降温增湿过程达到饱和状态（相对湿度 $\varphi = 100\%$）时的温度为绝热饱和温度 t_{as},湿球温度 $t_w \approx t_{as}$。

3. 等温线（等 t 线）

将式(7-13)变为如下形式:

$$I = 1.01t + (1.88t + 2492)H \tag{7-19}$$

由上式可知,若 t 为定值,则 I 与 H 呈直线关系,直线的斜率为 $(1.88t + 2492)$,且随着 t 的不同,斜率各不相同,所以,等 t 线也是一组直线,但并不相互平行。

4. 等相对湿度线（等 φ 线）

等 φ 线是根据(7-6)式 $H = 0.622 \dfrac{\varphi p_S}{p_{总} - \varphi p_S}$ 绘制而成的。当总压一定时,因 p_S 只与 t 有关,因此上式表明了 φ、t、H 之间的关系。对某一固定的 φ 值,由任一温度 t 可查出对应的 p_S,根据上式可算出 H 值,将许多 (t, H) 点连接起来,即可得到一条等 φ 线。图 7-6 中描绘了 $\varphi = 5\% \sim 100\%$ 的一组等 φ 线。

图 7-6 中最下面的一条等 φ 线为 $\varphi=100\%$ 的饱和空气线，此时空气完全被水汽饱和。饱和线以上（$\varphi<100\%$）为不饱和区域。显然，只有位于不饱和区域的湿空气才能作为干燥介质。由图 7-6 可知，当湿空气的 H 一定时，温度越高，其相对湿度 φ 值越低，那么作为干燥介质的去湿能力越强，所以，湿空气在进入干燥器之前必须先经预热以提高温度。预热空气除了可提高湿空气的焓值使其作为载热体外，同时也是为了降低其相对湿度而作为载湿体。

5. 水汽分压线

将式(7-3) 可改写为：

$$p_V = \frac{p_{\text{总}} H}{0.622+H} \tag{7-20}$$

由式(7-20) 可知，当总压 $p_{\text{总}}$ 一定时，水汽分压 p_V 随湿度 H 而变化，且因 $H \ll 0.622$，故 p_V 与 H 近似成直线关系。水蒸气分压线标绘在饱和空气线（$\varphi=100\%$）的下方，水蒸气分压 p_V 的坐标位于图 7-6 的右端纵轴上。

（二）焓湿图的应用

I-H 图中的任何一点都代表某一确定的湿空气性质和状态，只要依据任意两个独立性质参数，即可在 I-H 图中找到代表该空气状态的相应点，于是其他性质参数便可由该点查得。如例 7-2 所示。

【例 7-2】 试应用 I-H 图确定

(1) 例 7-1 中 30℃ 及 50℃ 时湿空气的相对湿度及焓；

(2) 例 7-1 中 30℃ 时湿空气的水汽分压、露点 t_d、绝热饱和温度 t_{as} 和湿球温度 t_W。

解 (1) 如图 7-7(a) 所示，$t=30℃$ 的等 t 线和 $H=0.0256$kg/kg 的等 H 线的交点 A 即为 30℃ 湿空气的状态点。由过点 A 的等 φ 线可确定 30℃ 湿空气的相对湿度为 $\varphi=94\%$；由过点 A 的等 I 线可确定 30℃ 湿空气的焓为 $I=95$kJ/kg。

将 30℃ 的湿空气加热到 50℃，空气的湿度并没有变化，故 $t=50℃$ 的等 t 线和 $H=0.0256$kg/kg 的等 H 线的交点 B 即为 50℃ 时湿空气的状态点。由过点 B 的等 φ 线及等 I 线可确定 50℃ 时湿空气的相对湿度为 32%、焓为 117kJ/kg。

(2) 如图 7-7(b) 所示，首先根据 $t=30℃$、$H=0.0256$kg/kg 确定湿空气状态点 A。

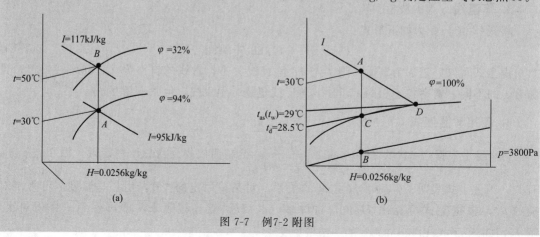

图 7-7 例 7-2 附图

由 A 点的等 H 线与 $P=f(H)$ 线的交点 B 所在的蒸汽分压线,可确定水汽分压为 $p=3800\text{Pa}$。

露点是等湿冷却至饱和时的温度,故由 A 点的等 H 线与 $\varphi=100\%$ 线的交于点 C 所在的等 t 线,可确定湿空气的露点 t_d 为 28.5℃。

绝热饱和温度是等焓冷却至饱和时的温度,故由过点 A 的等 I 线与 $\varphi=100\%$ 线的交于点 D 所在的等 t 线,可确定绝热饱和温度 t_{as}、湿球温度 t_w 为 29℃。

查图结果与计算结果比较可知,读图时有一定的误差,但避免了计算时试差的麻烦。

第三节　干燥过程的物料衡算和热量衡算

在干燥过程中,作为介质的空气在进入干燥器之前需预热,再进入干燥器通过对流干燥,热空气供给湿物料中水分汽化所需热量,而汽化的水分又由空气带走,故干燥过程中的计算涉及干燥过程中的物料衡算和热量衡算。通过干燥过程中的物料衡算和热量衡算可计算出湿物料中水分的蒸发量、空气用量和所需热量,从而可确定预热器的传热面积、干燥器的工艺尺寸、辅助设备尺寸及选择风机等。

一、物料衡算

(一) 物料含水量的表示方法

1. 湿基含水量 ω

以湿物料为计算基准的水分的质量分数,即:

$$\omega = \frac{\text{湿物料中水分的质量}}{\text{湿物料的总质量}} \text{kg/kg} \tag{7-21}$$

此种方法常用于湿物料中水分的分析。

2. 干基含水量 X

以湿物料中绝干物料为计算基准的水分的质量比,即:

$$X = \frac{\text{湿物料中水分的质量}}{\text{湿物料中绝干物料的质量}} \text{kg/kg} \tag{7-22}$$

此种方法常用于干燥过程中的计算。

两种表示方法的换算关系为:

$$X = \frac{\omega}{1-\omega}, \quad \omega = \frac{X}{1+X} \tag{7-23}$$

(二) 物料衡算

如图 7-8 所示的连续干燥器,通过物料衡算可求出干燥产品流量、物料的水分蒸发量和空气消耗量。

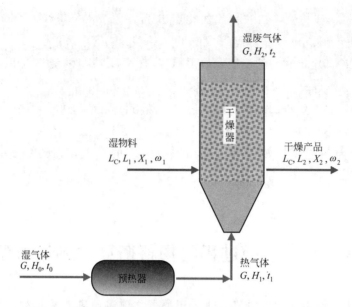

图 7-8 干燥器的物料衡算

图中　L_1、L_2——进、出干燥器的湿物料的质量流量，kg/s；

　　　　L_C——湿物料中绝干物料的质量流量，kg/s；

　　　　ω_1、ω_2——分别为干燥前后物料的湿基含水量，kg/kg；

　　　　X_1、X_2——分别为干燥前后物料的干基含水量，kg/kg；

　　　　H_0——进预热器前的空气的湿度，kg/kg；

　　　　H_1、H_2——进出干燥器的湿物料的湿度，kg/kg；

　　　　G——湿空气中绝干空气的质量流量，kg/s。

1. 干燥产品流量 L_2

若不计干燥过程中物料的损失，则有干燥前后物料中绝干物料质量流量 L_C 保持不变，即：

$$L_C = L_1(1-\omega_1) = L_2(1-\omega_2) \tag{7-24}$$

通过式(7-24)整理即得：

$$L_2 = L_1 \frac{1-\omega_1}{1-\omega_2} \tag{7-25}$$

2. 水分蒸发量 W

对干燥器中水分作物料衡算，即得：

$$W = L_1 - L_2 = L_1\omega_1 - L_2\omega_2 \tag{7-26}$$

或者

$$W = G(H_2 - H_1) = L_C(X_1 - X_2) \tag{7-27}$$

3. 干空气消耗量 G

由式(7-27)可得：

$$G = \frac{L_C(X_1 - X_2)}{H_2 - H_1} = \frac{W}{H_2 - H_1} \tag{7-28}$$

因此，蒸发 1kg 水分消耗的干空气量，称单位空气消耗量，其单位为 kg/kg，且因预热器前后空气的湿度不变，即有 $H_0 = H_1$，则：

$$\frac{G}{W} = \frac{1}{H_2 - H_1} = \frac{1}{H_2 - H_0} \tag{7-29}$$

由式(7-29)可知，单位空气消耗量仅与 H_2、H_0 有关，与路径无关。H_0 越大，单位空气消耗量也越大，由于 H 是由空气的初温 t 及相对湿度 φ 所决定，所以在其他相同条件下，单位空气消耗量随 t 及 φ 的增大而增大，这样，对同一干燥过程，夏季的空气消耗量比冬季大，则在选择输送空气的风机装置时，须按全年最大空气消耗量而定。

【例 7-3】 某干燥器的湿物料处理量为 100kg/h，其湿基含水量为 10%（质量分数），干燥产品湿基含水量为 2%（质量分数）。进干燥器的干燥介质为流量 500kg/h、温度 85℃、相对湿度 10% 的空气，操作压力为 101.3kPa。试求物料的水分蒸发量和空气出干燥器时的湿度 H_2。

解 操作压力 $p = 101.3$kPa

湿物料处理量 $L_1 = 100$kg/h，湿基含水量 $\omega_1 = 0.1$。干基含水量为：

$$X_1 = \frac{\omega_1}{1 - \omega_1} = \frac{0.1}{1 - 0.1} = \frac{0.1}{0.9}$$

产品湿基含水量 $\omega_2 = 0.02$，干基含水量为：

$$X_2 = \frac{\omega_2}{1 - \omega_2} = \frac{0.02}{1 - 0.02} = \frac{0.02}{0.98}$$

（1）物料的水分蒸发量 W

湿物料中绝干物料的质量流量为：

$$L_C = L_1(1 - \omega_1) = 100(1 - 0.1) = 90 \text{kg/h}$$

水分蒸发量为

$$W = L_C(X_1 - X_2) = 90\left(\frac{0.1}{0.9} - \frac{0.02}{0.98}\right) = 8.16 \text{kg/h}$$

（2）空气出干燥器时的湿度 H_2 计算

空气的流量为 500kg/h，温度 $t = 85$℃ 时，水的饱和蒸气压 $p_s = 58.74$kPa，相对湿度 $\varphi = 0.1$。

空气进干燥器的湿度

$$H_1 = 0.622 \frac{\varphi p_s}{p - \varphi p_s} = 0.622 \times \frac{0.1 \times 58.74}{101.3 - 0.1 \times 58.74} = 0.0383 \text{kg/kg}$$

绝干空气的质量流量为

$$G = \frac{500}{H_1 + 1} = \frac{500}{0.0383 + 1} = 482 \text{kg/h}$$

H_2 的计算如下

$$W = G(H_2 - H_1)$$

$$H_2 = \frac{W}{G} + H_1 = \frac{8.16}{482} + 0.0383 = 0.0552 \text{kg/kg}$$

二、干燥过程的能量衡算

干燥过程中的能量衡算可求出物料所消耗的热量和干燥器排出废气的湿度 H_2、焓 I_2 等状态参数。如图 7-9 所示为对流干燥过程的热量衡算示意图。

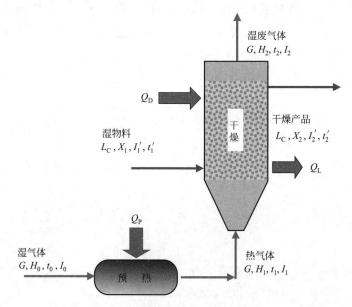

图 7-9 对流干燥系统的热量衡算

式中 I_0、I_1、I_2——分别为新鲜空气进入预热器、进入和离开干燥器时的焓，kJ/kg；

t_0、t_1、t_2——分别为新鲜空气进入预热器、进入和离开干燥器时的温度，℃；

I_1'、I_2'——分别为物料进入和离开干燥器时的焓，kJ/kg；

t_1'、t_2'——分别为物料进入和离开干燥器时的温度，℃；

Q_P——单位时间内输入预热器的热量，kW；

Q_D——单位时间内向干燥器内补充的热量，kW；

Q_L——单位时间内干燥系统损失的热量，kW。

（一）预热器的热量衡算

若忽略换热器的热损失，则预热器的热量衡算为：

$$GI_0 + Q_P = GI_1 \tag{7-30}$$

（二）干燥器的热量衡算

据图 7-9 的干燥器有热量衡算：

$$GI_1 + L_C I_1' + Q_D = GI_2 + L_C I_2' + Q_L \tag{7-31}$$

取 0℃液态水和 0℃绝干物料的焓为零，则物料焓的计算式为：

$$I' = c_c t' + X c_W t' = (c_c + X c_W) t' = c_m t' \tag{7-32}$$

式中 c_c——绝干物料的平均比热容，kJ/(kg·℃)；

c_W——液态水的平均比热容，kJ/(kg·℃)；

c_m——以 1kg 绝干物料为基准的湿物料的平均比热容，kJ/(kg·℃)；

X——物料的干基含水量，kg/kg。

干燥系统消耗的总热量 Q 有：

$$Q = Q_P + Q_D = G(I_2 - I_0) + L_C(I_2' - I_1') + Q_L = G(I_1 - I_0) + Q_D \quad (7\text{-}33)$$

由上式可得，干燥系统消耗的总热量用于：①加热空气；②蒸发物料中的水分；③加热湿物料；④干燥系统的热损失。

对于吸湿性物料的干燥操作，空气离开干燥器的温度应高些，而湿度则应低些，即相对湿度要低些。在实际干燥操作中，空气离开干燥器的温度 t_2 应比进入干燥器时的绝热饱和温度高 20~50℃，这样才能保证空气在干燥系统后面的设备内不致析出液滴；否则，将会使产品返潮，且易造成管路的堵塞和设备材料的腐蚀。

在干燥操作中，生产中常利用废气预热冷空气或冷物料。此外还应注意干燥设备和管路的保温隔热，以减少系统的热损失。

【例7-4】 在常压干燥器中将某物料从湿基含水量 0.05（质量分数）干燥到湿基含水量 0.005（质量分数）。干燥器的生产能力为 7200kg/h，物料进、出口温度分别为 25℃ 与 65℃。热空气进干燥器的温度为 120℃，湿度为 0.007kg/kg，出干燥器的温度为 80℃。空气最初温度为 20℃。干物料的比热容为 1.8kJ/(kg·℃)。若不计热损失，试求：(1) 干空气的消耗量 G、空气离开干燥器时的湿度 H_2；(2) 预热器对空气的加热量。

解 物料的干基湿含量为 $X_1 = \dfrac{\omega_1}{1-\omega_1} = \dfrac{0.05}{1-0.05} = \dfrac{5}{95}$

$$X_2 = \dfrac{\omega_2}{1-\omega_2} = \dfrac{0.005}{1-0.005} = \dfrac{5}{995}$$

水分蒸发量为：

$$\begin{aligned} W &= L_C(X_1 - X_2) \\ &= 7200 \times \left(\dfrac{5}{95} - \dfrac{5}{995}\right) = 343 \text{kg/h} \\ &= 0.0952 \text{kg/s} \end{aligned}$$

(1) 干空气消耗量 G 与空气离开干燥器时的湿度 H_2 的计算

空气进、出干燥器的焓为：

$$\begin{aligned} I_1 &= (1.01 + 1.88H_1)t_1 + 2492H_1 = (1.01 + 1.88 \times 0.007)120 + 2492 \times 0.007 \\ &= 140 \text{kJ/kg} \end{aligned}$$

$$\begin{aligned} I_2 &= (1.01 + 1.88H_2)t_2 + 2492H_2 = (1.01 + 1.88 \times H_2) \times 80 + 2492 \times H_2 \\ &= 80.8 + 2642H_2 \end{aligned}$$

物料进、出干燥器的焓为：

$$I_1' = (C_c + X_1 c_w)t_1 = \left(1.8 + \dfrac{5}{95} \times 4.187\right) \times 25 = 50.5 \text{kJ/kg}$$

$$I_2' = (C_c + X_2 c_w)t_2 = \left(1.8 + \dfrac{5}{995} \times 4.187\right) \times 65 = 118.4 \text{kJ/kg}$$

干燥器的热量衡算：

$$G(I_1 - I_2) = L_C(I_2' - I_1')$$

$$G(140 - 80.8 - 2642H_2) = 7200(118.4 - 50.5)$$

$$G(59.2 - 2642H_2) = 488880 \quad (a)$$

干空气消耗量：

$$G = \frac{W}{H_2 - H_1} = \frac{343}{H_2 - 0.007} \quad \text{(b)}$$

由式(a)与式(b)求得

干空气消耗量 $G = 3.42 \times 10^4 \text{kg/h}$

空气离开干燥器时的湿度 $H_2 = 0.017 \text{kg/kg}$

(2) 预热器对空气的加热量 Q_P 计算

空气进预热器的焓为

$$I_0 = (1.01 + 1.88H_0)t_0 + 2492H_0 = (1.01 + 1.88 \times 0.007) \times 20 + 2492 \times 0.007 = 37.9 \text{kJ/kg}$$

$$Q_P = \frac{G}{3600}(I_1 - I_0) = \frac{3.42 \times 10^4}{3600}(140 - 37.9) = 970 \text{kW}$$

第四节 干燥速率和干燥时间

前面讨论了通过物料衡算与热量衡算可确定被干燥物料与干燥介质的最初状态与最终状态间的关系，并进一步确定干燥介质的消耗量、水分蒸发量以及消耗的热量，这些内容都属于干燥静力学范畴。这些数据可作为选择风机和预热器的依据。本节将涉及动力学，主要讨论从物料中除去水分时，因有的是由物料内部迁移到表面，然后由物料表面汽化而进入空气中，即干燥过程的干燥速率不仅取决于空气的性质和操作条件，还与物料中所含水分的性质有关。在干燥静力学与动力学基础上，才能对干燥器进行工艺设计计算。

一、物料中的水分

（一）水分与物料的结合方式

水分与物料的结合方式可分为表面吸着水分、毛细管水分和溶胀水分三种。此外，还有化学结合水分，如 $CuSO_4 \cdot 5H_2O$ 中的结晶水，属物质结构的一个组成部分，一般不属于干燥中需除去的水分，具体如下。

1. 表面吸着水分

是吸着或吸附在湿物料外表面上的水分和物料大空隙中的水分。其特点是在任何温度下，物料表面水分的平衡蒸气压等于纯水在同温度下的蒸气压。

2. 毛细管水分

是多孔性物料的小空隙中所含的水分。因空隙小，故水分平衡蒸气压小于纯水在同温度下的蒸气压。

3. 溶胀水分

是物料细胞壁或纤维皮壁内的水分。其平衡蒸气压低于纯水在同温度下的蒸气压。

（二）平衡水分和自由水分

在一定干燥条件下，根据物料中所含水分能否用干燥方法除去，可分为平衡水分和自由水分。

1. 平衡水分

当物料与一定状态的空气接触时，物料将会吸收水分，直至物料表面所产生的水蒸气压与空气中的水汽分压平衡，此时，物料中水分将不再随与空气接触时间的延长而变化。在此空气状态下，物料所含的水分称为该物料的**平衡水分**。用 X^* 表示，单位为 kg/kg。如图 7-10 所示，对同种物料，在一定的温度下，X^* 与空气的相对湿度有关，即空气的湿度越大，X^* 越高，当空气的湿度为零时，$X^*=0$。也即平衡水分是对应空气状态下能达到的干燥极限。

2. 自由水分

可以通过干燥方法除去的那一部分水分，称**自由水分**。即物料中所含水分大于平衡水分的那部分水分。

（三）结合水分与非结合水分

根据物料中水分除去的难易程度，可分为结合水分与非结合水分。

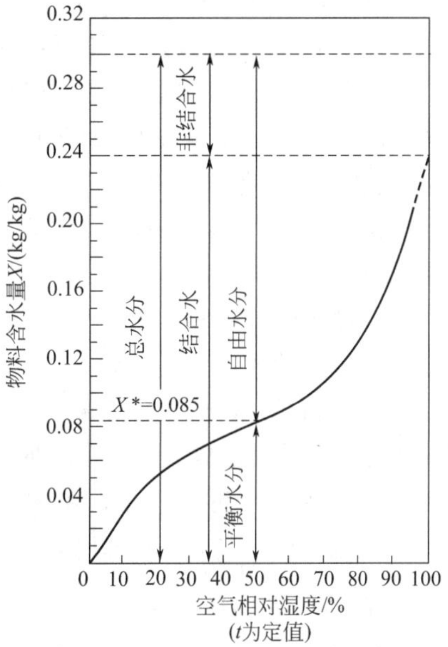

图 7-10 固体物料（丝）中所含水分的性质（25℃）

1. 结合水分

如图 7-10 所示若将平衡含水量 X^* 与空气相对湿度 φ 间的关系曲线延长与 $\varphi=100\%$ 线相交得最大平衡含水量 X^*_{max}，该点以下的水分为**结合水分**。结合水分存在于生物细胞或纤维壁中的水分，其中溶有固体物质，及非常细小的毛细管的水。这些水分因与物料的结合力强，其蒸气压低于同温下纯水的饱和蒸气压，故使干燥过程的水分汽化推动力降低，干燥结合水分较难。

2. 非结合水分

当湿物料中水分大于 X^*_{max} 时，高出 X^*_{max} 的那部分水分为**非结合水分**。非结合水分是附着于固体表面的润湿水分和较大孔隙中的水分。这些水分与物料的结合力较弱，其蒸气压与同温度下纯水的蒸气压相同。所以，干燥非结合水分较容易。

湿物料中所含水分为结合水分与非结合水分之和。因非结合水分与纯水的存在状况相同，汽化容易，在干燥过程中首先除去非结合水分。且在恒定的温度下，物料的结合水分与非结合水分的区分只取决于物料本身的特性，而与空气状态无关。结合水分与非结合水分都难用试验方法直接测定，本书是根据它们的特点，作图得到的。

二、干燥速率及其影响因素

按空气状态变化情况，可将干燥过程分为恒定干燥和非恒定干燥两大类。以下只讨论恒定条件下的干燥，即空气的温度、湿度、流速、与物料的接触状况以及物料的几何尺寸等均不变。在某些干燥中，如用大量空气干燥少量湿物料，这时空气中的湿度可以认为不变；当空气的温度变化不大时，可取其进出口的平均值，这种情况也可认为是恒定条件下的干燥。

（一）干燥实验和干燥曲线

因干燥机理比较复杂，难于用数学模式来描述，一般把实验数据整理成关系曲线间接说明速率变化情况。实验过程如下：在间歇干燥器中，定时测量物料的质量变化，记录下每一间隔时间 $\Delta\tau$ 内物料的质量变化 $\Delta W'$ 及物料表面温度 θ，直到物料的质量恒定为止，此时物料与湿空气达到平衡状态，物料中所含水分即为该条件下的平衡水分。然后再将物料放到电烘箱内烘干到恒重为止（烘箱温度应低于物料的分解温度），即可测得绝干物料的质量 L_C。

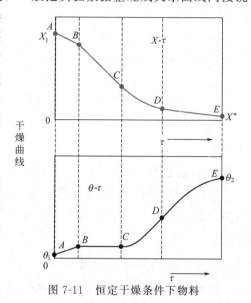

图 7-11 恒定干燥条件下物料的干燥实验曲线

如图 7-11 的 X-τ 曲线及 θ-τ 曲线即是在上述实验条件下绘制而成的。这两条曲线即为**干燥曲线**。从实验曲线上可以看出，物料的干燥过程分 AB、BC 及 CDE 3 个阶段，具体如下：

1. 预热阶段 AB

起初物料的温度 θ 小于该空气条件（t、H）下的湿球温度 t_w，由于空气与物料间有温差，空气向物料传递热量，物料温度上升。而物料表面的水汽压力大于空气中水汽分压，物料表面的水分汽化，开始汽化量较小，汽化所需热量小于空气传入物料的热量，但随着物料温度 θ 的持续上升，水分汽化速率或物料含水量的变化率——$dX/d\tau$ 也逐渐增大。当水分汽化所需热量等于空气传入物料的热量时，物料的预热阶段结束而进入恒速干燥阶段。AB 段对应时间很短，通常归入 BC 段处理。

2. 恒速干燥阶段 BC

此阶段物料表面润湿，呈现连续水膜。如为纤维性物料，由于毛细管作用，其内部水分不断向表面补充，表面水分的汽化类似于湿球温度计湿球上的水分汽化原理。因此物料表面始终保持该空气条件（t、H）下的湿球温度 t_w，故空气向物料的传热推动力及物料表面水分向空气传质的推动力均保持不变，水分汽化速率恒定，称为**恒速干燥阶段**，在该阶段除去的水分为非结合水分。

3. 降速干燥阶段 CDE

当物料的含水量降到 C 点时，内部水分向表面的补充速率已下降到来不及向表面提供足够的水分以维持整个表面的润湿，而开始出现不润湿点，水分汽化速率也逐渐减少。当润湿表面继续减少到 D 点时，表面已完全不润湿，从第一降速阶段（CD 段）进入第二降速阶段（DE 段），降速阶段去除的水分为结合、非结合水分。水分在多孔物料中的分布示意图如图 7-12 所示。

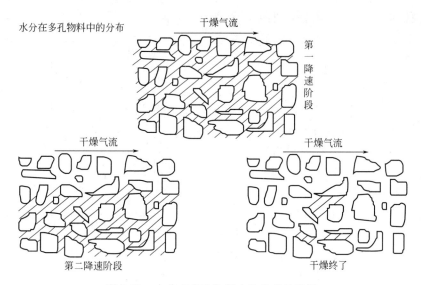

图 7-12 水分在多孔物料中的分布示意图

汽化表面逐渐从物料表面向内部转移，汽化所需热量通过固体传到汽化区域，汽化的水汽穿过固体孔隙向外部扩散，故水分的汽化速率进一步降低，到点 E 时，物料的含水量降到该空气条件下的平衡含水量 X^*。此时，物料所产生的水汽压力与空气中水汽分压力相等，物料的水分汽化速率等于零，$-dX/d\tau=0$。此阶段由于水分汽化量逐渐减少，空气传给物料的热量部分用于水分的汽化，部分用于物料温度的上升。当物料达到平衡含水量 X^* 时，物料的温度 θ 等于空气的温度 t。干燥实验曲线的转折点 C 称为恒速干燥阶段与降速干燥阶段的临界点。该点物料的含水量，称为临界含水量 X_C。

（二）干燥速率曲线及影响因素

由以上可知，湿物料的平衡含水量为物料干燥的极限，临界含水量为恒速干燥阶段与降速干燥阶段的界限点，不同干燥阶段的干燥速率各不相同。

干燥速率是单位时间内在单位干燥面积上汽化的水分量，即：

$$u=\frac{dW}{Ad\tau} \tag{7-34}$$

式中 u——干燥速率，$kg/(m^2 \cdot h)$；

W——汽化的水分量，kg；

A——物料的干燥表面积，m^2；

τ——干燥时间，h。

因 $$dW=-L_C dX$$

代入式(7-34)得： $$u=\frac{-L_C dX}{Ad\tau} \tag{7-35}$$

式中 L_C——湿物料中绝干物料质量，kg；

X——湿物料干基含水量，kg/kg，其中负号表示物料随干燥时间的增加而减少。

将干燥曲线图 7-11 中 X-τ 曲线斜率 $\dfrac{dX}{d\tau}$ 及实测的 L_C、A 等数据代入式(7-35)，求得干燥速率 u，则其与物料含水量 X 的关系曲线，即为如图 7-13 所示的干燥速率曲线。

干燥过程的特征在干燥速率曲线上更为直观，可看出各个不同的阶段；同时实验表明，只要物料中含有非结合水分，总存在恒速和降速两个不同的阶段。

在两阶段的影响因素简述如下。

1. 恒速干燥阶段影响因素

因该阶段的干燥速率取决于物料表面水分的汽化速率，也取决于物料外部的空气条件，与物料自身的性质关系很小。故影响该干燥阶段速率的因素主要是湿空气的温度、湿度、流速及与湿物料的接触方式等。从湿球温度测定原理可知，提高空气温度、降低其湿度、提高空气流速等，均可提高此阶段的干燥速率。

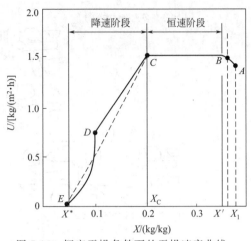

图 7-13　恒定干燥条件下的干燥速率曲线

2. 降速干燥阶段影响因素

在此阶段干燥速率主要取决于水分在物料内部的迁移速率，与湿空气的状态关系不大，故该阶段又称为物料内部迁移控制阶段。影响干燥速率的主要因素是物料的内部结构和外部的几何形状。

（三）临界含水量

一般物料在干燥过程中要经历预热段、恒速干燥阶段和降速干燥阶段，而其中后两个阶段是以湿物料中临界含水量来区分的。临界含水量 X_C 值越大便会较早地转入降速干燥阶段，使在相同干燥任务下所需的干燥时间增长，无论从经济角度还是从产品质量来看，都是不利的。临界含水量随物料的性质、干燥器的型式和操作条件不同而异。例如无孔吸水性物料的 X_C 值比多孔物料的大；在一定的干燥条件下，物料层越厚，X_C 值也越大，因此在物料的平均含水量较高的情况下就开始进入降速干燥阶段；又如，若干介质的温度过高、湿度过低，恒速干燥阶段的干燥速率就过快，X_C 值也变大，还可能使某些物料表面结疤。

了解影响 X_C 的因素，就有利于控制干燥操作，例如减低物料层的厚度；对物料加强搅拌，则既可增大干燥面积，又可减少 X_C 值。流化干燥设备（如气流干燥器和沸腾干燥器）中物料的 X_C 值一般较低，其理由就是如此。

三、恒定干燥条件下干燥时间的计算

由于干燥过程中两个阶段的机理不同，故应分别计算两段的干燥时间。干燥时间的计算是以实验数据为基础进行计算的，也可由类似干燥曲线的实验曲线查得干燥时间。

（一）恒速干燥阶段

在恒定干燥条件下，物料从最初含水量 X_1 降低到临界含水量 X_C 所需的时间 τ_1。此阶段的干燥速率等于临界点的干燥速率 u_C，且据式 $u_C = \dfrac{-L_C \mathrm{d}X}{A \mathrm{d}\tau}$ 有：

$$\mathrm{d}\tau = \dfrac{-L_C \mathrm{d}X}{A u_C} \tag{7-36}$$

分离变量积分

$$\int_0^{\tau_1} d\tau = \frac{-L_C}{Au_C}\int_{X_1}^{X_C} dX$$

得

$$\tau_1 = \frac{L_C}{Au_C}(X_1 - X_C) \tag{7-37}$$

由式(7-37)可知，计算恒速阶段的干燥时间 τ_1 必须知道物料的临界含水量 X_C 和临界干燥速率 u_C（即恒速阶段速率）的实验数据。

（二）降速干燥速率

降速干燥阶段物料含水量从临界含水量 X_C 下降到最终含水量 X_2 所需的时间 τ_2。根据式 $u = \dfrac{-L_C dX}{A d\tau}$ 积分，得：

$$\tau_2 = \int_0^{\tau_2} d\tau = \frac{-L_C}{A}\int_{X_C}^{X_2}\frac{dX}{u} = \frac{L_C}{A}\int_{X_2}^{X_C}\frac{dX}{u} \tag{7-38}$$

其中降速干燥时间 τ_2 积分项计算方法有两种。

1. 图解积分法

当 u 与 X 不成直线关系时，式可根据干燥速率曲线的形状用图解积分法求解 τ_2。

图 7-14 中以 X 为横坐标，$1/u$ 为纵坐标，在图中标绘 $1/u$ 与对应的 X，由纵线 $X = X_C$ 与 $X = X_2$、横坐标轴及曲线所包围的面积为积分项的值。

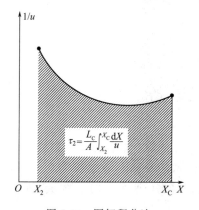

图 7-14 图解积分法

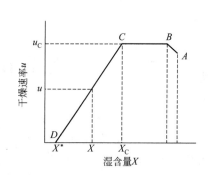

图 7-15 解析法

2. 解析计算法

当 u 与 X 成线性关系，任一瞬间的 u 与对应的 X 有图 7-15 所示关系。

$$u = K(X - X^*) \tag{7-39}$$

式中 K——降速阶段干燥速率线的斜率，$kg/(m^2 \cdot h)$。

将式(7-39)代入式(7-38) $\tau_2 = \dfrac{L_C}{AK}\int_{X_2}^{X_C}\dfrac{dX}{X - X^*}$，积分即得：

$$\tau_2 = \frac{L_C}{AK}\ln\frac{X_C - X^*}{X_2 - X^*} \tag{7-40}$$

式中，K 可由临界干燥速率 u_C 计算如下：

$$K = \frac{u_C}{X_C - X^*}$$

则物料在整个干燥过程所需的时间为恒速阶段与降速阶段的时间之和，即：

$$\tau = \tau_1 + \tau_2$$

【例 7-5】 在盘式干燥器中，将某湿物料的含水量从 0.6 干燥至 0.1（干基，下同）经历了 4h 恒定干燥操作。已知物料的临界含水量为 0.15，平衡含水量为 0.02，且降速干燥段的干燥速率与物料的含水量近似成线性关系。试求：将物料含水量降至 0.05 需延长多少干燥时间？

解 包括恒速及降速两个阶段。

恒速干燥段所需要时间：$\tau_1 = \dfrac{L_C}{Au_C}(X_1 - X_C)$

降速段干燥时间：$\tau_2 = \dfrac{L_C}{AK} \ln \dfrac{X_C - X^*}{X_2 - X^*}$，$K = \dfrac{u_C}{X_C - X^*}$

所以，总的干燥时间为：$\tau = \tau_1 + \tau_2 = \dfrac{L_C}{AK} \left(\dfrac{X_1 - X_C}{X_C - X^*} + \ln \dfrac{X_C - X^*}{X_2 - X^*} \right)$

原工况下的干燥时间为：$4 = \dfrac{L_C}{AK} \left(\dfrac{0.6 - 0.15}{0.15 - 0.02} + \ln \dfrac{0.15 - 0.02}{0.1 - 0.02} \right) \Rightarrow \dfrac{L_C}{AK} = 1.0134$

新工况下的干燥时间为：$\tau = 1.0134 \left(\dfrac{0.6 - 0.15}{0.15 - 0.02} + \ln \dfrac{0.15 - 0.02}{0.05 - 0.02} \right) = 4.994 \text{h}$

$\Delta \tau = 0.994 \text{h}$

第五节 干燥设备

在生物、化工、制药中由于被干燥物料的性质（如热敏性、耐热性、分散性、黏性、酸碱性、含湿性等）、形状（如块状、片状、颗粒状、粉状、浆状、膏糊状等）、结构（多孔性、致密性等）各异，对干燥产品的要求也各不相同。因此，所采用的干燥方法及干燥器型式是多种多样的。

无论用什么干燥器，都应具备以下特性。

① 保证产品的质量要求。产品质量要求指要达到规定的干燥程度，如有的产品要求保持一定的结晶形状和色泽，有的产品要求不变形或不发生龟裂等。

② 干燥速率高，干燥时间短，以减少设备尺寸，降低能耗。

③ 干燥器的热效率高。这是干燥器的主要技术经济指标。

④ 干燥系统的流体阻力小，以降低动力消耗。

⑤ 操作方便，易于控制，劳动条件好，附属设备简单等。

工业上应用的干燥器有数百种之多，到目前为止，还没有统一的分类方法。常用的做法是根据不同准则对干燥器进行分类。

① 按干燥器操作压力，可分为常压式和真空式干燥器；

② 按干燥器的操作方式，可分为间歇操作和连续操作干燥器；

③ 按加热方式，可分为对流干燥器、传导干燥器、辐射干燥器和介电加热干燥器；

④ 按干燥器的构造，可分为喷雾干燥器、流化床干燥器、回转圆筒干燥器、滚筒干燥器、各种厢式干燥器等。

此外，也可按干燥介质的种类、被干燥物料的物理形态等进行分类。

一、干燥器的主要型式

（一）厢式干燥器（盘架式干燥器）

厢式干燥器主要是以热风通过湿物料的表面，达到干燥的目的。可分为：水平气流厢式干燥器（热风沿物料的表面通过）、穿流气流厢式干燥器（热风垂直穿过物料）和真空厢式干燥器。

图 7-16 为水平气流厢式干燥器的示意图，其结构为多层长方形浅盘叠置在框架上，湿物料在浅盘中的厚度由实验确定，通常为 10～100mm，视物料的干燥条件而定。一般浅盘的面积约为 0.3～1m²，新鲜空气由风机抽入，经加热后沿挡板均匀地进入各层之间，平行流过湿物料表面。空气的流速应使物料不被气流带走，常用的流速范围为 1～10m/s。

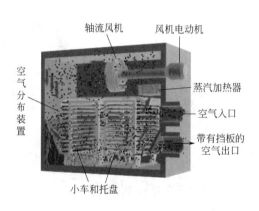

图 7-16　厢式干燥器

厢式干燥器优点：构造简单，设备投资少，适应性强，物料损失小，盘易清洗。因此对于需要经常更换产品、小批量物料，厢式干燥器的优点十分显著。尽管新型干燥设备不断出现，厢式干燥器在干燥工业生产中仍占有一席之地。其主要缺点：物料得不到分散，干燥时间长；若物料量大，所需的设备容积也大；工人劳动强度大，如需要定时将物料装卸或翻动时，粉尘飞扬，环境污染严重；热利用率低。此外，产品质量不均匀。厢式干燥器多应用在小规模、多品种、干燥条件变动大、干燥时间长的场合。

（二）洞道式干燥器

如图 7-17 所示，干燥器为一较长的通道，被干燥物料放置在小车内、运输带上、架子上或自由地堆置在运输设备上，沿通道向前移动，并一次通过通道。被干燥物料的加料和卸料在干燥室两端进行。空气连续地在洞道内被加热并强制地流过物料，流程可安排成并流、逆流或空气从两端进中间出。

洞道式干燥器特点：洞道式干燥器可进行连续或半连续操作。其制造和操作都比较简单，能量的消耗也不大，适用于具有一定形状的比较大的物料，如皮革、木材、陶瓷等的干燥。

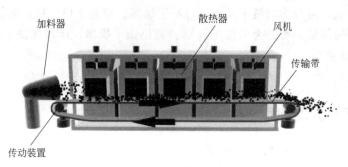

图 7-17 洞道式干燥器

(三) 转筒式干燥器（回转式干燥器）

如图 7-18 所示，湿物料从转筒较高的一端加入，热空气由较低端进入，在干燥器内与物料进行逆流接触。转筒式干燥器优点：生产能力大，操作稳定可靠，对不同物料的适应性强，操作弹性大，机械化程度较高。缺点：设备笨重，一次性投资大；结构复杂，传动部分需经常维修；安装、拆卸困难；物料在干燥器内停留时间长，且物料颗粒之间的停留时间差异较大，故不适合于对温度有严格要求的物料。

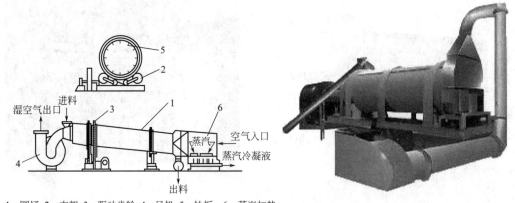

1—圆桶；2—支架；3—驱动齿轮；4—风机；5—抄板；6—蒸汽加热

图 7-18 转筒式干燥器

转筒式干燥器主要应用于处理散粒状物料，但如返混适当数量的干料亦可处理含水量很高的物料或膏糊状物料，也可以在用干料做底料的情况下干燥液态物料，即将液料喷洒在抛洒起来的干料上面。

(四) 气流式干燥器

如图 7-19 所示，气流干燥装置主要由空气加热器、加料器、干燥管、旋风分离器和风机等设备组成。其主要设备是直立圆筒形的干燥管，其长度一般为 10～20m，热空气（或烟道气）进入干燥管底部，将加料器连续送入的湿物料吹散，并悬浮在其中。介质速度应大于湿物料最大颗粒的沉降速度，于是在干燥器内形成了一个气、固间进行传热传质的气力输送床。一般物料在干燥管中的停留时间约为 0.5～3s，干燥后的物料随气流进入旋风分离器，产品由下部收集，湿空气经袋式过滤器（或湿法、电除尘等）收回粉尘后排出。

气流式干燥器优点：①气、固间传递表面积很大，体积传质系数很高，干燥速率大。一般体积蒸发强度可达 $0.003 \sim 0.06 \text{kg}/(\text{m}^3 \cdot \text{s})$。②接触时间短，热效率高，气、固并流操

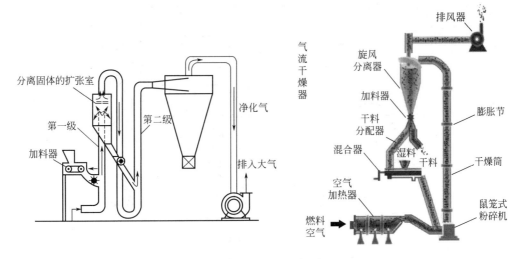

图 7-19 气流式干燥器

作,可以采用高温介质,对热敏性物料的干燥尤为适宜。③由于干燥伴随着气力输送,减少了产品的输送装置。④气流干燥器的结构相对简单,占地面积小,运动部件少,易于维修,成本费用低。缺点:①必须有高效能的粉尘收集装置,否则尾气携带的粉尘将造成很大的浪费,也会形成对环境的污染。②对有毒物质,不易采用这种干燥方法。但如果必须使用时,可利用过热蒸汽作为干燥介质。③对结块、不易分散的物料,需要性能好的加料装置,有时还需附加粉碎过程。④气流干燥系统的流动阻力降较大,一般为 3000~4000Pa,必须选用高压或中压通风机,动力消耗较大。

气流干燥器适宜于处理含非结合水及结块不严重又不怕磨损的粒状物料,尤其适宜于干燥热敏性物料或临界含水量低的细粒或粉末物料。对黏性和膏状物料,采用干料返混方法和适宜的加料装置,如螺旋加料器等,也可正常操作。

(五)流化床干燥器(沸腾床干燥器)

流化床干燥器是流态化原理在干燥中的应用。在流化床干燥器中,颗粒在热气流中上下翻动,彼此碰撞和混合,气、固间进行传热、传质,以达到干燥目的。

结构如图 7-20 所示,湿物料由床层的一侧加入,由另一侧导出。热气流由下方通过多孔分布板均匀地吹入床层,与固体颗粒充分接触后,由顶部导出,经旋风器回收其中夹带的粉尘后排出。流化干燥过程可间歇操作,但大多数是连续操作的。

流化床干燥器优点:①与其他干燥器相比,传热、传质速率高,因为单位体积内的传递表面积大,颗粒间充分的搅混几乎消除了表面上静止的气膜,使两相间密切接触,传递系数大大增加;②由于传递速率高,气体离开床层时几乎等于或略高于床层温度,因而热效率高;③由于气体可迅速降温,所以与其他干燥器比,可采用更高的气体入口温度;④设备简单,无运动部件,成本费用低;⑤操作控制容易。

有时也可采用多层流化床或流化床的改进型式。

(六)喷雾干燥器

在喷雾干燥器中,将液态物料通过喷雾器分散成细小的液滴,在热气流中自由沉降并迅速蒸发,最后被干燥为固体颗粒与气流分离。喷雾干燥器中的关键设备是雾化器。因为雾化

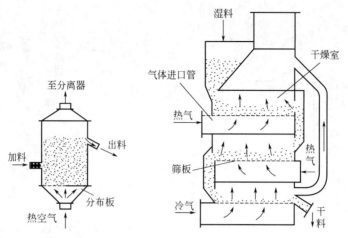

图 7-20 单层、多层圆筒沸腾床干燥器

的好坏，不但影响干燥速度而且对产品质量有很大影响。对雾化器的一般要求为：雾滴均匀，结构简单，生产能力大，能量消耗低及操作容易等。常用的雾化器有三种：压力式、离心式和气流式，结构如图 7-21 所示。现分述如下。

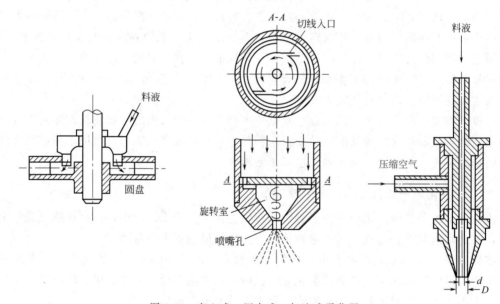

图 7-21 离心式、压力式、气流式雾化器

(1) 压力式雾化器　为压力喷嘴的一种形式，高压料液以高速度喷出后分散为液滴。生产中使用的压力范围为 $3000 \sim 20000 kN/m^2$。压力式雾化器所得粒子较粗。

(2) 离心式雾化器　料液送入高速旋转的圆盘中央，在离心力作用下由圆盘周边甩出，分散为液滴。液滴抛出的是径向运动，因此干燥器的直径可大到高度的一半。旋转圆盘可以是平盘，但更多的是带有叶片或带有沟槽的圆盘，一般直径为 $25 \sim 460 mm$，转速 $6000 \sim 20000 r/min$，小直径转盘转速较高，有时可达 $60000 r/min$，离心式雾化器所得粒子细。

(3) 气流式雾化器　用压缩空气或过热水蒸气抽料液，使其以很高的速度（$200 m/s$ 或更大）从喷嘴喷出，靠气、液两相间的摩擦力将料液分裂为雾滴。

从发展趋势来看，离心式和压力式雾化器的工业应用较广泛，气流式雾化器动力消耗大，经济性差，适用于实验室和小批量生产。

喷雾干燥器优点：①干燥过程极快，适宜于处理热敏性物料；②处理物料种类广泛，如溶液、悬浮液、浆状物料等皆可；③喷雾干燥可直接获得干燥产品，因而可省去蒸发、结晶、过滤、粉碎等工序；④能得到速溶的粉末或空心细颗粒；⑤过程易于连续化、自动化。缺点：①热效率低；②设备占地面积大、设备成本费高；③粉尘回收麻烦，回收设备投资大。

二、干燥器的选择

干燥器的选择是一个受诸多因素影响的过程。在选择干燥器时，要考虑下列因素。

（一）被干燥物料的性质

选择干燥器的最初方式是以被干燥物料的性质为基础的。选择干燥器时，首先应考虑被干燥物料的形态，物料的形态不同，处理这些物料的干燥器也不同。

（二）湿物料的干燥特性

湿物料不同，其干燥特性曲线或临界含水量也不同，所需的干燥时间可能相差悬殊，应选择不同类型的干燥器。故应针对湿物料：①湿分的类型（结合水、非结合水或二者兼有）；②初始和最终湿含量；③允许的最高干燥温度；④产品的粒度分布；⑤产品的形态、色、光泽、味等的不同而选择不同类型的干燥器。

（三）处理量

被干燥湿物料的量也是选择干燥器时需要考虑的主要问题之一。一般来说，处理量小，宜选用厢式干燥器等间歇操作的干燥器，处理量大的，连续操作的干燥器更适宜些。当然，操作方式并不是生产能力的唯一因素。

（四）回收问题

干燥过程的回收问题主要是指：①粉尘回收；②溶剂回收。

（五）能源价格、安全操作和环境因素

逐渐上升的能源价格、防止污染、改善工作条件和安全性方面日益严格的立法，对设计和选择工业干燥器具有直接的作用。为节约能源，在满足干燥的基本条件下，应尽可能地选择热效率高的干燥器。若排出的废气中含有污染环境的粉尘或有毒物质，应选择合适的干燥器来减少排出的废气量，或对排出的废气能加以处理。此外，在选择干燥器时，还必须考虑噪声问题。干燥器的最终选择通常将在设备价格、操作费用、产品质量、安全及便于安装等方面提出一个折中方案。在不肯定的情况下，应做一些初步的试验以查明设计和操作数据及对特殊操作的适应性。对某些干燥器，做大型试验是建立可靠设计和操作数据的唯一方法。

由此，进行干燥器的选择时，首先是根据湿物料的形态、干燥特性、产品的要求、处理量以及所采用的热源为出发点，进行干燥实验，确定干燥动力学和传递特性，确定干燥设备的工艺尺寸，结合环境要求，选择出适宜的干燥器型式，若几种干燥器同时适用时，要进行成本核算及方案比较，选择其中最佳者。

三、干燥新技术

(一) 过热蒸汽干燥

该项技术是最近发展起来的新技术,它是指利用过热蒸汽直接与被干燥物料接触而除去水分的一种干燥方式。如图 7-22 所示。

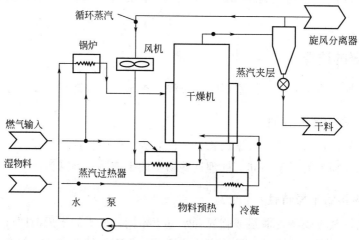

图 7-22 常压过热蒸汽干燥流程

与传统的热风干燥相比,过热蒸汽干燥具有以下优点:①由于余热的回收利用,过程的热效率高,节能效果显著;②干燥产品的质量好;③传热传质效率高;④有利于环境保护、安全性好。其主要缺点是:①干燥设备投资大;②不宜干燥热敏性物料;③在有些情况下,不能获得较低湿含量的产品。

(二) 对撞流干燥器

对撞流干燥是一种适用于干燥分散物料的先进干燥设备。它是以两股(或多股)高速流动的气流在一定的容器内迎面相撞,其中至少有一股气流携带有待干燥的颗粒物料或液滴,该湿物料即在各气流相撞形成的对撞区内完成其干燥过程。如图 7-23 所示。

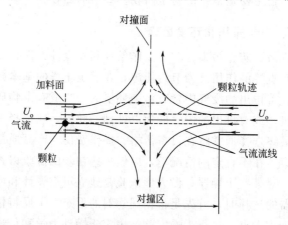

图 7-23 对撞流干燥机的原理

该干燥器具有以下突出优点:干燥强度大,特别是在干燥表面水或弱结合水物料时尤其显著；干燥品质好；设计与运行简单，大体上没有运动部件和转动件；设备紧凑，并可在干燥的同时结合进行造粒、粉碎、冷却和化学反应等项工艺操作。

小　　结

（1）干燥过程基本问题

$$\left.\begin{array}{l}\left.\begin{array}{l}\text{除水分量}\\\text{空气消耗量}\\\text{干燥产品量}\end{array}\right\}\text{物料衡算}\\\text{热量消耗——能量衡算}\end{array}\right\}\text{涉及湿空气的性质}$$

干燥时间——涉及干燥速率和水在气固相的平衡关系

解决这些问题需要掌握的基本知识有：

① 湿分在气固两相间的传递规律；
② 湿气体的性质及在干燥过程中的状态变化；
③ 物料的含水类型及在干燥过程中的一般特征；
④ 干燥过程中物料衡算关系、热量衡算关系和速率关系。

（2）基本公式

① 湿度 H $\qquad H=0.622\dfrac{p_V}{p-p_V}$

② 相对湿度 φ $\qquad \varphi=\dfrac{p_V}{p_S}\times 100\%$

③ 湿基含水量 ω $\qquad \omega=\dfrac{\text{湿物料中水分的质量}}{\text{湿物料的总质量}}\text{kg/kg}$

干基含水量 X $\qquad X=\dfrac{\text{湿物料中水分的质量}}{\text{湿物料中绝干物料的质量}}\text{kg/kg}$

$$X=\dfrac{\omega}{1-\omega},\ \omega=\dfrac{X}{1+X}$$

④ 水分蒸发量 W

$$W=L_1-L_2=L_1\omega_1-L_2\omega_2=G(H_2-H_1)=L_C(X_1-X_2)$$

⑤ 恒速阶段的干燥时间 τ_1 $\qquad \tau_1=\dfrac{L_C}{Au_C}(X_1-X_C)$

降速干燥时间 τ_2 $\qquad \tau_2=\displaystyle\int_0^{\tau_2}\mathrm{d}\tau=\dfrac{L_C}{A}\int_{X_2}^{X_C}\dfrac{\mathrm{d}X}{u}$

工程应用

常用干燥器的操作与维护

1. 流化床干燥器的操作与维护

（1）流化床干燥器的操作　流化干燥器开炉前首先检查送风机和引风机有无摩擦和碰撞声，轴承的润滑油是否充分，风压是否正常。投料前应先打开加热器疏水阀、风箱室的排水阀和炉体的放空阀，然后渐渐开大蒸气阀门进行烤炉操作，除去炉内湿气，直到炉内达到规定的温度结束烤炉操作。停送风机和引风机，敞开人孔，向炉内铺撒物料。

再次开动送风机和引风机，关闭有关阀门，向炉内送热风，并开动给料机抛撒潮湿物料，要求进料量由少渐多，物料分布均匀。根据进料量，调节风量和热风温度，保证成品干湿度合格。

操作过程中要经常检查卸出的物料有无结块，观察炉内物料面的沸腾情况，调节各风箱室的进风量和风压大小；经常检查风机的轴承温度、机身有无振动以及风道有无漏风，发现问题及时解决；经常检查引风出口带料情况和尾气管线腐蚀程度，问题严重应及时解决。

（2）流化干燥器维护保养　干燥器停炉时应将炉内物料清理干净，并保持干燥。应保持保温层完好，有破裂时应及时修好。加热器停用时应打开疏水阀门，排净冷凝水，防止锈蚀。要经常清理引风机内部粘贴的物料和送风机进口防护网，经常检查并保持炉内分离器畅通和炉壁不锈蚀。

（3）流化干燥器常见故障与处理方法　流化干燥器的常见故障与处理方法见表7-1。

表7-1　流化干燥器的常见故障与处理方法

故障名称	产生原因	处理方法
发生死床	①入炉物料太湿或块多 ②热风量少或温度低 ③床面干料层高度不够 ④热风量分配均匀	①降低物料水分 ②增加风量，提高温度 ③缓慢出料，增加干料层厚度 ④调整进风阀的开度
尾气含尘量大	①分离器破损，效率下降 ②用量大或炉内温度高 ③物料颗粒变细	①检查、修理 ②调整风量和温度 ③检查操作指标变化
沸腾床流动不好	①风压低或物料多 ②热风温度低 ③风量分布不合理	①调节风量和物料 ②加大加热器蒸气量 ③调节进风板阀开度

2. 喷雾干燥设备的操作与维护

（1）喷雾干燥设备的操作　喷雾干燥设备包括数台不同的化工机械和设备，因此，在投产前应做好准备工作：检查供料泵、雾化器、送风机是否运转正常；检查蒸汽、溶液阀门是否灵活好用，各管路是否畅通；清理塔内积料和杂物，铲除壁挂疤；排除加热器和管路中积水，并进行预热，然后向塔内送热风；清洗雾化器，达到流道畅通。准备工作完成后，启动供料泵向雾化器输送溶液时，观察压力大小和输送量，以保证雾化器的需要。定期检查、调节雾化器喷嘴的位置和转速，确保雾化颗粒大小合格；定期巡回检查各转动设备的轴承温度和润滑状况，检查器运转是否平稳，有无摩擦和撞击声，检查各种管路与阀门是否渗漏，各转动设备的密封装置是否泄漏，做到及时调整。

（2）喷雾干燥设备的维护保养　喷雾干燥设备的雾化器停止使用时，应清洗干净，输送溶液管路和阀门不用时也应放净溶液，防止凝固堵塞。经常清理塔内粘挂物料。要保持供料泵、风机、雾化器及出料机等转动设备的零部件齐全，并定时检修。注意进入塔内的热风湿度不可过高，以防止塔壁表皮碎裂。

（3）喷雾干燥设备常见故障与处理方法　喷雾干燥设备常见故障与处理方法见表7-2。

表7-2　喷雾干燥设备常见故障与处理方法

故障名称	产生原因	处理方法
产品水分含量高	①溶液雾化不均匀，喷出颗粒大 ②热风的相对湿度大 ③溶液供量大，雾化效果差	①提高压力和雾化器转速 ②提高送风温度 ③调节进料量或更换雾化器

续表

故障名称	产生原因	处理方法
尾气含尘量大	①进料太多，蒸发不均匀 ②气流分布不均匀 ③个别喷嘴堵塞 ④塔壁预热温度不够	①减小进料量 ②调节热风分布器 ③清洗或更换喷嘴 ④提高热风温度
沸腾床流动不好	①溶液的浓度低 ②喷嘴孔径太小 ③溶液压力太高 ④离心盘转速太大	①提高溶液浓度 ②换大孔喷嘴 ③适当降低压力 ④减低转速
尾气含粉尘太多	①分离器堵塞或积料多 ②过滤袋破裂 ③风速大，细粉含量大	①清理物料 ②修补破口 ③降低风速

习题

一、填空题

1. 相对湿度越低，则该湿空气吸收水汽的能力越_____。
2. 当空气的相对湿度为100%时，湿空气的干球温度 t、湿球温度 t_w、露点 t_d 三者关系为_____。
3. 普通温度计在空气中所测得的温度为空气的_____，它是空气的真实温度。

二、选择题

1. 干燥过程是_____。
   A. 传热过程　　　　B. 传质过程　　　　C. 传热与传质
2. 物料在干燥过程中容易除去的水分是_____。
   A. 非结合水分　　　B. 结合水分　　　　C. 平衡水分
3. 物料的平衡水分一定是_____。
   A. 非结合水分　　　B. 结合水分　　　　C. 平衡水分
4. 当空气的相对湿度为80%时，湿空气的干球温度 t、湿球温度 t_w、露点 t_d 三者关系为_____。
   A. $t = t_w = t_d$　　B. $t > t_w > t_d$　　C. $t < t_w < t_d$　　D. $t > t_d > t_w$
5. 湿空气通过换热器预热的过程是_____。
   A. 等容过程　　　　B. 等湿度过程　　　C. 等焓过程

三、计算题

湿空气的性质

7-1 湿空气的总压为101.3kPa，（1）试计算空气为40℃、相对湿度为 $\varphi = 60\%$ 时的湿度与焓；（2）已知湿空气中水蒸气分压为9.3kPa，求该空气在50℃时的相对湿度 φ 与湿度 H。

[答案：（1）$H = 0.0284$kg/kg，$I = 113.3$kJ/kg；（2）$\varphi = 0.754$，$H = 0.0629$kg/kg]

7-2 空气的总压为101.33kPa，干球温度为303K，相对湿度 $\varphi = 70\%$，试用计算式求空气的下列各参数：（1）湿度 H；（2）饱和湿度 H_s；（3）露点 t_d；（4）焓 I；（5）空气中的水汽分压 p_V。

[答案：(1) $H=0.0188$kg/kg，(2) $H_S=0.0272$kg/kg，
(3) $t_d=23.3$℃，(4) $I=78.2$kJ/kg，(5) $P_V=2.97$kPa]

7-3 空气的总压力为101.3kPa，干球温度为20℃。湿球温度为15℃。该空气经过一预热器，预热至50℃后送入干燥器。热空气在干燥器中经历等焓降温过程。离开干燥器时相对湿度 $\varphi=80\%$。利用 I-H 图，试求：(1) 原空气的湿度、露点、相对湿度、焓及水汽分压；(2) 空气离开预热器的湿度、相对湿度及焓；(3) 100m³ 原空气经预热器加热，所增加的热量；(4) 离开干燥器时空气的温度、焓、露点及湿度；(5) 100m³ 原空气在干燥器中等焓降温增湿过程中使物料所蒸发的水分量。

[答案：(1) $H_0=0.0085$kg/kg，$t_{d0}=12$℃，$\varphi_0=60\%$，$I_0=43$kJ/kg，$p_{V0}=1.3$kPa，
(2) $H_1=H_0=0.0085$kg/kg，$\varphi_1=12\%$，$I_1=72$kJ/kg，(3) $Q=3436$kJ，
(4) $t_2=27$℃，$I_2=72$kJ/kg，$t_{d2}=24$℃，$H_2=0.018$kg/kg，(5) $W=1.126$kg]

7-4 在去湿设备中，将空气中的部分水汽除去，操作压力为101.3kPa，空气进口温度为20℃，空气中水汽分压为6.7kPa，出口处水汽分压为1.33kPa。试计算100m³ 湿空气所除去的水分量。

[答案：$W=4.02$kg]

干燥过程的物料衡算与热量衡算

7-5 干球温度为20℃、湿球温度为16℃的空气，经过预热器温度升高到50℃后送至干燥器内。空气在干燥器内绝热冷却，离开干燥器时的相对湿度为80%，总压为101.3kPa。试求：

(1) 在 I-H 图中确定空气离开干燥器时的湿度；

(2) 将 100m³ 新鲜空气预热至50℃所需的热量及在干燥器内绝热冷却增湿时所获得的水分量。

[答案：(1) $t_2=30$℃；$H_2=0.018$kg/kg，(2) $Q=3661$kW，$W=0.95$kg]

7-6 某干燥器的生产能力为700kg/h，将湿物料由湿基含水量 0.4（质量分数）干燥到湿基含水量 0.05（质量分数）。空气的干球温度为20℃，相对湿度为40%，经预热器加热到100℃，进入干燥器，从干燥器排出时的相对湿度为 $\varphi=60\%$。若空气在干燥器中为等焓过程，试求空气消耗量及预热器的加热量。操作压力为101.3kPa。

[答案：(1) $G=3.6$kg/s，(2) $Q=294$kW]

7-7 在常压干燥器中将某物料从湿基含水量10%干燥至2%，湿物料处理量为300kg/h。干燥介质为温度80℃、相对湿度10%的空气，其用量为900kg/h。试计算水分汽化量及空气离开干燥器时的湿度。

[答案：$H_2=0.059$kg/kg]

7-8 在某干燥器中干燥砂糖晶体，处理量为100kg/h，要求将湿基含水量由40%减至5%。干燥介质为干球温度20℃，湿球温度16℃的空气，经预热器加热至80℃后送至干燥器内。空气在干燥器内为等焓变化过程，空气离开干燥器时温度为30℃，总压为101.3kPa。试求：(1) 水分汽化量；(2) 干燥产品量；(3) 湿空气的消耗量；(4) 加热器向空气提供的热量。

[答案：(1) $W=36.84$kg/h，(2) $L_2=63.16$kg/h，
(3) $V=1860$kg/h，(4) $Q_P=31.58$kW]

7-9 在常压干燥器中，将某物料从湿基含水量5%干燥到0.5%。干燥器的生产能力为7200kg/h。已知物料进、出口温度分别为25℃、65℃，平均比热容为1.8kJ/(kg·℃)。干

燥介质为温度 20℃、湿度 0.007kg/kg 的空气,经预热器加热至 120℃后送入干燥器,出干燥器的温度为 80℃。干燥器中不补充热量,且忽略热损失,试计算绝干空气的消耗量及空气离开干燥器时的湿度。

[答案:$H_2=0.01685$kg/kg,$G=34798$kg/h]

干燥速率与干燥时间

7-10 在恒定干燥条件下,将物料由干基含水量 0.33kg/kg 干燥到 0.09kg/kg,需要 7h,若继续干燥至 0.07kg/kg,还需多少时间?(已知物料的临界含水量为 0.16kg/kg,平衡含水量为 0.05kg/kg。设降速阶段的干燥速率与物料的含水量近似呈线性关系)

[答案:$\Delta\tau=1.9$h]

7-11 某湿物料在常压理想干燥器中进行干燥,湿物料的流率为 1kg/s,初始湿含量(湿基,下同)为 3.5%,干燥产品的湿含量为 0.5%。空气状况为:初始温度为 25℃、湿度为 0.005kg/kg,经预热后进干燥器的温度为 160℃,如果离开干燥器的温度选定为 60℃或 40℃,试分别计算需要的空气消耗量及预热器的传热量。又若空气在干燥器的后续设备中温度下降了 10℃,试分析以上两种情况下物料是否返潮?

[答案:$t_2=60$℃时,$G=0.773$kg/s,$Q=106.4$kJ/s;$t_2=40$℃时,$G=0.637$kg/s,$Q'=87.68$kJ/s;$t_d=38$℃<50℃不返潮;$t_d=40$℃>30℃所以返潮]

干燥综合题

7-12 现将 25℃,湿度为 0.01kg/kg 绝干气的空气在预热器中升温至 90℃后进入一干燥面积为 48㎡的常压绝热干燥器,将 1500kg 湿物料从含水量为 18%(湿基)降至 1.5%(湿基)。已知物料的临界含水量 $X_C=0.1$kg/kg,平衡含水量 $X^*=0.01$kg/kg,恒定干燥条件下测得恒速阶段干燥速率为 2.2kg/(m²·h),降速干燥阶段干燥速率与自由含水量呈直线变化。求:

(1) 完成上述干燥任务需消耗多少千克新鲜空气?
(2) 若忽略预热器的热损失,蒸汽冷凝潜热为 2205kJ/kg,预热器中加热蒸汽的消耗量(kg)。
(3) 所需干燥时间为小时?

[答案:(1) $V=1.594\times10^4$kg (2) $V'=478.6$kg,(3) $\tau=4.375$h]

本章符号说明

符号	意义	计量单位
c_H	湿空气的平均比热容	kJ/(kg·K)
c_g	干空气的平均等压比热容	kJ/(kg·K)
c_V	水蒸气的平均等压比热容	kJ/(kg·K)
c_W	液态水的平均等压比热容	kJ/(kg·K)
c_m	以 1kg 绝干物料为基准的湿物料的平均比热容	kJ/kg·℃
r_0	0℃时水的比汽化热	kJ/kg
r_{as}	t_{as}水的比汽化热	kJ/kg
r_w	湿球温度 t_w 下水的比汽化热	kJ/kg
Q_D	干燥器内补充的热量	kW
Q_L	干燥系统损失的热量	kW

Q_P	输入预热器的热量	kW
H	湿空气的湿度	kg/kg
p	湿空气的总压强	kPa
p_g	湿空气中干空气的分压	kPa
p_W	湿空气中水蒸气的分压	kPa
X	物料的干基含水量	kg/kg
L_C	绝干物料的质量流量	kg/s
W	水分蒸发量	kg/s
G	湿空气中绝干空气的消耗量（质量流量）	kg/s
H_S	湿空气的饱和湿度	kg/kg
t_{as}	湿空气的绝热饱和温度	℃
t_d	湿空气露点	℃
t_w	湿空气的湿球温度	℃
H_w	t_w 时空气的饱和湿度	kg/kg
H_{as}	t_{as} 时空气的饱和湿度	kg/kg
I_g	干空气的焓	kJ/kg
I	湿空气的焓	kJ/kg
I_V	水蒸气的焓	kJ/kg
X_C	物料的临界含水量	kg/kg
X^*	物料的平衡含水量	kg/kg
K	比例系数（降速干燥阶段曲线的斜率）	
u	干燥速率	kg/(m² · h)

希文

ω	物料的湿基含水量	%
φ	空气的相对湿度%	
ν_H	湿空气的比体积	m³/kg
ν_W	水蒸气的比体积	m³/kg
τ	干燥时间	h

附录

附录一 饱和水的物理性质

温度 (t) /℃	饱和蒸气压 (p)/kPa	密度 (ρ) /(kg·m³)	比焓 (H) /(kJ·kg)	比热容 ($c_p \times 10^{-3}$) /[J/(kg·K)]	热导率 ($\lambda \times 10^2$) /[W/(m·K)]	黏度 ($\mu \times 10^6$) /(Pa·s)	体积膨胀系数 ($\beta \times 10^4$) /K^{-1}	表面张力 ($\sigma \times 10^4$) /(N/m)	普朗特数 Pr
0	0.611	999.9	0	4.212	55.1	1788	−0.81	756.4	13.67
10	1.227	999.7	42.04	4.191	57.4	1306	+0.87	741.6	9.52
20	2.338	998.2	83.91	4.183	59.9	1004	2.09	726.9	7.02
30	4.241	995.7	125.7	4.174	61.8	801.5	3.05	712.2	5.42
40	7.375	992.2	167.5	4.174	63.5	653.3	3.86	696.5	4.31
50	12.335	988.1	209.3	4.174	64.8	549.4	4.57	676.9	3.54
60	19.92	983.1	251.1	4.179	65.9	469.9	5.22	662.2	2.99
70	31.16	977.8	293.0	4.187	66.8	406.1	5.83	643.5	2.55
80	47.36	971.8	355.0	4.195	67.4	355.1	6.40	625.9	2.21
90	70.11	965.3	377.0	4.208	68.0	314.9	6.96	607.2	1.95
100	101.3	958.4	419.1	4.220	68.3	282.5	7.50	588.6	1.75
110	143	951.0	461.4	4.233	68.5	259.0	8.04	569.0	1.60
120	198	943.1	503.7	4.250	68.6	237.4	8.58	548.4	1.47
130	270	934.8	546.4	4.266	68.6	217.8	9.12	528.8	1.36
140	361	926.1	589.1	4.287	68.5	201.1	9.68	507.2	1.26
150	476	917.0	632.2	4.313	68.4	186.4	10.26	486.6	1.17
160	618	907.0	675.4	4.346	68.3	173.6	10.87	466.0	1.10
170	792	897.3	719.3	4.380	67.9	162.8	11.52	443.4	1.05
180	1003	886.9	763.3	4.417	67.4	153.0	12.21	422.8	1.00
190	1255	876.0	807.8	4.459	67.0	144.2	12.96	400.2	0.96
200	1555	863.0	852.8	4.505	66.3	136.4	13.77	376.7	0.93
210	1908	852.3	897.7	4.555	65.5	130.5	14.67	354.1	0.91
220	2320	840.3	943.7	4.614	64.5	124.6	15.67	331.6	0.89
230	2798	827.3	990.2	4.681	63.7	119.7	16.80	310.0	0.88
240	3348	813.6	1037.5	4.756	62.8	114.8	18.08	285.5	0.87
250	3978	799.0	1085.7	4.844	61.8	109.9	19.55	261.9	0.86
260	4694	784.0	1135.7	4.949	60.5	105.9	21.27	237.4	0.87
270	5505	767.9	1185.7	5.070	59.0	102.0	23.31	214.8	0.88
280	6419	750.7	1236.8	5.230	57.4	98.1	25.79	191.3	0.90
290	7445	732.3	1290.0	5.485	55.8	94.2	28.84	168.7	0.93
300	8592	712.5	1344.9	5.736	54.0	91.2	32.73	144.2	0.97
310	9870	691.1	1402.2	6.071	52.3	88.3	37.85	120.7	1.03
320	11290	667.1	1462.1	6.574	50.6	85.3	44.91	98.10	1.11
330	12865	640.2	1526.2	7.244	48.4	81.4	55.31	76.71	1.22
340	14608	610.1	1594.8	8.165	45.7	77.5	72.10	56.70	1.39
350	16537	574.4	1671.4	9.504	43.0	72.6	103.7	38.16	1.60
360	18674	528.0	1761.5	13.984	39.5	66.7	182.9	20.21	2.35
370	21053	450.5	1892.5	40.321	33.7	56.9	676.7	4.709	6.79

注：β 值选自 Steam Tables in SI Units, 2nd Ed., Ed. by Grigull, U. et. al., Springer—Verlag, 1984。

附录二 某些有机液体的相对密度（液体密度与4℃时水的密度之比）

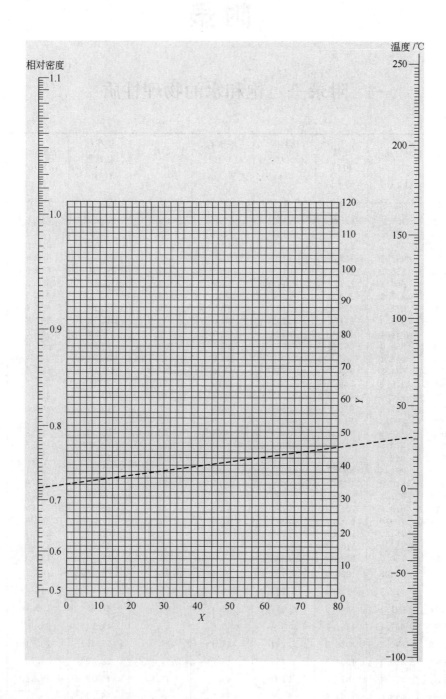

用法举例：求乙丙醚在30℃时的相对密度。首先由表中查得乙丙醚的坐标 $X=20.0$，$Y=37.0$。然后根据 X 和 Y 的值在共线图上标出相应的点，将该点与图中右方温度标尺上的30℃点连成一条直线，将该直线延长与左方相对密度标尺相交，由该点读出乙丙醚的相对密度为 0.718。

有机液体相对密度共线图的坐标值

有机液体	X	Y	有机液体	X	Y
乙炔	20.8	10.1	甲酸乙酯	37.6	68.4
乙烷	10.3	4.4	甲酸丙酯	33.8	66.7
乙烯	17.0	3.5	丙烷	14.2	12.2
乙醇	24.2	48.6	丙酮	26.1	47.8
乙醚	22.6	35.8	丙醇	23.8	50.8
乙丙醚	20.0	37.0	丙酸	35.0	83.5
乙硫醇	32.0	55.5	丙酸甲酯	36.5	68.3
乙硫醚	25.7	55.3	丙酸乙酯	32.1	63.9
二乙胺	17.8	33.5	戊烷	12.6	22.6
二硫化碳	18.6	45.4	异戊烷	13.5	22.5
异丁烷	13.7	16.5	辛烷	12.7	32.5
丁酸	31.3	78.7	庚烷	12.6	29.8
丁酸甲酯	31.5	65.5	苯	32.7	63.0
异丁酸	31.5	75.9	苯酚	35.7	103.8
丁酸(异)甲酯	33.0	64.5	苯胺	33.5	92.5
十一烷	14.4	39.2	氟苯	41.9	86.7
十二烷	14.3	41.4	癸烷	16.0	38.2
十三烷	15.3	42.4	氨	22.4	24.6
十四烷	15.8	43.3	氯乙烷	42.7	62.4
三乙胺	17.9	37.0	氯甲烷	52.3	62.9
三氢化磷	28.0	22.1	氯苯	41.7	105.0
己烷	13.5	27.0	氰丙烷	20.1	44.6
壬烷	16.2	36.5	氰甲烷	21.8	44.9
六氢吡啶	27.5	60.0	环己烷	19.6	44.0
甲乙醚	25.0	34.4	乙酸	40.6	93.5
甲醇	25.8	49.1	乙酸甲酯	40.1	70.3
甲硫醇	37.3	59.6	乙酸乙酯	35.0	65.0
甲硫醚	31.9	57.4	乙酸丙酯	33.0	65.5
甲醚	27.2	30.1	甲苯	27.0	61.0
甲酸甲酯	46.4	74.6	异戊醇	20.5	52.0

附录三 某些液体的重要物理性质

名称	分子式	密度(20℃)/(kg/m³)	沸点(101.3kPa)/℃	汽化焓(760mmHg)/(kJ/kg)	比热容(20℃)/[kJ/(kg·℃)]	黏度(20℃)/mPa·s	热导率(20℃)/[W/(m·℃)]	体积膨胀系数(20℃)/×10⁻⁴℃⁻¹	表面张力(20℃)/(×10³N/m)
水	H_2O	998	100	2258	4.183	1.005	0.559	1.82	72.8
氯化钠盐水(25%)	—	1186 (25℃)	107		3.39	2.3	0.57 (30℃)	(4.4)	
氯化钙盐水(25%)	—	1228	170	—	2.89	2.5	0.57	(3.4)	
硫酸	H_2SO_4	1831	340(分解)	—	1.47 (98%)	23	0.38	5.7	
硝酸	HNO_3	1513	86	481.1		1.17 (10℃)			
盐酸(30%)	HCl	1149			2.55	2 (31.5%)	0.42	12.1	

续表

名称	分子式	密度(20℃)/(kg/m³)	沸点(101.3kPa)/℃	汽化焓(760mmHg)/(kJ/kg)	比热容(20℃)/[kJ/(kg·℃)]	黏度(20℃)/mPa·s	热导率(20℃)/[W/(m·℃)]	体积膨胀系数(20℃)/×10⁻⁴℃⁻¹	表面张力(20℃)/(×10³N/m)
二硫化碳	CS₂	1262	46.3	352	1.005	0.38	0.16	15.9	32
戊烷	C₅H₁₂	626	36.07	357.4	2.24 (15.6℃)	0.229	0.113		16.2
己烷	C₆H₁₄	659	68.74	335.1	2.31 (15.6℃)	0.313	0.119		18.2
庚烷	C₇H₁₆	684	98.43	316.5	2.21 (15.6℃)	0.411	0.123		20.1
辛烷	C₈H₁₈	703	125.67	306.4	2.19 (15.6℃)	0.540	0.131		21.8
三氯甲烷	CHCl₃	1489	61.2	253.7	0.992	0.58	0.138 (30℃)	12.6	28.5 (10℃)
四氯化碳	CCl₄	1594	76.8	195	0.850	1.0	0.12		26.8
1,2-二氯乙烷	C₂H₁₄Cl₂	1253	83.6	324	1.260	0.83	1.14 (50℃)		30.8
苯	C₆H₆	879	80.10	393.9	1.704	0.737	0.148	12.4	28.6
甲苯	C₇H₈	867	110.63	363	1.70	0.675	0.138	10.9	27.9
邻二甲苯	C₈H₁₀	880	144.42	347	1.74	0.811	0.142		30.2
间二甲苯	C₈H₁₀	864	139.10	343	1.70	0.611	0.167	10.1	29.0
对二甲苯	C₈H₁₀	861	138.35	340	1.704	0.643	0.129		28.0
苯乙烯	C₈H₉	911 (15.6℃)	145.2	(352)	1.733	0.72			
氯苯	C₆H₅Cl	1106	131.8	325	3.391	0.85	0.14 (30℃)		32
硝苯基	C₆H₅NO₂	1203	210.9	396	1.47	2.1	0.15		41
苯胺	C₆H₅NH₂	1022	184.4	448	2.07	4.3	0.17	8.5	42.9
酚	C₆H₅OH	1050 (50℃)	181.8 (熔点40.9℃)	511		3.4			
萘	C₁₀H₈	1145 (固体)	217.9 (熔点80.2℃)	314	1.80 (100℃)	0.59 (100℃)			
甲醇	CH₃OH	791	64.7	1101	2.48	0.6	0.212	12.2	22.6
乙醇	C₂H₅OH	789	78.3	846	2.39	1.15	0.172	11.6	22.8
乙醇(95%)		804	78.2			1.4			
乙二醇	C₂H₄(OH)₂	1113	197.6	800	2.35	23			47.7
甘油	C₃H₅(OH)₃	1261	290 (分解)	—		149	0.59	5.3	63
乙醚	(C₂H₅)₂O	714	34.6	360	2.34	0.24	0.14	16.3	18
乙醛	CH₃CHO	783	20.2	574	1.9 (18℃)	1.3 (18℃)			21.2
糖醛	C₅H₄O₂	1168	161.7	452	1.6	1.15 (50℃)			48.5
丙酮	CH₃COCH₃	792	56.2	523	2.35	0.32	0.17		23.7
甲酸	HCOOH	1220	100.7	494	2.17	1.9	0.26		27.8
醋酸	CH₃COOH	1049	118.1	406	1.99	1.3	0.17	10.7	23.9
醋酸乙酯	CH₃COOC₂H₅	901	77.1	368	1.92	0.48	0.14 (10℃)		
煤油		780~820				3	0.15	10.0	
汽油		680~800				0.7~0.8	0.13 (30℃)	12.5	

附录四 饱和水蒸气表（按温度排列）

温度 T/℃	绝对压强 p/kPa	蒸汽密度 ρ/(kg/m³)	比焓 H/(kJ/kg) 液体	比焓 H/(kJ/kg) 蒸汽	比汽化焓 /(kJ/kg)
0	0.6082	0.00484	0	2491	2491
5	0.8730	0.00680	20.9	2500.8	2480
10	1.226	0.00940	41.9	2510.4	2469
15	1.707	0.01283	62.8	2520.5	2458
20	2.335	0.01719	83.7	2530.1	2446
25	3.168	0.02304	104.7	2539.7	2435
30	4.247	0.03036	125.6	2549.3	2424
35	5.621	0.03960	146.5	2559.0	2412
40	7.377	0.05114	167.5	2568.5	2401
45	9.5837	0.06543	188.4	2577.8	2389
50	12.340	0.0830	209.3	2587.4	2378
55	15.74	0.1043	230.3	2596.7	2366
60	19.92	0.1301	251.2	2606.3	2355
65	25.01	0.1611	272.1	2615.5	2343
70	31.16	0.1979	293.1	2624.3	2331
75	38.55	0.2416	314.0	2633.5	2319
80	47.38	0.2929	334.9	2642.3	2307
85	57.88	0.3531	355.9	2651.1	2295
90	70.14	0.4229	376.8	2659.9	2283
95	84.56	0.5039	397.8	2668.7	2271
100	101.33	0.5970	418.7	2677.0	2258
105	120.85	0.7036	440.0	2685.0	2245
110	143.31	0.8254	461.0	2693.4	2232
115	169.11	0.9635	482.3	2701.3	2219
120	198.64	1.1199	503.7	2708.9	2205
125	232.19	1.296	525.0	2716.4	2191
130	270.25	1.494	546.4	2723.9	2178
135	313.11	1.715	567.7	2731.0	2163
140	361.47	1.962	589.1	2737.7	2149
145	415.72	2.238	610.9	2744.4	2134
150	476.24	2.543	632.2	2750.7	2119
160	618.28	3.252	675.8	2762.9	2087
170	792.59	4.113	719.3	2773.3	2054
180	1003.5	5.145	763.3	2782.5	2019
190	1255.6	6.378	807.6	2790.1	1982
200	1554.8	7.840	852.0	2795.5	1944
210	1917.7	9.567	897.2	2799.3	1902
220	2320.9	11.60	942.5	2801.0	1859
230	2798.6	13.98	988.5	2800.1	1812
240	3347.9	16.76	1034.6	2796.8	1762
250	3977.7	20.01	1081.4	2790.1	1709
260	4693.8	23.82	1128.8	2780.9	1652
270	5504.0	28.27	1176.9	2768.3	1591
280	6417.2	33.47	1225.5	2752.0	1526
290	7443.3	39.60	1274.5	2732.3	1457
300	8592.9	46.93	1325.5	2708.0	1382

附录五 饱和水蒸气表（按压力排列）

绝对压强 p/kPa	温度 t/℃	蒸汽密度 ρ/(kg/m^3)	比焓 H/(kJ/kg)		比汽化焓 /(kJ/kg)
			液体	蒸汽	
1.0	6.3	0.00773	26.5	2503.1	2477
1.5	12.5	0.01133	52.3	2515.3	2463
2.0	17.0	0.01486	71.2	2524.2	2453
2.5	20.9	0.01836	87.3	2531.8	2444
3.0	23.5	0.02179	98.4	2536.8	2438
3.5	26.1	0.02523	109.3	2541.8	2433
4.0	28.7	0.02867	120.2	2546.8	2427
4.5	30.8	0.03205	129.0	2550.9	2422
5.0	32.4	0.03537	135.7	2554.0	2416
6.0	35.6	0.04200	149.1	2560.1	2411
7.0	38.8	0.04864	162.4	2566.3	2404
8.0	41.3	0.05514	172.7	2571.0	2398
9.0	43.3	0.06156	181.2	2574.8	2394
10.0	45.3	0.06798	189.6	2578.5	2389
15.0	53.5	0.09956	224.0	2594.0	2370
20.0	60.1	0.1307	251.5	2606.4	2355
30.0	66.5	0.1909	288.8	2622.4	2334
40.0	75.0	0.2498	315.9	2634.1	2312
50.0	81.2	0.3080	339.8	2644.3	2304
60.0	85.6	0.3651	358.2	2652.1	2394
70.0	89.9	0.4223	376.6	2659.8	2283
80.0	93.2	0.4781	390.1	2665.3	2275
90.0	96.4	0.5338	403.5	2670.8	2267
100.0	99.6	0.5896	416.9	2676.3	2259
120.0	104.5	0.6987	437.5	2684.3	2247
140.0	109.2	0.8076	457.7	2692.1	2234
160.0	113.0	0.8298	473.9	2698.1	2224
180.0	116.6	1.021	489.3	2703.7	2214
200.0	120.2	1.127	493.7	2709.2	2205
250.0	127.2	1.390	534.4	2719.7	2185
300.0	133.3	1.650	560.4	2728.5	2168
350.0	138.8	1.907	583.8	2736.1	2152
400.0	143.4	2.162	603.6	2742.1	2138
450.0	147.7	2.415	622.4	2747.8	2125
500.0	151.7	2.667	639.6	2752.8	2113
600.0	158.7	3.169	676.2	2761.4	2091
700.0	164.0	3.666	696.3	2767.8	2072
800.0	170.4	4.161	721.0	2773.7	2053
900.0	175.1	4.652	741.8	2778.1	2036
1×10^3	179.9	5.143	762.7	2782.5	2020
1.1×10^3	180.2	5.633	780.3	2785.5	2005

续表

绝对压强 p/kPa	温度 t/℃	蒸汽密度 ρ/(kg/m³)	比焓 H/(kJ/kg)		比汽化焓 /(kJ/kg)
			液体	蒸汽	
1.2×10^3	187.8	6.124	797.9	2788.5	1991
1.3×10^3	191.5	6.614	814.2	2790.9	1977
1.4×10^3	194.8	7.103	829.1	2792.4	1964
1.5×10^3	198.2	7.594	843.9	2794.4	1951
1.6×10^3	201.3	8.081	857.8	2796.0	1938
1.7×10^3	204.1	8.567	870.6	2797.1	1926
1.8×10^3	206.9	9.053	883.4	2798.1	1915
1.9×10^3	209.8	9.539	896.2	2799.2	1903
2×10^3	212.2	10.03	907.3	2799.7	1892
3×10^3	233.7	15.01	1005.4	2798.9	1794
4×10^3	250.3	20.10	1082.9	2789.8	1707
5×10^3	263.8	25.37	1146.9	2776.2	1629
6×10^3	275.4	30.85	1203.2	2759.5	1556
7×10^3	285.7	36.57	1253.2	2740.8	1488
8×10^3	294.8	42.58	1299.2	2720.5	1404
9×10^3	303.2	48.89	1343.5	2699.1	1357

附录六 某些气体的重要物理性质

名称	分子式	相对分子质量	密度(0℃,101.325kPa)/(kg/m³)	定压比热容(20℃,101.325kPa)/[kJ/(kg·K)]	$K=\dfrac{c_p}{c_v}$	黏度(0℃,101.325kPa)/(μPa·s)	沸点(101.325kPa)/℃	比汽化热(101.325kPa)/(kJ/kg)	临界点 温度/℃	临界点 压力/kPa	热导率(0℃,101.325kPa)/[W/(m·K)]
空气	—	28.95	1.293	1.009	1.40	17.3	−195	197	−140.7	3769	0.0244
氧	O_2	32	1.429	0.653	1.40	20.3	−132.98	213	−118.82	5038	0.0240
氮	N_2	28.02	1.251	0.745	1.40	17.0	−195.78	199.2	−147.13	3393	0.0228
氢	H_2	2.016	0.0899	10.13	1.407	8.42	−252.75	454.2	−239.9	1297	0.163
氦	He	4.00	0.1785	3.18	1.66	18.8	−268.95	19.5	−267.96	229	0.144
氩	Ar	39.94	1.7820	0.322	1.66	20.9	−185.87	163	−122.44	4864	0.0173
氯	Cl_2	70.91	3.217	0.355	1.36	12.9(16°)	−33.8	305	+144.0	7711	0.0072
氨	NH_3	17.03	0.771	0.67	1.29	9.18	−33.4	1373	+132.4	1130	0.0215
一氧化碳	CO	28.01	1.250	0.754	1.40	16.6	−191.48	211	−140.2	3499	0.0226
二氧化碳	CO_2	44.01	1.976	0.653	1.30	13.7	−78.2	574	+31.1	7387	0.0137
二氧化硫	SO_2	64.07	2.927	0.502	1.25	11.7	−10.8	394	+157.5	7881	0.0077
二氧化氮	NO_2	46.01	—	0.615	1.31	—	+21.2	712	+158.2	10133	0.0400
硫化氢	H_2S	34.08	1.539	0.804	1.30	11.66	−60.2	548	+100.4	19140	0.0131
甲烷	CH_4	16.04	0.717	1.70	1.31	10.3	−161.58	511	−82.15	4620	0.0300
乙烷	C_2H_6	30.07	1.357	1.44	1.20	8.50	−88.50	486	+32.1	4950	0.0180

续表

名称	分子式	相对分子质量	密度(0℃, 101.325kPa) /(kg/m³)	定压比热容(20℃, 101.325kPa) /[kJ/(kg·K)]	$K=\dfrac{c_p}{c_v}$	黏度(0℃, 101.325kPa) /(μPa·s)	沸点(101.325kPa) /℃	比汽化热(101.325kPa) /(kJ/kg)	临界点 温度/℃	临界点 压力/kPa	热导率(0℃, 101.325kPa) /[W/(m·K)]
丙烷	C_3H_8	44.1	2.020	1.65	1.13	7.95(18°)	−42.1	427	+95.6	4357	0.0148
丁烷(正)	C_4H_{10}	58.12	2.673	1.73	1.108	8.10	−0.5	386	+152	3800	0.0135
戊烷(正)	C_5H_{12}	72.15	—	1.57	1.09	8.74	−36.08	151	+197.1	3344	0.0128
乙烯	C_2H_4	28.05	1.261	1.222	1.25	9.85	+103.7	481	+9.7	5137	0.0164
丙烯	C_3H_6	42.08	1.914	1.436	1.17	8.35(20℃)	−47.7	440	+91.4	4600	
乙炔	C_2H_2	26.04	1.171	1.352	1.24	9.35	−83.66(升华)	829	+35.7	6242	0.0184
氯甲烷	CH_3Cl	50.49	2.308	0.582	1.28	9.89	−24.1	406	+148	6687	0.0085
苯	C_6H_6	78.11	—	1.139	1.1	7.2	+80.2	394	+288.5	4833	0.0088

附录七 液体饱和蒸气压 $p°$ 的 Antoine（安托因）常数

液体	A	B	C	温度范围/℃
甲烷(CH_4)	5.82051	405.42	267.78	−181～−152
乙烷(C_2H_6)	5.95942	663.7	256.47	−143～−75
丙烷(C_3H_8)	5.92888	803.81	246.99	−108～−25
丁烷(C_4H_{10})	5.93886	935.86	238.73	−78～19
戊烷(C_5H_{12})	5.97711	1064.63	232.00	−50～58
己烷(C_6H_{14})	6.10266	1171.530	224.366	−25～92
庚烷(C_7H_{16})	6.02730	1268.115	216.900	−2～120
辛烷(C_8H_{18})	6.04867	1355.126	209.517	19～152
乙烯	5.87246	585.0	255.00	−153～91
丙烯	5.9445	785.85	247.00	−112～−28
甲醇	7.19736	1574.99	238.86	−16～91
乙醇	7.33827	1652.05	231.48	−3～96
丙醇	6.74414	1375.14	193.0	12～127
醋酸	6.42452	1479.02	216.82	15～157
丙酮	6.35647	1277.03	237.23	−32～77
四氯化碳	6.01896	1219.58	227.16	−20～101
苯	6.03055	1211.033	220.79	−16～104
甲苯	6.07954	1344.8	219.482	6～137
水	7.07406	1657.46	227.02	10～168

注：$\lg p° = A - B/(t+C)$，式中 $p°$ 的单位为 kPa，t 为 ℃。

附录八 水在不同温度下的黏度

温度/℃	黏度/(mPa·s)	温度/℃	黏度/(mPa·s)	温度/℃	黏度/(mPa·s)
0	1.7921	34	0.7371	69	0.4117
1	1.7313	35	0.7225	70	0.4061
2	1.6728	36	0.7085	71	0.4006
3	1.6191	37	0.6947	72	0.3952
4	1.5674	38	0.6814	73	0.3900
5	1.5188	39	0.6685	74	0.3849
6	1.4728	40	0.6560	75	0.3799
7	1.4284	41	0.6439	76	0.3750
8	1.3860	42	0.6321	77	0.3702
9	1.3462	43	0.6207	78	0.3655
10	1.3077	44	0.6097	79	0.3610
11	1.2713	45	0.5988	80	0.3565
12	1.2363	46	0.5883	81	0.3521
13	1.2028	47	0.5782	82	0.3478
14	1.1709	48	0.5683	83	0.3436
15	1.1404	49	0.5588	84	0.3395
16	1.1111	50	0.5494	85	0.3355
17	1.0828	51	0.5404	86	0.3315
18	1.0559	52	0.5315	87	0.3276
19	1.0299	53	0.5229	88	0.3239
20	1.0050	54	0.5146	89	0.3202
20.2	1.0000	55	0.5064	90	0.3165
21	0.9810	56	0.4985	91	0.3130
22	0.9579	57	0.4907	92	0.3095
23	0.9359	58	0.4832	93	0.3060
24	0.9142	59	0.4759	94	0.3027
25	0.8937	60	0.4688	95	0.2994
26	0.8737	61	0.4618	96	0.2962
27	0.8545	62	0.4550	97	0.2930
28	0.8360	63	0.4483	98	0.2899
29	0.8180	64	0.4418	99	0.2868
30	0.8007	65	0.4355	100	0.2838
31	0.7840	66	0.4293		
32	0.7679	67	0.4233		
33	0.7523	68	0.4174		

附录九 液体黏度共线图

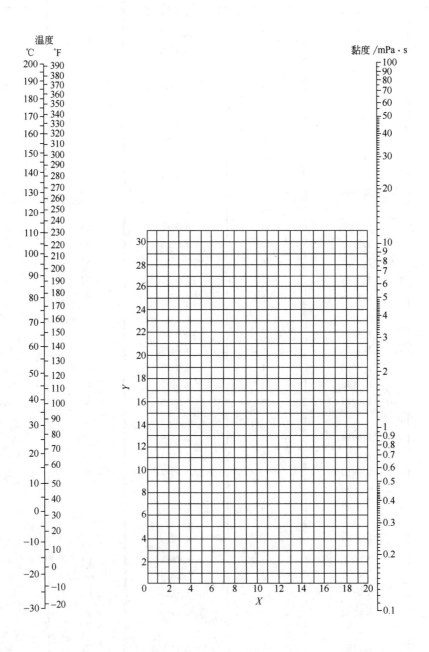

用法举例：求苯在50℃时的黏度，从本表序号15查得苯的 $X=12.5$，$Y=10.9$。把这两个数值标在共线图的 Y-X 坐标上得一点，把这点与图中左方温度标尺上50℃的点连成一直线，延长，与右方黏度标尺相交，由此交点定出50℃苯的黏度为 $0.44 \mathrm{mPa \cdot s}$。

液体黏度共线图坐标值

序号	液体		X	Y	序号	液体		X	Y
1	乙醛		15.2	14.8	55	氟利昂-21($CHCl_2F$)		15.7	7.5
2	醋酸	100%	12.1	14.2	56	氟利昂-22($CHClF_2$)		17.2	4.7
3		70%	9.5	17.0	57	氟利昂-113($CCl_2F-CClF_2$)		12.5	11.4
4	醋酸酐		12.7	12.8	58	甘油	100%	2.0	30.0
5	丙酮	100%	14.5	7.2	59		50%	6.9	19.6
6		35%	7.9	15.0	60	庚烷		14.1	8.4
7	丙烯醇		10.2	14.3	61	己烷		14.7	7.0
8	氨	100%	12.6	2.0	62	盐酸	31.5%	13.0	16.6
9		26%	10.1	13.9	63	异丁醇		7.1	18.0
10	醋酸戊酯		11.8	12.5	64	异丁醇		12.2	14.4
11	戊醇		7.5	18.4	65	异丙醇		8.2	16.0
12	苯胺		8.1	18.7	66	煤油		10.2	16.9
13	苯甲醚		12.3	13.5	67	粗亚麻仁油		7.5	27.2
14	三氯化砷		13.9	14.5	68	水银		18.4	16.4
15	苯		12.5	10.9	69	甲醇	100%	12.4	10.5
16	氯化钙盐水	25%	6.6	15.9	70		90%	12.3	11.8
17	氯化钠盐水	25%	10.2	16.6	71		40%	7.8	15.5
18	溴		14.2	13.2	72	乙酸甲酯		14.2	8.2
19	溴甲苯		20	15.9	73	氯甲烷		15.0	3.8
20	乙酸丁酯		12.3	11.0	74	丁酮		13.9	8.6
21	丁醇		8.6	17.2	75	萘		7.9	18.1
22	丁酸		12.1	15.3	76	硝酸	95%	12.8	13.8
23	二氧化碳		11.6	0.3	77		60%	10.8	17.0
24	二硫化碳		16.1	7.5	78	硝基苯		10.6	16.2
25	四氯化碳		12.7	13.1	79	硝基甲苯		11.0	17.0
26	氯苯		12.3	12.4	80	辛烷		13.7	10.0
27	三氯甲烷		14.4	10.2	81	辛醇		6.6	21.1
28	氯磺酸		11.2	18.1	82	五氯乙烷		10.9	17.3
29	氯甲苯(邻位)		13.0	13.3	83	戊烷		14.9	5.2
30	氯甲苯(间位)		13.3	12.5	84	酚		6.9	20.8
31	氯甲苯(对位)		13.3	12.5	85	三溴化磷		13.8	16.7
32	甲酚(间位)		2.5	20.8	86	三氯化磷		16.2	10.9
33	环己醇		2.9	24.3	87	丙酸		12.8	13.8
34	二溴乙烷		12.7	15.8	88	丙醇		9.1	16.5
35	二氯乙烷		13.2	12.2	89	溴丙烷		14.5	9.6
36	二氯甲烷		14.6	8.9	90	氯丙烷		14.4	7.5
37	草酸乙酯		11.0	16.4	91	碘丙烷		14.1	11.6
38	草酸二甲酯		12.3	15.8	92	钠		16.4	13.9
39	联苯		12.0	18.3	93	氢氧化钠	50%	3.2	25.8
40	草酸二丙酯		10.3	17.7	94	四氯化锡		13.5	12.8
41	乙酸乙酯		13.7	9.1	95	二氧化硫		15.2	7.1
42	乙醇	100%	10.5	13.8	96	硫酸	110%	7.2	27.4
43		95%	9.8	14.3	97		98%	7.0	24.8
44		40%	6.5	16.6	98		60%	10.2	21.3
45	乙苯		13.2	11.5	99	二氯二氧化硫		15.2	12.4
46	溴乙烷		14.5	8.1	100	四氯乙烷		11.9	15.7
47	氯乙烷		14.8	6.0	101	四氯乙烯		14.2	12.7
48	乙醚		14.5	5.3	102	四氯化钛		14.4	12.3
49	甲酸乙酯		14.2	8.4	103	甲苯		13.7	10.4
50	碘乙烷		14.7	10.3	104	三氯乙烯		14.8	10.5
51	乙二醇		6.0	23.6	105	松节油		11.5	14.9
52	甲酸		10.7	15.8	106	醋酸乙烯		14.0	8.8
53	氟利昂-11(CCl_3F)		14.4	9.0	107	水		10.2	13.0
54	氟利昂-12(CCl_2F_2)		16.8	5.6					

附录十　气体黏度共线图（101.325kPa）

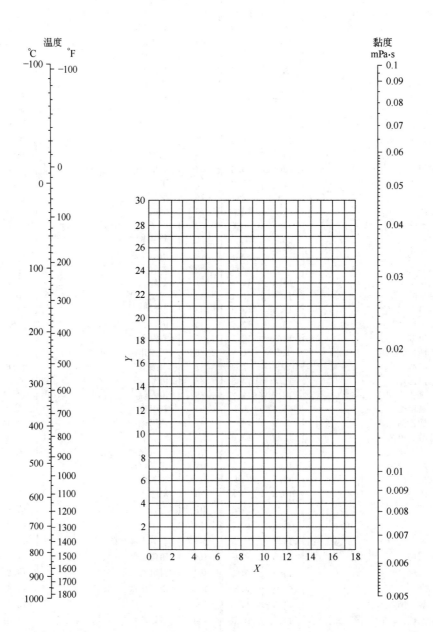

气体黏度共线图坐标值

序号	气体	X	Y	序号	气体	X	Y
1	醋酸	7.7	14.3	29	氟利昂-113(CCl_2F-$CClF_2$)	11.3	14.0
2	丙酮	8.9	13.0	30	氦	10.9	20.5
3	乙炔	9.8	14.9	31	己烷	8.6	11.8
4	空气	11.0	20.0	32	氢	11.2	12.4
5	氨	8.4	16.0	33	$3H_2+1N_2$	11.2	17.2
6	氩	10.5	22.4	34	溴化氢	8.8	20.9
7	苯	8.5	13.2	35	氯化氢	8.8	18.7
8	溴	8.9	19.2	36	氰化氢	9.8	14.9
9	丁烯(butene)	9.2	13.7	37	碘化氢	9.0	21.3
10	丁烯(butylene)	8.9	13.0	38	硫化氢	8.6	18.0
11	二氧化碳	9.5	18.7	39	碘	9.0	18.4
12	二硫化碳	8.0	16.0	40	水银	5.3	22.9
13	一氧化碳	11.0	20.0	41	甲烷	9.9	15.5
14	氯	9.0	18.4	42	甲醇	8.5	15.6
15	三氯甲烷	8.9	15.7	43	一氧化氮	10.9	20.5
16	氰	9.2	15.2	44	氮	10.6	20.0
17	环己烷	9.2	12.0	45	五硝酰氯	8.0	17.6
18	乙烷	9.1	14.5	46	一氧化二氮	8.8	19.0
19	乙酸乙酯	8.5	13.2	47	氧	11.0	21.3
20	乙醇	9.2	14.2	48	戊烷	7.0	12.8
21	氯乙烷	8.5	15.6	49	丙烷	9.7	12.9
22	乙醚	8.9	13.0	50	丙醇	8.4	13.4
23	乙烯	9.5	15.1	51	丙烯	9.0	13.8
24	氟	7.3	23.8	52	二氧化硫	9.6	17.0
25	氟利昂-11(CCl_3F)	10.6	15.1	53	甲苯	8.6	12.4
26	氟利昂-12(CCl_2F_2)	11.1	16.0	54	2,3,3-三甲(基)丁烷	9.5	10.5
27	氟利昂-21($CHCl_2F$)	10.8	15.3	55	水	8.0	16.0
28	氟利昂-22($CHClF_2$)	10.1	17.0	56	氙	9.3	23.0

附录十一 固体材料的热导率

(1) 常用金属材料的热导率/[W/(m·℃)]

温度/℃	0	100	200	300	400
铝	228	228	228	228	228
铜	384	379	372	367	363
铁	73.3	67.5	61.6	54.7	48.9

续表

温度/℃	0	100	200	300	400
铅	35.1	33.4	31.4	29.8	—
镍	93.0	82.6	73.3	63.97	59.3
银	414	409	373	362	359
碳钢	52.3	48.9	44.2	41.9	34.9
不锈钢	16.3	17.5	17.5	18.5	—

(2) 常用非金属材料的热导率/[W/(m·℃)]

名 称	温度/℃	热导率	名 称	温度/℃	热导率
石棉绳	—	0.10~0.21	云母	50	0.430
石棉板	30	0.10~0.14	泥土	20	0.698~0.930
软木	30	0.0430	冰	0	2.33
玻璃棉	—	0.0349~0.0698	膨胀珍珠岩散料	25	0.021~0.062
保温灰	—	0.0698	软橡胶	—	0.129~0.159
锯屑	20	0.0465~0.0582	硬橡胶	0	0.150
棉花	100	0.0698	聚四氟乙烯	—	0.242
厚纸	20	0.14~0.349	泡沫塑料	—	0.0465
玻璃	30	1.09	泡沫玻璃	−15	0.00489
	−20	0.76		−80	0.00349
搪瓷	—	0.87~1.16	木材（横向）	—	0.14~0.175

附录十二 某些液体的热导率（λ）/[W/(m·℃)]

液体名称	温度/℃						
	0	25	50	75	100	125	150
甲醇	0.214	0.2107	0.2070	0.205	—	—	—
乙醇	0.189	0.1832	0.1774	0.1715	—	—	—
异丙醇	0.154	0.150	0.1460	0.142	—	—	—
丁醇	0.156	0.152	0.1483	0.144	—	—	—
丙酮	0.1745	0.169	0.163	0.1576	0.151	—	—
甲酸	0.2605	0.256	0.2518	0.2471	—	—	—
乙酸	0.177	0.1715	0.1663	0.162	—	—	—
苯	0.151	0.1448	0.138	0.132	0.126	0.1204	—
甲苯	0.1413	0.136	0.129	0.123	0.119	0.112	—
二甲苯	0.1367	0.131	0.127	0.1215	0.117	0.111	—
硝基苯	0.1541	0.150	0.147	0.143	0.140	0.136	—
苯胺	0.186	0.181	0.177	0.172	0.1681	0.1634	0.159
甘油	0.277	0.2797	0.2832	0.286	0.289	0.292	0.295

附录十三　气体热导率共线图

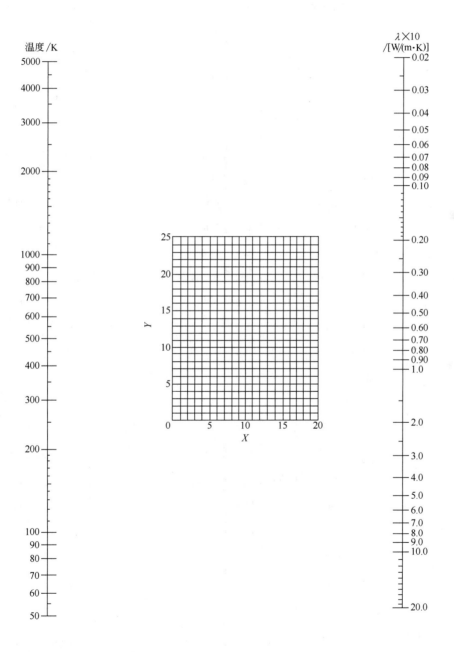

气体的热导率共线图坐标值（常压下用）

气体或蒸气	温度范围/K	X	Y	气体或蒸气	温度范围/K	X	Y
乙炔	200～600	7.5	13.5	氟利昂-113($CCl_2F \cdot CClF_2$)	250～400	4.7	17.0
空气	50～250	12.4	13.9	氦	50～500	17.0	2.5
空气	250～1000	14.7	15.0	氦	500～5000	15.0	3.0
空气	1000～1500	17.1	14.5	正庚烷	250～600	4.0	14.8
氨	200～900	8.5	12.6	正庚烷	600～1000	6.9	14.9
氩	50～250	12.5	16.5	正己烷	250～1000	3.7	14.0
氩	250～5000	15.4	18.1	氢	50～250	13.2	1.2
苯	250～600	2.8	14.2	氢	250～1000	15.7	1.3
三氟化硼	250～400	12.4	16.4	氢	1000～2000	13.7	2.7
溴	250～350	10.1	23.6	氯化氢	200～700	12.2	18.5
正丁烷	250～500	5.6	14.1	氪	100～700	13.7	21.8
异丁烷	250～500	5.7	14.0	甲烷	100～300	11.2	11.7
二氧化碳	200～700	8.7	15.5	甲烷	300～1000	8.5	11.0
二氧化碳	700～1200	13.3	15.4	甲醇	300～500	5.0	14.3
一氧化碳	80～300	12.3	14.2	氯甲烷	250～700	4.7	15.7
一氧化碳	300～1200	15.2	15.2	氖	50～250	15.2	10.2
四氯化碳	250～500	9.4	21.0	氖	250～5000	17.2	11.0
氯	200～700	10.8	20.1	氧化氮	100～1000	13.2	14.8
氘	50～100	12.7	17.3	氮	50～250	12.5	14.0
丙酮	250～500	3.7	14.8	氮	250～1500	15.8	15.3
乙烷	200～1000	5.4	12.6	氮	1500～3000	12.5	16.5
乙醇	250～350	2.0	13.0	一氧化二氮	200～500	8.4	15.0
乙醇	350～500	7.7	15.2	一氧化二氮	500～1000	11.5	15.5
乙醚	250～500	5.3	14.1	氧	50～300	12.2	13.8
乙烯	200～450	3.9	12.3	氧	300～1500	14.5	14.8
氟	80～600	12.3	13.8	戊烷	250～500	5.0	14.1
氩	600～800	18.7	13.8	丙烷	200～300	2.7	12.0
氟利昂-11(CCl_3F)	250～500	7.5	19.0	丙烷	300～500	6.3	13.7
氟利昂-12(CCl_2F_2)	250～500	6.8	17.5	二氧化硫	250～900	9.2	18.5
氟利昂-13($CClF_3$)	250～500	7.5	16.5	甲苯	250～600	6.4	14.8
氟利昂-21($CHCl_2F$)	250～450	6.2	17.5	氟利昂-22($CHClF_2$)	250～500	6.5	18.6

附录十四 液体比热容共线图

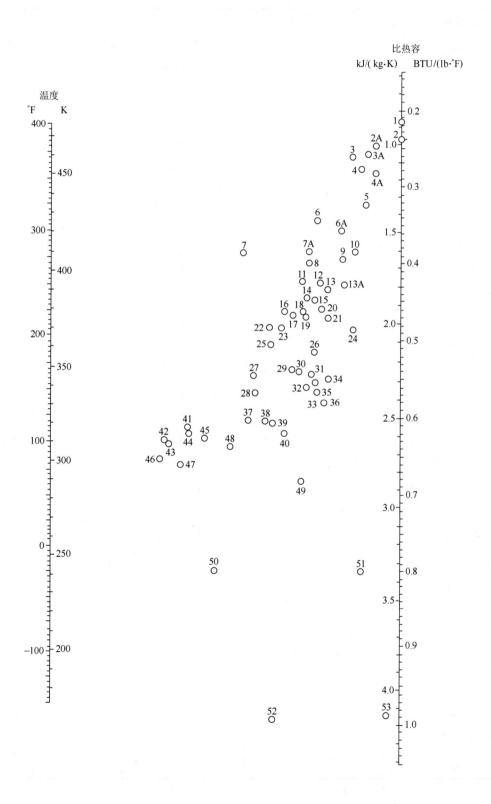

液体比热容共线图中的编号

编号	液 体	温度范围/℃	编号	液 体	温度范围/℃
29	醋酸100%	0~80	7	碘乙烷	0~100
32	丙酮	20~50	39	乙二醇	−40~200
52	氨	−70~50	2A	氟利昂-11(CCl_3F)	−20~70
37	戊醇	−50~25	6	氟利昂-12(CCl_2F_2)	−40~15
26	乙酸戊酯	0~100	4A	氟利昂-21($CHCl_2F$)	−20~70
30	苯胺	0~130	7A	氟利昂-22($CHClF_2$)	−20~60
23	苯	10~80	3A	氟利昂-113($CCl_2F\text{-}CClF_2$)	−20~70
27	苯甲醇	−20~30	38	三元醇	−40~20
10	卡基氧	−30~30	28	庚烷	0~60
49	$CaCl_2$ 盐水25%	−40~20	35	己烷	−80~20
51	NaCl 盐水25%	−40~20	48	盐酸30%	20~100
44	丁醇	0~100	41	异戊醇	10~100
2	二硫化碳	−100~25	43	异丁醇	0~100
3	四氯化碳	10~60	47	异丙醇	−20~50
8	氯苯	0~100	31	异丙醚	−80~20
4	三氯甲烷	0~50	40	甲醇	−40~20
21	癸烷	−80~25	13A	氯甲烷	−80~20
6A	二氯乙烷	−30~60	14	萘	90~200
5	二氯甲烷	−40~50	12	硝基苯	0~100
15	联苯	80~120	34	壬烷	−50~125
22	二苯甲烷	80~100	33	辛烷	−50~25
16	二苯醚	0~200	3	过氯乙烯	−30~140
16	道舍姆A(Dowtherm A)	0~200	45	丙醇	−20~100
24	乙酸乙酯	−50~25	20	吡啶	−51~25
42	乙醇100%	30~80	9	硫酸98%	10~45
46	95%	20~80	11	二氧化硫	−20~100
50	50%	20~80	23	甲苯	0~60
25	乙苯	0~100	53	水	−10~200
1	溴乙烷	5~25	19	二甲苯(邻位)	0~100
13	氯乙烷	−80~40	18	二甲苯(间位)	0~100
36	乙醚	−100~25	17	二甲苯(对位)	0~100

附录十五 气体比热容共线图（101.325kPa）

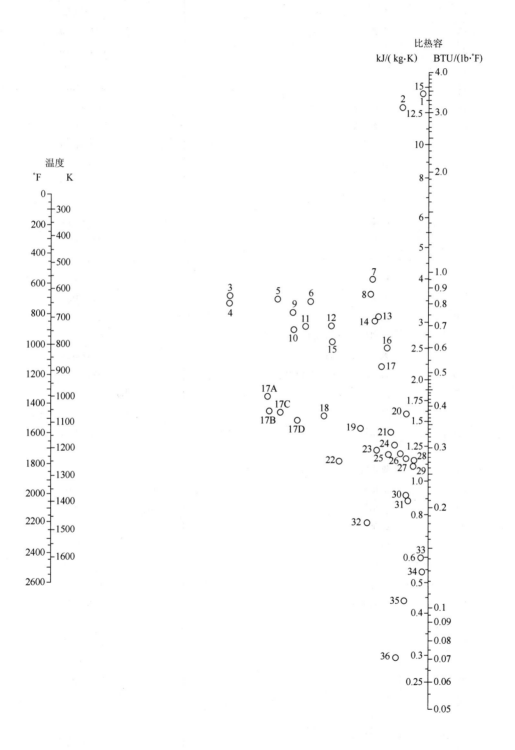

气体比热容共线图中的编号

编号	气体	温度范围/K
10	乙炔	273～473
15	乙炔	473～673
16	乙炔	673～1673
27	空气	273～1673
12	氨	273～873
14	氨	873～1673
18	二氧化碳	273～673
24	二氧化碳	673～1673
26	一氧化碳	273～1673
32	氯	273～473
34	氯	473～1673
3	乙烷	273～473
9	乙烷	473～873
8	乙烷	873～1673
4	乙烯	273～473
11	乙烯	473～873
13	乙烯	873～1673
17B	氟利昂-11(CCl_3F)	273～423
17C	氟利昂-21($CHCl_2F$)	273～423
17A	氟利昂-22($CHClF_2$)	278～423
17D	氟利昂-113($CCl_2F\text{-}CClF_2$)	273～423
1	氢	273～873
2	氢	873～1673
35	溴化氢	273～1673
30	氯化氢	273～1673
20	氟化氢	273～1673
36	碘化氢	273～1673
19	硫化氢	273～973
21	硫化氢	973～1673
5	甲烷	273～573
6	甲烷	573～973
7	甲烷	973～1673
25	一氧化氮	273～973
28	一氧化氮	973～1673
26	氮	273～1673
23	氧	273～773
29	氧	773～1673
33	硫	573～1673
22	二氧化硫	273～673
31	二氧化硫	673～1673
17	水	273～1673

附录十六 液体比汽化热共线图

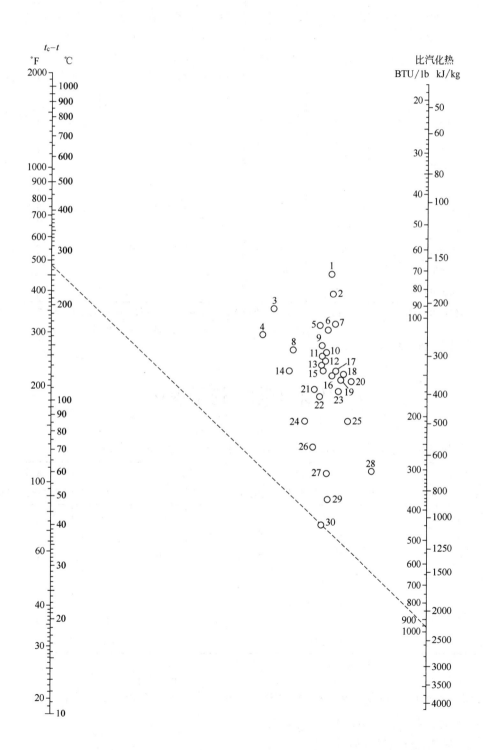

液体比汽化热共线图中的编号

编号	液体	t_c/℃	t_c-t/℃	编号	液体	t_c/℃	t_c-t/℃
30	水	374	100~500	7	三氯甲烷	263	140~270
29	氨	133	50~200	2	四氯化碳	283	30~250
19	一氧化氮	36	25~150	17	氯乙烷	187	100~250
21	二氧化碳	31	10~100	13	苯	289	10~400
4	二硫化碳	273	140~275	3	联苯	527	175~400
14	二氧化硫	157	90~160	27	甲醇	240	40~250
25	乙烷	32	25~150	26	乙醇	243	20~140
23	丙烷	96	40~200	24	丙醇	264	20~200
16	丁烷	153	90~200	13	乙醚	194	10~400
15	异丁烷	134	80~200	22	丙酮	235	120~210
12	戊烷	197	20~200	18	醋酸	321	100~225
11	己烷	235	50~225	2	氟利昂-11	198	70~225
10	庚烷	267	20~300	2	氟利昂-12	111	40~200
9	辛烷	296	30~300	5	氟利昂-21	178	70~250
20	一氯甲烷	143	70~250	6	氟利昂-22	96	50~170
8	二氯甲烷	216	150~250	1	氟利昂-113	214	90~250

用法举例：求水在 $t=100$℃ 时的比汽化热，从表中查得水的编号为 30，又查得水的临界温度 $t_c=374$℃，故得 $t_c-t=374-100=274$℃，在前页共线图的 t_c-t 标尺上定出 274℃ 的点，与图中编号为 30 的圆圈中心点连一直线，延长到比汽化热的标尺上，读出交点读数为 2260kJ/kg。

附录十七 管子规格

1. 低压流体输送用焊接钢管规格（GB 3091—93，GB 3092—93）

公称直径		外径/mm	壁厚/mm		公称直径		外径/mm	壁厚/mm	
mm	in		普通管	加厚管	mm	in		普通管	加厚管
6	⅛	10.0	2.00	2.50	40	1½	48.0	3.50	4.25
8	¼	13.5	2.25	2.75	50	2	60.0	3.50	4.50
10	⅜	17.0	2.25	2.75	65	2½	75.5	3.75	4.50
15	½	21.3	2.75	3.25	80	3	88.5	4.00	4.75
20	¾	26.8	2.75	3.50	100	4	114.0	4.00	5.00
25	1	33.5	3.25	4.00	125	5	140.0	4.50	5.50
32	1¼	42.3	3.25	4.00	150	6	165.0	4.50	5.50

注：1. 本标准适用于输送水、煤气、空气、油和取暖蒸汽等一般较低压力的流体。
2. 表中的公称直径系近似内径的名义尺寸，不表示外径减去两个壁厚所得的内径。
3. 钢管分镀锌钢管（GB 3091—93）和不镀锌钢管（GB 3092—93），后者简称黑管。

2. 普通无缝钢管（GB 8163—87）

(1) 热轧无缝钢管（摘录）

外径/mm	壁厚/mm 从	壁厚/mm 到	外径/mm	壁厚/mm 从	壁厚/mm 到	外径/mm	壁厚/mm 从	壁厚/mm 到
32	2.5	8	76	3.0	19	219	6.0	50
38	2.5	8	89	3.5	(24)	273	6.5	50
42	2.5	10	108	4.0	28	325	7.5	75
45	2.5	10	114	4.0	28	377	9.0	75
50	2.5	10	127	4.0	30	426	9.0	75
57	3.0	13	133	4.0	32	450	9.0	75
60	3.0	14	140	4.5	36	530	9.0	75
63.5	3.0	14	159	4.5	36	630	9.0	(24)
68	3.0	16	168	5.0	(45)			

注：壁厚系列有 2.5mm，3mm，3.5mm，4mm，4.5mm，5mm，5.5mm，6mm，6.5mm，7mm，7.5mm，8mm，8.5mm，9mm，9.5mm，10mm，11mm，12mm，13mm，14mm，15mm，16mm，17mm，18mm，19mm，20mm 等；括号内尺寸不推荐使用。

(2) 冷拔（冷轧）无缝钢管

冷拔无缝钢管质量好，可以得到小直径管，其外径可为 6～200mm，壁厚为 0.25～14mm，其中最小壁厚及最大壁厚均随外径增大而增加，系列标准可参阅有关手册。

(3) 热交换器用普通无缝钢管（摘自 GB 9948—88）

外径/mm	壁厚/mm	外径/mm	壁厚/mm
19	2，2.5	57	4，5，6
25	2，2.5，3	89	6，8，10，12
38	3，3.5，4		

附录十八 离心泵规格（摘录）

1. IS 型单级单吸离心泵规格

泵型号	流量/(m³/h)	扬程/m	转速/(r/min)	汽蚀余量/m	泵效率/%	功率/kW 轴功率	功率/kW 电机功率
IS50-32-125	7.5	22	2900		47	0.96	2.2
	12.5	20	2900	2.0	60	1.13	2.2
	15	18.5	2900		60	1.26	2.2
	3.75		1450				0.55
	6.3	5	1450	2.0	54	0.16	0.55
	7.5		1450				0.55
IS50-32-160	7.5	34.5	2900		44	1.59	3
	12.5	32	2900	2.0	54	2.02	3
	15	29.6	2900		56	2.16	3
	3.75		1450				0.55
	6.3	8	1450	2.0	48	0.28	0.55
	7.5		1450				0.55

续表

泵型号	流量 /(m³/h)	扬程 /m	转速 /(r/min)	汽蚀余量 /m	泵效率 /%	功率/kW	
						轴功率	电机功率
IS50-32-200	7.5	525	2900	2.0	28	2.82	5.5
	12.5	50	2900	2.0	48	3.54	5.5
	15	48	2900	2.5	51	3.84	5.5
	3.75	13.1	1450	2.0	33	0.41	0.75
	6.3	12.5	1450	2.0	42	0.51	0.75
	7.5	12	1450	2.5	44	0.56	0.75
IS50-32-250	7.5	82	2900	2.0	28.5	5.67	11
	12.5	80	2900	2.0	3.54	7.16	11
	15	78.5	2900	2.5	3.38	7.83	11
	3.75	20.5	1450	2.0	0.41	0.91	15
	6.3	20	1450	2.0	0.51	1.07	15
	7.5	19.5	1450	2.5	0.56	1.14	15
IS65-50-125	15	21.8	2900		58	1.54	3
	25	20	2900	2.0	69	1.97	3
	30	18.5	2900		68	2.22	3
	7.5		1450				0.55
	12.5	5	1450	2.0	64	0.27	0.55
	15		1450				0.55
IS65-50-160	15	35	2900	2.0	54	2.65	5.5
	25	32	2900	2.0	65	3.35	5.5
	30	30	2900	2.5	66	3.71	5.5
	7.5	8.8	1450	2.0	50	0.36	0.75
	12.5	8	1450	2.0	60	0.45	0.75
	15	7.2	1450	2.5	60	0.49	0.75
IS65-40-200	15	63	2900	2.0	40	4.42	7.5
	25	50	2900	2.0	60	5.67	7.5
	30	47	2900	2.5	61	6.29	7.5
	7.5	13.2	1450	2.0	43	0.63	1.1
	12.5	12.5	1450	2.0	66	0.77	1.1
	15	11.8	1450	2.5	57	0.85	1.1
IS65-40-250	15		2900				15
	25	80	2900	2.0	63	10.3	15
	30		2900				15
IS65-40-315	15	127	2900	2.5	28	18.5	30
	25	125	2900	2.5	40	21.3	30
	30	123	2900	3.0	44	22.8	30
IS80-65-125	30	22.5	2900	3.0	64	2.87	5.5
	50	20	2900	3.0	75	3.63	5.5
	60	18	2900	3.5	74	3.93	5.5
	15	5.6	1450	2.5	55	0.42	0.75
	25	5	1450	2.5	71	0.48	0.75
	30	4.5	1450	3.0	72	0.51	0.75
IS80-65-160	30	36	2900	2.5	61	4.82	7.5
	50	32	2900	2.5	73	5.97	7.6
	60	29	2900	3.0	72	6.59	7.5
	15	9	1450	2.5	66	0.67	1.5
	25	8	1450	2.5	69	0.75	1.5
	30	7.2	1450	3.0	68	0.86	1.5

续表

泵型号	流量 /(m³/h)	扬程 /m	转速 /(r/min)	汽蚀余量 /m	泵效率 /%	功率/kW	
						轴功率	电机功率
IS80-50-200	30	53	2900	2.5	55	7.87	15
	50	50	2900	2.5	69	9.87	15
	60	47	2900	3.0	71	10.8	15
	15	13.2	1450	2.5	51	1.06	2.2
	25	12.5	1450	2.5	65	1.31	2.2
	30	11.8	1450	3.0	67	1.44	2.2
IS80-50-160	30	84	2900	2.5	52	13.2	22
	50	80	2900	2.5	63	17.3	
	60	75	2900	3.0	64	19.2	
IS80-50-250	30	84	2900	2.5	52	13.2	22
	50	80	2900	2.5	63	17.3	22
	60	75	2900	3.0	64	19.2	22
IS80-50-315	30	128	2900	2.5	41	25.5	37
	50	125	2900	2.5	54	31.5	37
	60	123	2900	3.0	57	35.3	37
IS100-80-125	60	24	2900	4.0	67	5.86	11
	100	20	2900	4.5	78	7	11
	120	16.5	2900	5.0	74	7.28	11

2. Y型离心油泵规格

型号	流量 /(m³/h)	扬程 /m	转速 /(r/min)	功率/kW		效率 /%	汽蚀余量 /m	泵壳许用 应力/Pa	结构形式	备注
				轴	电机					
50Y-60	12.5	60	2950	6.0	11	35	2.3	1570/2550	单级悬臂	
50Y-60A	11.2	49	2950	4.3	8			1570/2550	单级悬臂	
50Y-60B	9.9	38	2950	2.4	5.5	35		1570/2550	单级悬臂	泵壳许用应力内的分子表示的第Ⅰ类材料相应的许用应力数,分母表示第Ⅱ、Ⅲ类材料相应的许用应力数
50Y-60	12.5	120	2950	11.7	15	35	2.3	2158/3138	两级悬臂	
50Y-60A	11.7	105	2950	9.6	15			2158/3138	两级悬臂	
50Y-60B	10.8	90	2950	7.7	11			2158/3138	两级悬臂	
50Y-60C	9.9	75	2950	5.9	8			2158/3138	两级悬臂	
65Y-60	25	60	2950	7.5	11	55	2.6	1570/2550	单级悬臂	
65Y-60A	22.5	49	2950	5.5	8			1570/2550	单级悬臂	
65Y-60B	19.8	38	2950	3.8	5.5			1570/2550	单级悬臂	
65Y-100	25	100	2950	17.0	32	40	2.6	1570/2550	单级悬臂	

续表

型号	流量/(m³/h)	扬程/m	转速/(r/min)	功率/kW 轴	功率/kW 电机	效率/%	汽蚀余量/m	泵壳许用应力/Pa	结构形式	备注
65Y-100A	23	85	2950	13.3	20			1570/2550	单级悬臂	
65Y-100B	21	70	2950	10.0	15			1570/2550	单级悬臂	
65Y-100	25	200	2950	34.0	55	40	2.6	2942/3923	两级悬臂	
65Y-100A	23.3	175	2950	27.8	40			2942/3923	两级悬臂	泵壳许用
65Y-100B	21.6	150	2950	22.0	32			2942/3923	两级悬臂	应力内的分
65Y-100C	19.8	125	2950	16.8	20			2942/3923	两级悬臂	子表示的第
80Y-60	50	60	2950	12.8	15	64	3	1570/2550	单级悬臂	Ⅰ类材料相
80Y-60A	45	49	2950	9.4	11			1570/2550	单级悬臂	应的许用应
80Y-60B	39.5	38	2950	6.5	8			1570/2550	单级悬臂	力数,分母
80Y-100	50	100	2950	22.7	32	60	3	1961/2942	单级悬臂	表示第Ⅱ、
80Y-100A	45	85	2950	18.0	25			1961/2942	单级悬臂	Ⅲ类材料相
80Y-100B	39.5	70	2950	12.6	20			1961/2942	单级悬臂	应的许用应
80Y-100	50	200	2950	45.4	75	60	3	2942/3923	单级悬臂	力数
80Y-100A	46.6	175	2950	37.0	55	60	3	2942/3923	两级悬臂	
80Y-100B	43.2	150	2950	29.5	40				两级悬臂	
80Y-100C	39.6	125	2950	22.7	32				两级悬臂	

注:与介质接触的且受温度影响的零件,根据介质的性质需要采用不同性质的材料,所以分为三种材料,但泵的结构相同。第Ⅰ类材料不耐腐蚀,操作温度在-20~200℃之间;第Ⅱ类材料不耐硫酸腐蚀,操作温度在-45~400℃之间;第Ⅲ类材料耐硫酸蚀,操作温度在-45~200℃之间。

3. F型耐腐蚀离心泵

型号	流量/(m³/h)	扬程/m	转速/(r/min)	汽蚀余量/m	泵效率/%	功率/kW 轴功率	功率/kW 电机功率	泵口径/mm 吸入	泵口径/mm 排出
25F-16	3.60	16.00	2960	4.30	30.00	0.523	0.75	25	25
25F-16A	3.27	12.50	2960	4.30	29.00	0.39	0.55	25	25
25F-25	3.60	25.00	2960	4.30	27.00	0.91	1.50	25	25
25F-25A	3.27	20.00	2960	4.30	26	0.69	1.10	25	25
25F-41	3.60	41.00	2960	4.30	20	2.01	3.00	25	25
25F-41A	3.27	33.50	2960	4.30	19	1.57	2.20	25	25
40F-16	7.20	15.70	2960	4.30	49	0.63	1.10	40	25
40F-16A	6.55	12.00	2960	4.30	47	0.46	0.75	40	25
40F-26	7.20	25.50	2960	4.30	44	1.14	1.50	40	25
40F-26A	6.55	20.00	2960	4.30	42	0.87	1.10	40	25
40F-40	7.20	39.50	2960	4.30	35	2.21	3.00	40	25
40F-40A	6.55	32.00	2960	4.30	34	1.68	2.20	40	25
40F-65	7.20	65.00	2960	4.30	24	5.92	7.50	40	25
40F-65A	6.72	56.00	2960	4.30	24	4.28	5.50	40	25
50F-103	14.4	103	2900	4	25	16.2	18.5	50	40
50F-103A	13.5	89.5	2900	4	25	13.2		50	40
50F-103B	12.7	70.5	2900	4	25	11		50	40
50F-63	14.4	63	2900	4	35	7.06		50	40
50F-63A	13.5	54.5	2900	4	35	5.71		50	40
50F-63B	12.7	48	2900	4	35	4.75		50	40
50F-40	14.4	40	2900	4	44	3.57	7.5	50	40

续表

型号	流量 /(m³/h)	扬程 /m	转速 /(r/min)	汽蚀余量 /m	泵效率 /%	功率/kW 轴功率	功率/kW 电机功率	泵口径/mm 吸入	泵口径/mm 排出
50F-40A	13.1	32.5	2900	4	44	2.64	7.5	50	40
50F-25	14.4	25	2900	4	52	1.89	5.5	50	40
50F-25A	13.1	20	2900	4	52	1.37	5.5	50	40
50F-16	14.4	15.7	2900	4	62	0.99		50	40
50F-16A	13.1	12	2900	4	62	0.69		50	40
65F-100			2900	4	40	19.6		65	50
65F-100A			2900	4	40	15.9		65	50
65F-100B			2900	4	40	13.3		65	50
65F-64			2900	4	57	9.65	15	65	50
65F-64A			2900	4	57	7.75	18.5	65	50
65F-64B			2900	4	57	6.43	18.5	65	50

附录十九 热交换器系列标准(摘录)

1. 浮头式换热器(摘自 JB/T 4714—92)型号及其表示方法

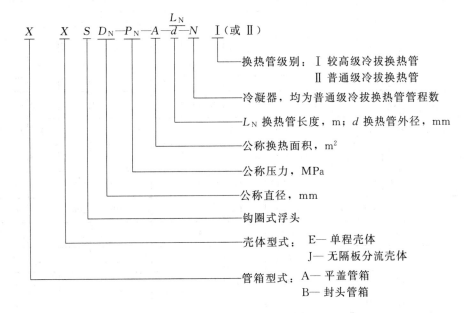

举例如下。

(1) 平盖管箱 公称直径为 500mm,管、壳程压力均为 1.6MPa,公称换热面积为 55m²,是较高级的冷拔换热管,外径 25mm,管长 6m,4 管程,单壳程的浮头式内导流换热器,其型号为 AES 500-1.6-55-6/25-4 Ⅰ。

(2) 封头管箱 公称直径 600mm,管、壳程压力均为 1.6MPa,公称换热面积 55m²,是普通级冷拔换热管,外径 19mm,管长 3m,2 管程,单壳程的浮头式内导流换热器,其型号为 BES 600-1.6-55-3/19-2 Ⅱ。

2. 浮头式（内导流）换热器的主要参数

公称直径 (D_N)/mm	管程数 N	管根数[①] 管外径(d)/mm		中心排管数		管程流通面积/m² $d \times \delta_t$(壁厚)			A[②]/m² 管长							
									$L=3$m		$L=4.5$m		$L=6$m		$L=9$m	
		19	25	19	25	19×2	25×2	25×2.5	19	25	19	25	19	25	19	25
325	2	60	32	7	5	0.0053	0.0055	0.0050	10.5	7.4	15.8	11.1	—	—	—	—
	4	52	28	6	4	0.0023	0.0024	0.0022	9.1	6.4	13.7	9.7	—	—	—	—
426	2	120	74	8	7	0.0106	0.0126	0.0116	20.9	16.9	31.6	25.6	42.3	34.4	—	—
400	4	108	68	9	6	0.0048	0.0059	0.0053	18.8	15.6	28.4	23.6	38.1	31.6	—	—
500	2	206	124	11	8	0.0182	0.0215	0.0194	35.7	28.3	54.1	42.8	72.5	57.4	—	—
	4	192	116	10	9	0.0085	0.0100	0.0091	33.2	26.4	50.4	40.1	67.6	53.7	—	—
600	2	324	198	14	11	0.0286	0.0343	0.0311	55.8	44.9	84.8	68.2	113.9	91.5	—	—
	4	308	188	14	10	0.0136	0.0163	0.0148	53.1	42.6	80.7	64.8	108.2	86.9	—	—
	6	284	158	14	10	0.0083	0.0091	0.0083	48.9	35.8	74.4	54.4	99.8	73.1	—	—
700	2	468	268	16	13	0.0414	0.0464	0.0421	80.4	60.6	122.2	92.1	164.1	123.7	—	—
	4	448	256	17	12	0.0198	0.0222	0.0201	76.9	57.8	117.0	87.9	157.1	118.1	—	—
	6	382	224	15	10	0.0112	0.0129	0.0116	65.6	50.6	99.8	76.9	133.9	103.4	—	—
800	2	610	366	19	15	0.0539	0.0634	0.0575	—	—	158.9	125.4	213.5	168.5	—	—
	4	588	352	18	14	0.0260	0.0305	0.0276	—	—	153.2	120.6	205.8	162.1	—	—
	6	518	316	16	14	0.0152	0.0182	0.0165	—	—	134.9	108.3	181.3	145.5	—	—
900	2	800	472	22	17	0.0707	0.0817	0.0741	—	—	207.6	161.2	279.2	216.8	—	—
	4	776	456	21	16	0.0343	0.0395	0.0353	—	—	201.4	155.7	270.8	209.4	—	—
	6	720	426	21	16	0.0212	0.0246	0.0223	—	—	186.9	145.5	251.3	195.6	—	—
1000	2	1006	606	24	19	0.0890	0.105	0.0952	—	—	260.6	206.6	350.6	277.9	—	—
	4	980	588	23	18	0.0433	0.0509	0.0462	—	—	253.9	200.4	341.6	269.7	—	—
	6	892	564	21	18	0.0262	0.0326	0.0295	—	—	231.1	192.2	311.0	258.7	—	—
1100	2	1240	736	27	21	0.1100	0.1270	0.1160	—	—	320.3	250.2	431.3	336.8	—	—
	4	1212	716	26	20	0.0536	0.0620	0.0562	—	—	313.1	243.4	421.6	327.7	—	—
	6	1120	692	24	20	0.0329	0.0399	0.0362	—	—	289.3	235.2	389.6	316.7	—	—
1200	2	1452	880	28	22	0.1290	0.1520	0.1380	—	—	374.4	298.6	504.3	402.2	764.2	609.4
	4	1424	860	28	22	0.0629	0.0745	0.0675	—	—	367.2	291.8	494.6	393.1	749.5	595.6
	6	1348	828	27	21	0.0396	0.0478	0.0434	—	—	347.6	280.9	468.2	378.4	709.5	573.4
1300	4	1700	1024	31	24	0.0751	0.0887	0.0804	—	—	—	—	589.3	467.1	—	—
	6	1616	972	29	24	0.0476	0.0560	0.0509	—	—	—	—	560.2	443.3	—	—

续表

公称直径 (D_N) /mm	管程数 N	管根数[1]		中心排管数		管程流通面积/m^2			A[2]/m^2						
		管外径(d)/mm				$d \times \delta_t$(壁厚)			管长						
									$L=3m$		$L=4.5m$		$L=6m$		$L=9m$	
		19	25	19	25	19×2	25×2	25×2.5	19	25	19	25	19	25	19	25
1400	4	1972	1192	32	26	0.0871	0.1030	0.0936	—	—	—	—	682.6	542.9	1035.6	823.6
	6	1890	1130	30	24	0.0557	0.0652	0.0592	—	—	—	—	654.2	514.7	992.5	780.8
1500	4	2304	1400	34	29	0.1020	0.1210	0.1100	—	—	—	—	795.9	636.3	—	—
	6	2252	1332	34	28	0.0663	0.0769	0.0697	—	—	—	—	777.9	605.4	—	—
1600	4	2632	1592	37	30	0.1160	0.1380	0.1250	—	—	—	—	907.6	722.3	1378.7	1097.3
	6	2520	1518	37	29	0.0742	0.0876	0.0795	—	—	—	—	869.0	688.8	1320.0	1047.2
1700	4	3012	1856	40	32	0.1330	0.1610	0.1460	—	—	—	—	1036.1	840.1	—	—
	6	2834	1812	38	32	0.0835	0.0981	0.0949	—	—	—	—	974.9	820.2	—	—
1800	4	3384	2056	43	34	0.1490	0.1780	0.1610	—	—	—	—	1161.3	928.4	1766.9	1412.5
	6	3140	1986	37	30	0.0925	0.1150	0.1040	—	—	—	—	1077.5	896.7	1639.5	1364.4

[1] 排管数按正方形旋转45°排列计算。
[2] 计算换热面积按光管及公称压力2.5MPa的管板厚度确定，$A = \pi d (L - 2\delta - 0.006) n$。

附录二十　干空气的热物理性质（$p = 1.01325 \times 10^5 Pa$）

温度(t)/℃	密度(ρ)/(kg·m^3)	比热容(c_p)/[kJ/(kg·℃)]	热导率($\lambda \times 10^2$)/[W/(m·℃)]	黏度($\mu \times 10^6$)/(Pa·s)	运动黏度($\nu \times 10^6$)/(m^2/s)	普朗特数 Pr
−50	1.584	1.013	2.04	14.6	9.23	0.728
−40	1.515	1.013	2.12	15.2	10.04	0.728
−30	1.453	1.013	2.20	15.7	10.80	0.723
−20	1.395	1.009	2.28	16.2	11.61	0.716
−10	1.342	1.009	2.36	16.7	12.43	0.712
0	1.293	1.005	2.44	17.2	13.28	0.707
10	1.247	1.005	2.51	17.6	14.16	0.705
20	1.205	1.005	2.59	18.1	15.06	0.703
30	1.165	1.005	2.67	18.6	16.00	0.701
40	1.128	1.005	2.76	19.1	16.96	0.699
50	1.093	1.005	2.83	19.6	17.95	0.698
60	1.060	1.005	2.90	20.1	18.97	0.696
70	1.029	1.009	2.96	20.6	20.02	0.694
80	1.000	1.009	3.05	21.1	21.09	0.692
90	0.972	1.009	3.13	21.5	22.10	0.690
100	0.946	1.009	3.21	21.9	23.13	0.688
120	0.898	1.009	3.34	22.8	25.45	0.686
140	0.854	1.013	3.49	23.7	27.80	0.684
160	0.815	1.017	3.64	24.5	30.09	0.682
180	0.779	1.022	3.78	25.3	32.49	0.681
200	0.746	1.026	3.93	26.0	34.85	0.680

续表

温度(t)/℃	密度(ρ)/(kg·m³)	比热容(c_p)/[kJ/(kg·℃)]	热导率($\lambda \times 10^2$)/[W/(m·℃)]	黏度($\mu \times 10^6$)/(Pa·s)	运动黏度($\nu \times 10^6$)/(m²/s)	普朗特数 Pr
250	0.674	1.038	4.27	27.4	40.61	0.677
300	0.615	1.047	4.60	29.7	48.33	0.674
350	0.566	1.059	4.91	31.4	55.46	0.676
400	0.524	1.068	5.21	33.0	63.09	0.678
500	0.456	1.093	5.74	36.2	79.38	0.687
600	0.404	1.114	6.22	39.1	96.89	0.699
700	0.362	1.135	6.71	41.8	115.4	0.706
800	0.329	1.156	7.18	44.3	134.8	0.713
900	0.301	1.172	7.63	46.7	155.1	0.717
1000	0.277	1.185	8.07	49.0	177.1	0.719
1100	0.257	1.197	8.50	51.2	199.3	0.722
1200	0.239	1.210	9.15	53.5	233.7	0.724

参 考 文 献

[1] 陈敏恒,丛德滋,方图南等. 化工原理. 下册. 第2版. 北京:化学工业出版社,2000.
[2] 王志魁. 化工原理. 第四版. 北京:化学工业出版社,2010.
[3] 姚玉英,陈常贵,柴诚敬. 化学原理学习指南. 天津:天津大学出版社,2003.
[4] 大连理工大学化工原理教研室. 化工原理. 下册. 大连:大连理工大学出版社,1992.
[5] 蒋维钧,雷良恒,刘茂林,余立新. 化工原理. 下册. 北京:清华大学出版社,2003.
[6] B. M. 拉姆. 气体吸收. 第2版. 刘志凤等译. 北京:化学工业出版社,1985.
[7] 谭天恩,麦本熙,丁惠华. 化工原理. 第2版. 北京:化学工业出版社,1990.
[8] 赵汝博,管国锋. 化工原理. 北京:化学工业出版社,1995.
[9] 王奇. 化工生产基础. 北京:化学工业出版社,2012.
[10] 周长丽,田海玲. 化工单元操作. 北京:化学工业出版社,2010.
[11] 陈雪梅. 化工原理学习辅导与习题解答. 武汉:华中科技大学出版社,2007.
[12] 柴诚敬. 化工原理. 第2版. 上册. 北京:高等教育出版社,2010.
[13] 李功祥,陈兰英,余林. 化工单元操作过程与设备. 上册. 广州:华南理工大学出版社,2010.
[14] 柴敬诚,王军,陈常贵等. 化工原理复习指导. 天津:天津大学出版社,2011.
[15] 郝晓刚,樊彩梅. 化工原理. 北京:科学出版社,2011.
[16] 王淑波,蒋红梅. 化工原理. 武汉:华中科技大学出版社,2012.
[17] 王晓红,田文德. 化工原理. 北京:化学工业出版社,2011.
[18] 高荣,龙战元,张业兵,等. 沉降过滤式离心脱水机在汪家寨洗煤厂的应用 [J]. 煤质技术,2014 (3):46-49.
[19] 徐淑娟,王金. 某沉降槽筒仓渗裂事故分析与加固技术研究 [J]. 建筑科学,2014,30 (5):105-109.
[20] 郭俊旺,徐燏. 化工原理. 武汉:华中科技大学出版社,2010.
[21] 郑孝英,韩文爱. 化工单元操作. 北京:科学出版社,2010.